高等职业教育“十二五”规划教材(通信类)

光传输网组建与维护项目化教程

主　编　杜文龙　朱祥贤
副主编　龚佑红　徐雪峰
参　编　乔　琪　韩　睿

机械工业出版社

本书按照最新的职业教育改革精神，结合近年来课程建设与改革经验编写。全书以培养学生光传输网软件调试、工程督导、技术支持和运行维护等岗位职业能力为根本目的，以光传输网组建与维护真实工程项目为载体，以工作任务为驱动，整合融入光传输技术基本理论，依据工程项目先后逻辑关系，分传输网规划、传输网组建、传输网业务配置、传输网维护4个项目组织内容，其中包含组网方案规划、组网设备规划、硬件设备安装、网管系统安装、基本业务配置、以太网业务配置、保护业务配置、日常维护、故障处理9个任务。各项目按项目描述、项目分解、项目教学设计、任务描述、任务分析、任务教学设计、必备知识、任务实施、扩展知识、测试评估的体例编写，理论与岗位实际结合紧密，符合学习认知规律，有利于学生很好地掌握相关专业技能和职业能力。

本书可作为高职高专院校通信类专业的教材，也可作为应用型本科、成人教育、自学考试、电视大学、函授学校、中职学校、培训班的教材以及通信工程技术人员的参考书。

为方便教学，本书配有免费电子课件等，凡选用本书作为授课教材的学校，均可来电（010－88379564）或邮件（cmpqu@163.com）索取，有任何技术问题也可通过以上方式联系。

图书在版编目（CIP）数据

光传输网组建与维护项目化教程/杜文龙，朱祥贤主编．—北京：机械工业出版社，2012.1

高等职业教育“十二五”规划教材．通信类

ISBN 978-7-111-36348-4

Ⅰ.①光…　Ⅱ.①杜…②朱…　Ⅲ.①光纤通信—同步通信网—高等职业教育—教材　Ⅳ.①TN929.11

中国版本图书馆 CIP 数据核字（2011）第227083号

机械工业出版社（北京市百万庄大街22号　邮政编码100037）
策划编辑：曲世海　责任编辑：曲世海　王　荣
版式设计：霍永明　责任校对：张　媛
封面设计：赵颖喆　责任印制：杨　曦
保定市中画美凯印刷有限公司印刷
2012年1月第1版第1次印刷
184mm×260mm·16.5印张·407千字
0001—3000册
标准书号：ISBN 978-7-111-36348-4
定价：32.00元

凡购本书，如有缺页、倒页、脱页，由本社发行部调换

电话服务	网络服务
社服务中心：(010)88361066	门户网：http://www.cmpbook.com
销售一部：(010)68326294	
销售二部：(010)88379649	教材网：http://www.cmpedu.com
读者购书热线：(010)88379203	**封面无防伪标均为盗版**

前　言

本书遵循工学结合的开发理念，以光传输网组建与维护岗位需求为目标进行内容选取，以工作过程为主线组织内容，以企业真实项目为载体表现内容，以光传输网现网运行环境为真实情境实现内容，以满足光传输网工程师职业技能标准为依据把握内容难度，以任务为驱动实施教学，最终实现学生在工作中学习、学习中工作，不断培养学生的职业能力和职业素养。本书在内容的选择上，突出了课程内容的职业导向性，淡化课程内容的宽泛性；突出课程内容的实践性，淡化课程内容的纯理论性；突出课程内容的实用性，淡化课程内容的形式性；突出课程内容的时代性和前瞻性，淡化课程内容的陈旧性。

在本书开发过程中，一方面，参照工业和信息化部的电信线务员和机务员(光纤)国家职业标准，邀请企业一线的工程技术人员直接参与本书的开发，始终坚持以就业为中心，以职业能力培养为重点，以项目为载体，每个项目又包含一系列工作任务，教学内容围绕工作任务的完成来开展，将理论和实践进行合理有效的整合，突出学生的职业道德、职业素养的培养与职业技能的提高。另一方面，将理论与实践教学进行统筹考虑，实现实践教学环节与理论教学环节的一体化，校内实训基地建设规划严格按照现网运行环境进行，增强学生学习的针对性和积极性。再一方面，在本书开发过程中，始终有行业、企业专家和一线技术人员的积极参与，专业教师与专家及工程技术人员甚至学生，共同组成开发团队正确处理好职场封闭性和职业教育开放性的矛盾，将教学内容的职业性、实践性和开放性有机结合起来，大大提高内容的针对性和有效性。

本书共分4个项目、9个任务，分别介绍了组网方案规划、组网设备规划、硬件设备安装、网管系统安装、基本业务配置、以太网业务配置、保护业务配置、日常维护以及故障处理等内容。全书以某县光传输建设的真实项目为主线，按照网络组建→设备安装→业务配置→网络维护这一基本过程组织教材内容，这与企业真实工作过程相一致，完全符合企业要求，贴合生产实际。

本书由杜文龙、朱祥贤担任主编，龚佑红、徐雪峰担任副主编。任务1由朱祥贤编写，任务2～任务4由龚佑红编写，任务5、任务6由杜文龙编写，任务7～任务9由徐雪峰编写，乔琪参编任务1～任务4，韩睿参编任务5～任务7。

本书通过项目化设计，使学生在完成工作任务的同时，熟悉工作岗位的技能要求，职业素养得到较好的锻炼。另外，教学内容的安排，遵循学生职业成长规律，由简单到复杂，层层推进。在任务具体内容安排上，总体分成7个模块，具体思路如下：

任务描述：提出问题，让学生明确学习目标；

任务分析：分析问题，提出解决问题的思路；

任务教学设计：提供参考基本教学实施方案；

必备知识：解决问题必备的理论知识；

任务实施：完成任务的工作过程；

扩展知识：增加新知识、新内容，培养学生再发展能力；

测试评估:考查学生任务完成情况。

由于编者学识和经验有限,书中难免存在疏漏、错误之处,敬请读者批评指正,编者不胜感谢。

编　者

目 录

前言
教学实施建议 …… 1

项目1 传输网规划

项目描述 …… 3
项目分解 …… 3
项目教学设计 …… 3

任务1 组网方案规划

任务描述 …… 5
任务分析 …… 5
任务教学设计 …… 5
必备知识 …… 6
1.1 传输网的基本概念 …… 6
1.2 传输网结构 …… 7
1.2.1 网络基本结构 …… 7
1.2.2 网络复杂结构 …… 8
1.2.3 网络整体结构 …… 10
1.2.4 本地传输网结构 …… 11
1.3 数字光纤通信系统的组成 …… 12
1.4 PDH技术 …… 13
1.4.1 PDH的基本概念 …… 13
1.4.2 PDH的速率等级 …… 13
1.4.3 PDH长途光缆通信系统的组成 …… 13
1.4.4 PDH的缺陷 …… 14
1.5 SDH技术 …… 16
1.5.1 SDH的基本概念 …… 16
1.5.2 SDH的速率等级 …… 16
1.5.3 SDH的保护方式 …… 17
1.5.4 SDH的优势 …… 18
1.5.5 SDH的缺陷 …… 19
1.6 网络规划 …… 20
1.6.1 传输网建设原则 …… 20
1.6.2 网络规划要点 …… 21
1.6.3 本地网组网原则 …… 22
1.6.4 业务类型 …… 23
任务实施 …… 24
1.7 网络规划实施方案 …… 24
扩展知识 …… 31
1.8 DWDM技术 …… 31
1.8.1 DWDM技术的基本概念 …… 31
1.8.2 DWDM系统与SDH系统的关系 …… 31
1.8.3 DWDM系统的基本结构 …… 31
1.8.4 DWDM技术的优势 …… 33
1.9 MSTP技术 …… 34
1.9.1 MSTP的引入 …… 34
1.9.2 第一代MSTP …… 34
1.9.3 第二代MSTP …… 35
1.10 PON技术 …… 36
1.10.1 PON的原理 …… 37
1.10.2 EPON的原理 …… 39
1.10.3 GPON的原理 …… 42
1.10.4 EPON和GPON的比较 …… 42
测试评估 …… 44

任务2 组网设备规划

任务描述 …… 49
任务分析 …… 49
任务教学设计 …… 49
必备知识 …… 50
2.1 SDH网络的常见网元 …… 50
2.2 SDH常见设备介绍 …… 52
2.3 设备选择原则 …… 55
任务实施 …… 55
2.4 设备选择实施方案 …… 55
扩展知识 …… 57
2.5 SDH设备的逻辑功能块 …… 57
2.5.1 SDH设备的逻辑功能组成 …… 57
2.5.2 常见网元逻辑功能 …… 60
测试评估 …… 61

项目2 传输网组建

项目描述 …… 67
项目分解 …… 67
项目教学设计 …… 67

任务3 硬件设备安装

任务描述 …… 69
任务分析 …… 69
任务教学设计 …… 69
必备知识 …… 70
3.1 硬件设备安装准备 …… 70
3.2 硬件设备安装流程 …… 73
任务实施 …… 73
3.3 硬件设备安装过程 …… 73
3.3.1 机柜安装 …… 73
3.3.2 标签制作 …… 77
3.3.3 线缆检查与布放 …… 81
3.3.4 硬件设备安装检查 …… 89
扩展知识 …… 90
3.4 设备包装、运输和存储 …… 90
3.4.1 设备包装 …… 90
3.4.2 设备运输及搬移 …… 90
3.4.3 设备存储 …… 90
3.5 接地网络的基本要求 …… 90
3.5.1 接入网的接地要求 …… 90
3.5.2 地线要求 …… 91
3.5.3 地线连接要求 …… 91
3.5.4 接地电阻要求 …… 92
3.6 防雷网络的要求和设计 …… 92
3.6.1 防雷网络要求 …… 92
3.6.2 防雷网络设计 …… 92
测试评估 …… 93

任务4 网管系统安装

任务描述 …… 98
任务分析 …… 98
任务教学设计 …… 98
必备知识 …… 98
4.1 电信管理网 …… 99
4.1.1 电信管理网的基本概念 …… 99
4.1.2 电信管理网的功能结构 …… 100
4.1.3 电信管理网的物理结构 …… 102
4.1.4 电信管理网的逻辑分层结构 …… 103
4.2 SDH管理网 …… 104
4.2.1 SMN、SMS和TMN的关系 …… 104
4.2.2 SMN的分层结构 …… 105
4.2.3 SMN的管理功能 …… 106
4.3 E300软件系统结构 …… 107
任务实施 …… 107
4.4 E300软件安装 …… 107
4.4.1 系统运行环境 …… 107
4.4.2 系统安装步骤 …… 108
扩展知识 …… 113
4.5 网管计算机的连接方式 …… 113
测试评估 …… 116

项目3 传输网业务配置

项目描述 …… 121
项目分解 …… 121
项目教学设计 …… 121

任务5 基本业务配置

任务描述 …… 123
任务分析 …… 123
任务教学设计 …… 123
必备知识 …… 124
5.1 SDH的工作原理 …… 124
5.1.1 SDH帧结构 …… 124
5.1.2 SDH的复用步骤 …… 125
5.1.3 SDH开销字节 …… 130
5.1.4 SDH指针 …… 134
5.2 网同步 …… 136
5.2.1 网同步原理 …… 136
5.2.2 SDH网同步原理 …… 137
5.3 网元IP地址定义 …… 141
5.3.1 采用私有ECC协议栈的网元IP地址设置 …… 141
5.3.2 采用IP ECC协议栈的网元IP地址设置 …… 141
5.4 ZXMP S320设备介绍 …… 143
5.4.1 ZXMP S320设备组成 …… 143
5.4.2 ZXMP S320设备单板介绍 …… 143

任务实施 …… 146
5.5 业务配置步骤 …… 146
5.5.1 创建网元 …… 146
5.5.2 单板配置 …… 149
5.5.3 网元连接 …… 149
5.5.4 时钟配置 …… 149
5.5.5 公务配置 …… 153
5.5.6 电路业务配置 …… 154
测试评估 …… 161

任务6 以太网业务配置

任务描述 …… 166
任务分析 …… 166
任务教学设计 …… 166
必备知识 …… 166
6.1 以太网交换机概述 …… 167
6.1.1 以太网的发展历史及现状 …… 167
6.1.2 以太网介质访问技术 …… 167
6.1.3 以太网帧结构 …… 167
6.1.4 以太网交换机功能 …… 168
6.1.5 以太网交换机组网缺陷 …… 169
6.2 VLAN 技术 …… 173
6.2.1 VLAN 的概念 …… 173
6.2.2 VLAN 分类 …… 173
6.2.3 802.1q 协议 …… 174
6.2.4 VLAN 工作原理 …… 175
任务实施 …… 176
6.3 业务配置步骤 …… 176
6.3.1 以太网单板配置 …… 176
6.3.2 VLAN 划分 …… 177
6.3.3 虚拟局域网配置 …… 181
6.3.4 时隙业务配置 …… 183
测试评估 …… 186

任务7 保护业务配置

任务描述 …… 191
任务分析 …… 191
任务教学设计 …… 191
必备知识 …… 192
7.1 自愈网的基本概念 …… 192
7.2 SDH 自愈保护机制 …… 192
7.3 SDH 自愈保护分类 …… 193
7.3.1 线路保护 …… 193
7.3.2 自愈环保护 …… 194
任务实施 …… 199
7.4 通道保护业务配置步骤 …… 199
7.5 复用段保护业务配置步骤 …… 207
扩展知识 …… 212
7.6 逻辑子网保护 …… 212
7.6.1 逻辑子网保护概述 …… 212
7.6.2 逻辑子网保护的应用 …… 214
测试评估 …… 217

项目4 传输网维护

项目描述 …… 223
项目分解 …… 223
项目教学设计 …… 223

任务8 日常维护

任务描述 …… 225
任务分析 …… 225
任务教学设计 …… 225
必备知识 …… 225
8.1 日常维护概念 …… 225
8.2 日常维护内容 …… 227
8.3 日常维护操作方法 …… 228
8.3.1 插尾纤 …… 228
8.3.2 环回 …… 229
8.3.3 光功率测试 …… 230
8.3.4 误码测试 …… 230
8.3.5 倒换设置 …… 230
8.3.6 单板复位 …… 231
任务实施 …… 231
8.4 日常维护过程 …… 231
8.4.1 机房环境维护操作 …… 231
8.4.2 设备维护操作 …… 231
8.4.3 网管例行维护操作 …… 233
测试评估 …… 234

任务9 故障处理

任务描述 …… 239
任务分析 …… 239
任务教学设计 …… 239
必备知识 …… 239
9.1 故障处理的基本原则 …… 240
9.2 故障处理流程 …… 240
9.3 故障原因分析 …… 241
9.4 故障定位 …… 241

9.5 故障分类 …… 243
9.5.1 通信故障 …… 243
9.5.2 业务中断故障 …… 244
9.5.3 误码类故障 …… 245
9.5.4 时钟同步类故障 …… 246
9.5.5 网管连接故障 …… 246
9.5.6 公务故障 …… 247
9.5.7 以太网业务故障 …… 247
9.5.8 设备对接故障 …… 247
任务实施 …… 248
9.6 案例分析 …… 248
9.6.1 光功率过弱导致 B1 误码 …… 248
9.6.2 PWA 板导致业务出现瞬断 …… 249
9.6.3 时钟板报定时输入丢失 …… 249
9.6.4 通道环倒换不成功 …… 250
9.6.5 时分不够引起的问题 …… 250
测试评估 …… 250
参考文献 …… 255

教学实施建议

1. 课时安排

学习领域	学习情境	学习任务	必备知识	学时	任务实施	学时
光传输网组建与维护	项目1：传输网规划（22学时）	任务1：组网方案规划（12学时）	1. 传输网基本概念	1	组网方案规划	4
			2. 传输网基本结构	1		
			3. 数字光纤通信系统组成	1		
			4. PDH技术	1		
			5. SDH技术	2		
			6. 网络规划	2		
		任务2：组网设备规划（8学时）	1. SDH网络常见网元	2	1. SDH设备认知	2
			2. SDH常见设备介绍	1	2. 组网设备规划	2
			3. 设备选择原则	1		
		项目1考核（2学时）		1		1
	项目2：传输网组建（10学时）	任务3：硬件设备安装（4学时）	1. 硬件安装准备	1	硬件设备安装	2
			2. 硬件安装流程	1		
		任务4：网管系统安装（4学时）	1. SDH管理网（SMN）	1	E300软件安装	2
			2. E300软件系统结构	1		
		项目2考核（2学时）		1		1
	项目3：传输网业务配置（70学时）	任务5：基本业务配置（30学时）	1. SDH工作原理	8	1. 环带链基本配置（创建网元、配置单板、连接网元）	2
			2. SDH网同步	1	2. 环带链公务时钟配置	2
			3. 网元地址定义及路由设置	1	3. 环带链电路业务配置	4
			4. ZXMP S320设备介绍	4	4. 两环电路业务配置	4
					5. 基本业务配置强化练习	4
		任务6：以太网业务配置（10学时）	1. 以太网交换机的工作原理	1	1. 环带链以太网业务配置	4
			2. VLAN工作原理	1	2. 两环以太网业务配置	4
		任务7：保护业务配置（18学时）	1. 自愈网基本概念	1	1. 环带链通道保护业务配置	4
			2. SDH自愈保护机制	1	2. 两环通道保护业务配置	4
			3. SDH自愈保护分类	4	3. 环带链复用段保护业务配置	4
		业务配置综合练习（8学时）				8
		项目3考核（4学时）		2		2
	项目4：传输网维护（12学时）	任务8：日常维护（4学时）	1. 日常维护概念 2. 日常维护内容	1	日常维护	2
			3. 日常维护操作方法	1		
		任务9：故障处理（6学时）	1. 故障处理基本原则 2. 故障处理流程 3. 故障原因分析	1	1. 案例分析	2
			4. 故障定位分析方法 5. 故障分类	1	2. 常见故障处理	2
		项目4考核（2学时）		1		1
	课程总结与机动（6学时）			6		
合计	120			53		67

2. 课程教学方法与策略

➢ 教师应以光传输网组建与维护为主线，以项目任务为载体安排和组织教学活动，使学生在完成工作任务的活动中提高专业技能。

➢ 分组教学。将班级学生 4~6 人分为一组，每组设置一名组长，组长全面负责项目实施的各项事宜，鼓励学生团结协作，共同完成任务。

➢ 四环节教学。按资讯准备、计划决策、实施检查及展示评估 4 个环节分阶段完成教学。资讯准备阶段要求各小组根据任务引导问题单中的引导问题检索文献、查阅资料和进行小组讨论，在教师的引导下完成任务必备技术知识的学习，为后续环节做好准备；计划决策阶段要求各小组通过讨论制订任务实施计划，确定任务实施最优方案；实施检查阶段要求各小组根据计划方案来完成任务的实施和检查优化；展示评估阶段要求各小组展示汇报任务实施情况，并采用学生自评、小组评价、教师评价 3 种方式对每个任务按标准评分，从而按比例核算出各小组成员的任务过程评价总分。项目完成后，进行必备知识和任务实施的考核，结合每个任务的得分，按比例核算出各小组成员本项目的总评分。

➢ 引导教学。教师提前给学生发放项目任务书、任务引导问题单等学习表单和资源，引导学生自主学习，使学生在学习过程中一直处于积极主动的主体地位。教师在整个过程中只起到解惑、组织好课堂的指导作用，锻炼学生的自学能力、创新能力、职业能力。

➢ 必备知识教学可采用引导教学法、讲授教学法、分组教学法、讨论教学法、现场教学法等，任务实施过程教学可采用现场教学法、演示教学法、讨论教学法、实践教学法等。

➢ 教师应积极创设职业情境，采用如图片、视频、动画演示等多种素材辅助教学，提高学生的学习兴趣，提高教学效果。

3. 考核方案

课程采取按项目考核的形式，课程总评由项目总评按设定比例核算得出。具体考核评价方式如下：

项目总评 = 任务过程评价 ×70% + 项目考核 ×30%

➢ 任务过程评价 = 学生自评 ×10% + 小组评价 ×40% + 教师评价 ×50%

- 学生自评 = 敬业精神 ×20% + 专业能力 ×60% + 方法能力 ×10% + 社会能力 ×10%
- 小组评价 = 敬业精神 ×20% + 专业能力 ×60% + 方法能力 ×10% + 社会能力 ×10%
- 教师评价 = 资讯准备 ×20% + 计划决策 ×20% + 实施检查 ×40% + 展示评估 ×20%

➢ 项目考核 = 技术考核 ×50% + 任务实施考核 ×50%

项目1　传输网规划

【项目描述】

伴随我国城镇化政策的不断推进，城镇化规模日益壮大。M县处于长三角经济发展区域，依靠上海和苏州两大城市的辐射作用，近几年发展比较迅猛，正朝中型城市化方向发展。为了较好地解决未来城市发展中的通信问题，M县电信运营商计划新建一个满足5~10年业务需求并可灵活提供多种业务的智能光城域网络。

新网络的网络建设指导思想是：网络规划和建设必须有计划性和前瞻性，采用主流成熟技术，综合考虑初期和终极发展容量；注意投资经济性和网络可扩展性，分阶段逐步实施；尽可能避免未来频繁升级和扩容，减少工程施工时间；尽可能采用高度集成的设备及较少的网元数量，以减少设备占地面积和耗电力。

M县电信运营商将该新建光城域网络的规划工作交给项目规划组完成。

【项目分解】

传输网规划是一项非常复杂的工作，首先在网络规划前要做好规划准备工作，其次规划也有一系列工作流程。传输网规划流程一般可分为收集信息、规划站点、规划保护方式和网络结构、规划硬件、规划业务、规划IP地址、规划时钟、规划公务等8个工作步骤。

项目规划组按照上级部门要求，现期主要需要完成收集信息、规划站点、规划保护方式和网络结构、规划硬件这4个步骤的规划任务，于是规划组将M县传输网规划项目分解成两个子任务完成：

1）组网方案规划。

2）组网设备规划。

【项目教学设计】

项　　目	项目1：传输网规划	学　　时	22
教学目标	通过该项目的教学，使学生初步掌握光传输网规划的一般流程和技能，并在项目学习和实践过程中掌握传输网规划涉及的必备知识	教学内容	任务1：组网方案规划（12学时） 任务2：组网设备规划（8学时） 项目1考核（2学时）
教学资料	1）教师用表单：项目教学设计（项目1）、任务教学设计（任务1、任务2） 2）学生用表单：项目任务书（项目1）、任务引导问题单（任务1、任务2）、任务实施单（任务1、任务2） 3）评价用表单：学生自评表（任务1、任务2）、小组评价表（任务1、任务2）、教师评价表（任务1、任务2）、评价成绩汇总表 4）教材、课程标准、授课计划、教案及备课笔记、辅助课件、学生名册	教学器具	SDH设备 光纤光缆
		教学环境	多媒体教室 现代通信综合实训中心
		教学方法	1）技术必备知识：分组教学法、引导教学法、讲授教学法、讨论教学法、现场教学法 2）任务实施过程：分组教学法、现场教学法、演示教学法、讨论教学法、实践教学法

（续）

学生知识能力要求	1）具备数字通信技术基础 2）具备一定的自主学习、分析问题、解决问题的能力 3）具备一定的团队协作、沟通表达能力
教师知识能力要求	1）具备较高的光传输技术理论和实践水平 2）具备光传输网现网案例规划的分析能力 3）具备运用各种教学方法实施教学的组织和控制能力
教学策略	1）分组教学。将班级学生5～6人分为一组，每组设置一名组长，组长全面负责项目实施的各项事宜，鼓励学生团结协作，共同完成任务 2）四环节教学。按资讯准备、计划决策、实施检查及展示评估4个环节分阶段完成教学。资讯准备阶段要求各小组根据任务引导问题单中的引导问题检索文献、查阅资料、小组讨论，在教师的引导下完成任务必备知识的学习，为后续环节做好准备；计划决策阶段要求各小组通过讨论制订任务实施计划，确定任务实施最优方案；实施检查阶段要求各小组根据计划方案来完成任务的实施和检查优化；展示评估阶段要求各小组展示汇报任务实施情况，并采用学生自评、小组评价、教师评价3种方式对每个任务按标准评分，从而按比例核算出各小组成员的任务过程评价总分。项目完成后，进行必备知识和任务实施的考核，结合每个任务的得分，按比例核算出各小组成员本项目的总评分 3）引导教学。提前给学生发放项目任务书、任务引导问题单等学习表单和资源，引导学生自主学习，使学生在学习过程中一直处于积极主动的主体地位。教师在整个过程中只起到解惑、组织好课堂的指导作用，锻炼学生的自学能力、创新能力、职业能力
考核评价	项目总评＝任务过程评价×70%＋项目考核×30% 任务过程评价＝学生自评×10%＋小组评价×40%＋教师评价×50% 学生自评＝敬业精神×20%＋专业能力×60%＋方法能力×10%＋社会能力×10% 小组评价＝敬业精神×20%＋专业能力×60%＋方法能力×10%＋社会能力×10% 教师评价＝资讯准备×20%＋计划决策×20%＋实施检查×40%＋展示评估×20% 项目考核＝技术考核×50%＋任务实施考核×50%

任务1 组网方案规划

【任务描述】

根据项目分解要求，项目规划A组要根据运营商对M县新建智能光城域网络建设提出的总指导思想完成组网方案规划任务。网络设计方案要求采用主流成熟技术，网络结构层次清晰，网络容量大，业务处理能力强，能适应传输网络的平滑升级。

【任务分析】

通过对本任务进行分析，项目规划A组要完成M县新建智能光城域网络组网方案规划任务，需要完成以下工作：

1）网络规划前准备。准备工作包括：了解M县的经济、地理、人口情况，市场竞争情况的分析，了解传输设备特点及能力，了解要承载业务的特点及数量，了解现有传输网的瓶颈，了解目前的技术发展情况。

2）收集信息。收集的信息类型包括站点信息、业务信息、光缆信息和监控相关信息等。在本任务中，重点收集站点和业务信息，从而为确定网络结构和保护类型提供参考。

3）规划站点，即根据规划准备和收集到的相关信息合理选择传输站点。

4）规划保护方式和网络结构，即根据实际情况选择合理的网络保护方式和网络结构。

【任务教学设计】

学时建议	12	所属项目	项目1：传输网规划
教学目标	通过该任务的教学，使学生初步掌握光传输网组网方案规划的一般流程和技能，并在任务学习和实践过程中掌握组网方案规划涉及的必备知识。具体目标如下 1）理解传输网的基本概念及其在通信网中的位置 2）掌握传输网的基本结构 3）掌握数字光纤通信系统的组成 4）了解PDH技术的基本知识 5）掌握SDH技术的基本知识 6）掌握传输网规划的基本流程 7）了解网络规划的原则和要点		
任务引导问题	1）什么是传输网？它在现网中处于怎样的位置？并用现实生活中的实例来说明 2）基本的网结构有哪些？请分别说明它们的特点和主要适用场合 3）常用的较复杂网络结构有哪些？请分别说明它们的特点 4）我国目前的SDH传输网网络结构分为哪几个层面？各层网络的主要特点是什么 5）本地传输网一般采用什么样的结构？各组成部分分别有什么特点 6）数字光纤通信系统主要由哪几部分组成？简要说明信号在系统中处理和传输的流程 7）PDH的含义是什么？它有哪些速率等级 8）SDH的含义是什么？它有哪些速率等级 9）SDH传输网有哪些类型的保护方式？简要说明这些保护方式的特点 10）SDH针对PDH的哪些缺陷进行了改进？SDH的缺陷有哪些		

（续）

任务引导问题	11）光传输网建设有哪些基本原则 12）光传输网的规划有哪些步骤？网络规划中要注意哪些要点 13）简要说明本地传输网的组网原则 14）请列举出你所知道的传输网业务	
教学内容	教学环节	
必备知识	资讯准备	引导预习
		汇报解答
		课堂讲授
任务实施	计划决策	人员组织
		器材准备
		方案制订
	实施检查	任务实施
		能效检查
	展示评估	展示汇报
		小组答辩
		成绩评定

【必备知识】

1.1 传输网的基本概念

网络通常是指能够提供通信服务的所有实体及其逻辑配置。传输网是在不同地点之间利用电信号或光信号传递用户信息的网络物理资源，主要是指由具体设备所组成的物理实体网络，如光缆传输网、微波传输网。它描述的对象是信号在具体物理媒质中传输的物理过程。

传输网在现网中的位置如图 1-1 所示。

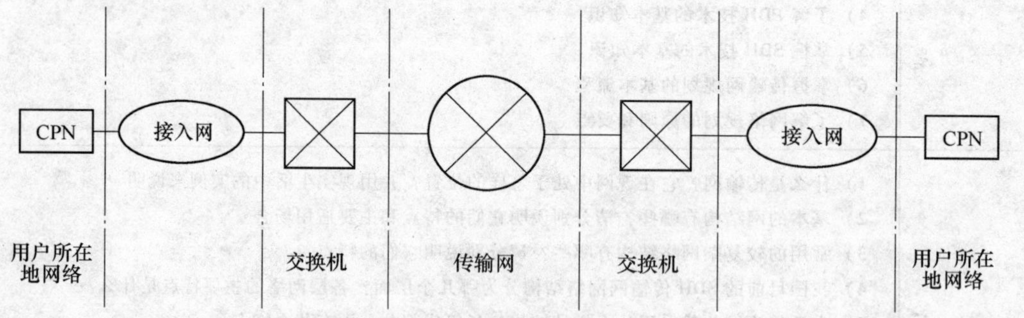

图 1-1 传输网在现网中的位置

由图 1-1 可以看出，传输网作为服务于各业务网和电信支持网的基础网络，位于交换节点之间及接入网设备与端局之间，能对业务进行安全、长距离、大容量的传输，其业务类型具有多样性，其业务流量、流向具有不确定性。它在整个通信网中起着承上启下的作用，其建设的好坏直接影响着各项业务的开展。

按照覆盖地域的不同，传输网可分为国际传输网与国内传输网，国内传输网又可分为长途传输网和本地传输网。长途传输网包括省际一级干线和省内二级干线，本地传输网包括中继网和接入网。

由于光纤作为传输媒质具有传输频带宽、通信容量大、中继距离远、抗电磁干扰能力强、光缆易敷设等优点，我国长途传输网、本地中继以及接入网的骨干层面建设采用光缆已经非常普遍，目前已形成了按全球公认的 SDH（Synchronous Digital Hierarchy，同步数字体系）体制组建的高度统一、标准化、智能化的 SDH 光传输网络。因此，现在人们所说的传输网一般就是指 SDH 光传输网。但是，接入用户即接入网最后 1km 的光纤化进程还需相当长的一段时间，目前仍以金属缆为主。国内外有关专家预测，至少到 2015 年城市接入网最后 1km 的光纤化才会开始普及。

1.2 传输网结构

1.2.1 网络基本结构

SDH 网是由 SDH 网元设备通过光缆互连而成的，网元和传输线路的几何排列就构成了网络的结构。网络的有效性、可靠性和经济性在很大程度上与其结构有关。

网络的基本结构有链形、星形、树形、环形和网孔形，如图 1-2 所示。

1. 链形网

链形网是将网中的所有节点一一串联，而首尾两端开放。这种结构的特点是较经济，在 SDH 网的早期用得较多，主要用于专网中，如铁路网，如图 1-2a 所示。

2. 星形网

星形网是将网中一网元作为中心节点设备与其他各网元节点相连，其他各网元节点之间互不相连，网元节点的业务都要经过这个特殊节点转接。这种网络结构的特点是可通过中心节点来统一管理其他网络节点，利于分配带宽，节约成本，但存在中心特殊节点的安全保障和处理能力的潜在瓶颈问题。中心节点的作用类似交换网的汇接局，此种结构多用于本地网，如图 1-2b 所示。

3. 树形网

树形网可看成是链形网和星形网的结合，也存在中心节点的安全保障和处理能力的潜在瓶颈问题，如图 1-2c 所示。

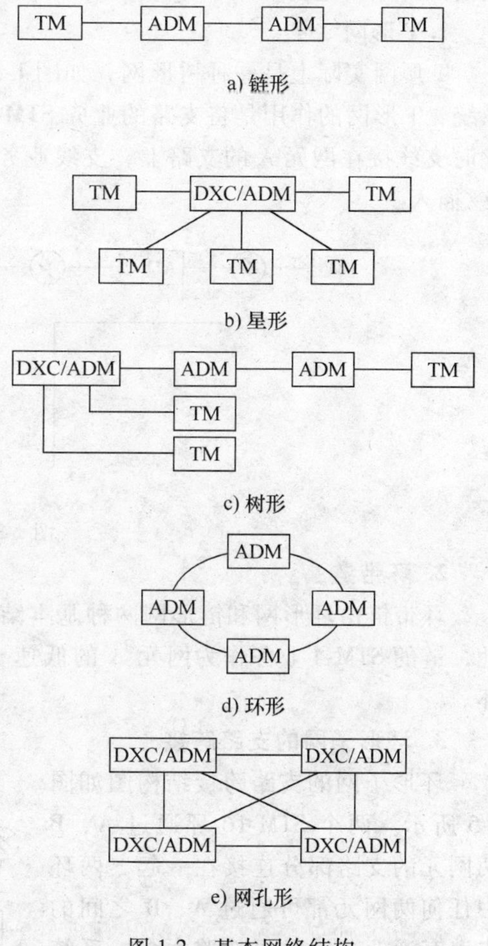

图 1-2 基本网络结构

TM—终端复用器 ADM—分插复用器

DXC—数字交叉连接设备

4. 环形网

环形网实际上是指将链形网首尾相连，从而使网上任何一个网元节点都不对外开放的网络结构形式。这是当前使用最多的网络结构形式之一，主要是因为它具有很强的生存性，即自愈功能较强。环形网常用于本地网、局间中继网等，如图 1-2d 所示。

5. 网孔形网

将所有网元节点两两相连，就形成了网孔形网络。这种网络结构为两网元节点间提供多个传输路由，使网络的可靠性更强，不存在瓶颈问题和失效问题。但是由于系统的冗余度高，必会使系统有效性降低，成本高且结构复杂。网孔形网主要用于长途网中，以提供网络的高可靠性，如图 1-2e 所示。

当前用得最多的网络结构是链形和环形。

1.2.2 网络复杂结构

通过链形和环形的灵活组合，可以构成一些较复杂的网络结构。下面对组网中要经常用到的几种结构进行介绍。

1. T 形网

T 形网实际上是一种树形网，如图 1-3 所示。设干线上为 STM-16 系统，支线上为 STM-4 系统，T 形网的作用是将支路的业务 STM-4 通过网元 A 分支/插入到干线 STM-16 系统上去。此时支线接在网元 A 的支路上，支线业务作为网元 A 的低速支路信号，通过网元 A 进行分支/插入。

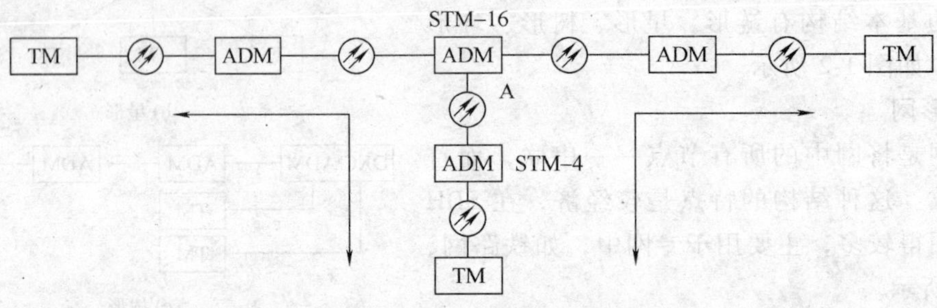

图 1-3 T 形网结构图

2. 环带链

环带链由环形网和链形网两种基本结构形式组成，结构图如图 1-4 所示。链接在网元 A 处，链的 STM-4 业务作为网元 A 的低速支路业务，并通过网元 A 的分支/插入功能上、下环。

3. 环形子网的支路跨接

环形子网的支路跨接结构图如图 1-5 所示。两个 STM-16 环通过 A、B 两网元的支路部分连接在一起，两环中任何两网元都可通过 A、B 之间的支路互通业务，且可选路由多，系统冗余度高。因两环间互通的业务都要经过 A、B 两网元的低速支路传输，

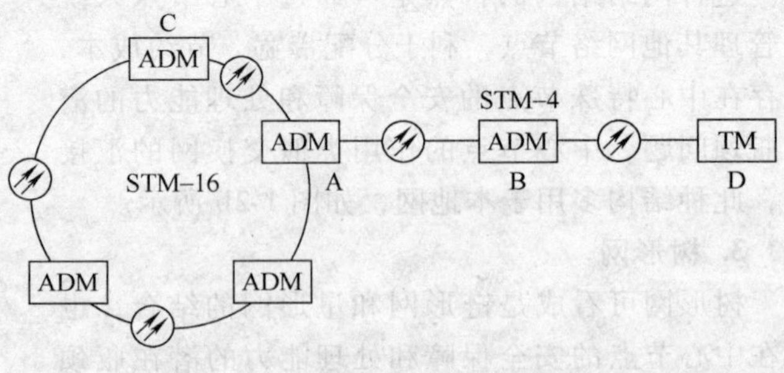

图 1-4 环带链结构图

所以存在一个低速支路的安全保障问题。

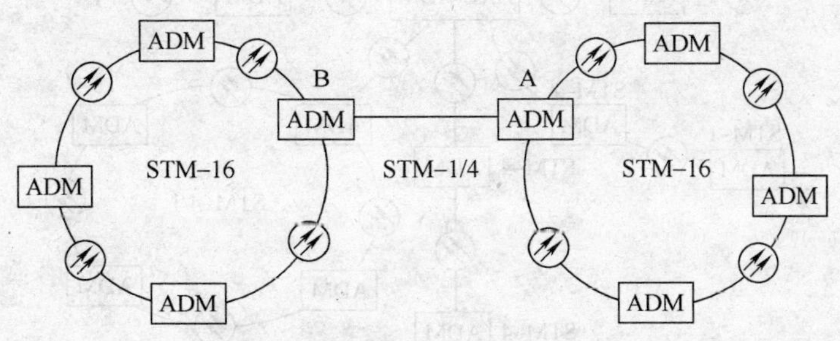

图 1-5　环形子网的支路跨接结构图

4. 相切环

相切环结构图如图 1-6 所示。图中，3 个环相切于公共节点网元 A，网元 A 可以是数字交叉连接设备（DXC），也可用分插复用器（ADM）等效，环Ⅱ、环Ⅲ均为网元 A 的低速支路。这种组网方式可使环间业务任意互通，具有比支路跨接环网更大的业务疏导能力，业务可选路由更多，系统冗余度更高。但这种组网存在重要节点网元 A 的安全保护问题。

5. 相交环

相交环由相切环扩展而成，可备份重要节点，提供更多的可选路由，加大系统的冗余度，如图 1-7 所示。

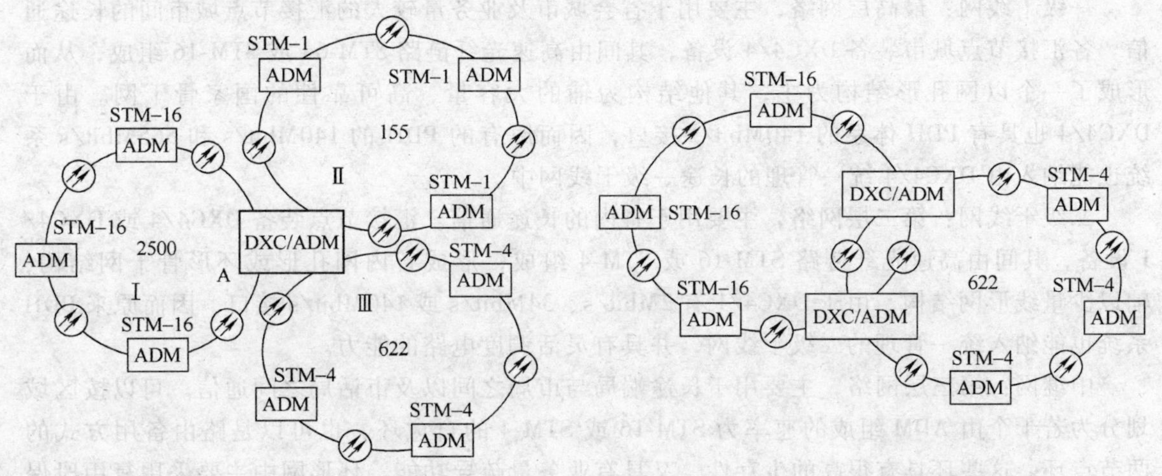

图 1-6　相切环结构图　　图 1-7　相交环结构图

6. 枢纽网

枢纽网结构图如图 1-8 所示。网元 A 作为枢纽点可在支路侧接入各个 STM-1 或 STM-4 的链路或环，通过网元 A 的交叉连接功能，提供支路业务上、下主干线，以及支路间业务互通。支路间业务的互通经过网元 A 的分支/插入，可避免支路间铺设直通路由和设备，也不需要占用主干网上的资源。

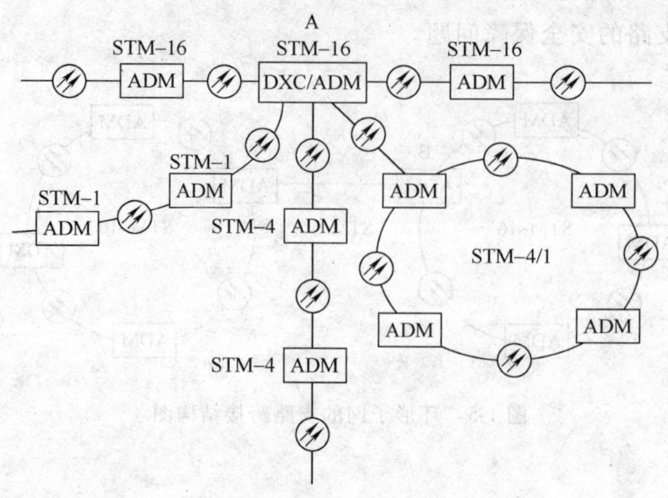

图 1-8　枢纽网结构图

1.2.3　网络整体结构

在传统的组网概念中，提高传输设备利用率是首先考虑的。为了增加线路的利用率和安全性，在每个节点之间都建立了许多直达通道，致使网络结构非常复杂。而现代通信的发展，最重要的任务是简化网络结构，建立强大的运行维护管理（OAM）功能，降低传输费用并支持新业务的发展。我国的 SDH 传输网网络结构分为一级干线网（省际干线）、二级干线网（省内干线）、中继网和接入网（用户网）4 个层面，如图 1-9 所示。

一级干线网：最高层网络，主要用于省会城市及业务量较大的汇接节点城市间的长途通信。各汇接节点城市装备 DXC4/4 设备，其间由高速光纤链路 STM-64 或 STM-16 组成，从而形成了一个以网孔形结构为主，其他结构为辅的大容量、高可靠性的国家骨干网。由于 DXC4/4 也具有 PDH 体系的 140Mbit/s 接口，因而原有的 PDH 的 140Mbit/s 和 565Mbit/s 系统也能纳入由 DXC4/4 统一管理的长途一级干线网中。

二级干线网：第二层网络，主要用于省内的长途通信。汇接节点装备 DXC4/4 或 DXC4/1 设备，其间由高速光纤链路 STM-16 或 STM-4 组成，形成省内网孔形或环形骨干网结构，辅以少量线形网结构。由于 DXC4/1 有 2Mbit/s、34Mbit/s 或 140Mbit/s 接口，因而原来 PDH 系统也能纳入统一管理的二级干线网，并具有灵活调度电路的能力。

中继网：第三层网络，主要用于长途端局与市局之间以及市话局之间通信。可以按区域划分为若干个由 ADM 组成的速率为 STM-16 或 STM-4 的自愈环，也可以是路由备用方式的两节点环。这些环具有很高的生存性，又具有业务量疏导功能。环形网中主要采用复用段保护倒换环方式，但究竟是四纤还是二纤取决于业务量和经济的比较。环间由 DXC4/1 设备沟通，完成业务量疏导和其他管理功能。

接入网：也可称为用户网，是最低层网络。由于处于网络的边界处，业务容量要求低，且大部分业务量汇集于一个节点（端局）上，因而通道倒换环和星形网都十分适合于该应用环境，所需设备除 ADM 外还有光用户环路载波系统（OLC）。速率等级为 STM-1 或 STM-4，接口可以为 STM-1 光/电接口、PDH（Plesiochronous Digital Hierarchy，准同步数字体系）的 2Mbit/s、34Mbit/s 或 140Mbit/s 接口、普通电话用户接口、小交换机接口、2B + D 或 30B

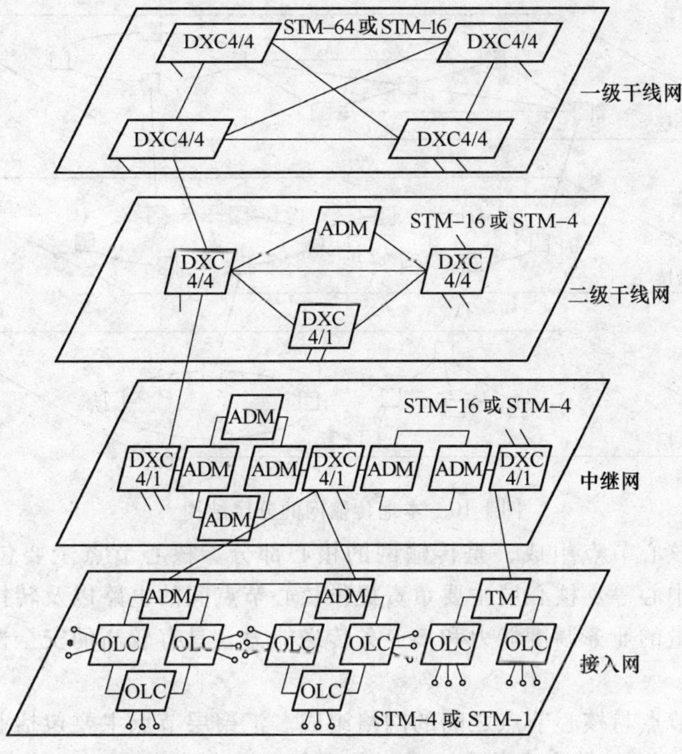

图1-9　我国的SDH传输网网络结构

TM—终端复用器　ADM—分插复用器

DXC—数字交叉连接设备　OLC—光用户环路载波系统

+D接口以及城域网接口等。用户网是SDH网中最庞大、最复杂的部分，它占整个通信网投资的50%以上，用户网的光纤化是一个逐步渐进的过程。人们所说的光纤到路边（FTTC)、光纤到大楼（FTTB)、光纤到家庭（FTTH）就是这个过程的不同阶段。目前在我国推广光纤用户网时必须要考虑采用一体化的SDH/CATV网，不仅要开通电信业务，而且还要提供CATV服务，这比较适合我国国情。

1.2.4　本地传输网结构

本地传输网是指地区级城市及所辖县城内的城域网和连接地区级城市和其郊区（县）之间的所有传输基础设施构成的网络，主要承担本地各业务网节点间中继电路传输，并按城市地理分布分区汇聚、收敛来自用户接入层面的传输电路。

本地传输网有时也称城域传输网或城域网。但从严格意义上说，城域网和城域传输网是有区别的。城域网（MAN）是在一个城市范围内所建立的计算机通信网，它将位于同一城市内不同地点的主机、数据库及局域网（LAN）等互相连接起来，是纯粹数据业务的数据网络。而城域传输网是语音业务为主，包含数据业务且有保护机制的传输网络。

为了简化本地传输网的规划设计，便于集中力量分层分批建设及网络建成后的维护管理，更好地适应网络的长期发展需要，本地传输网一般采用分层结构。根据网络规模大小，本地传输网一般可分为核心层、汇聚层、接入层3层，如图1-10所示。

1. 核心层

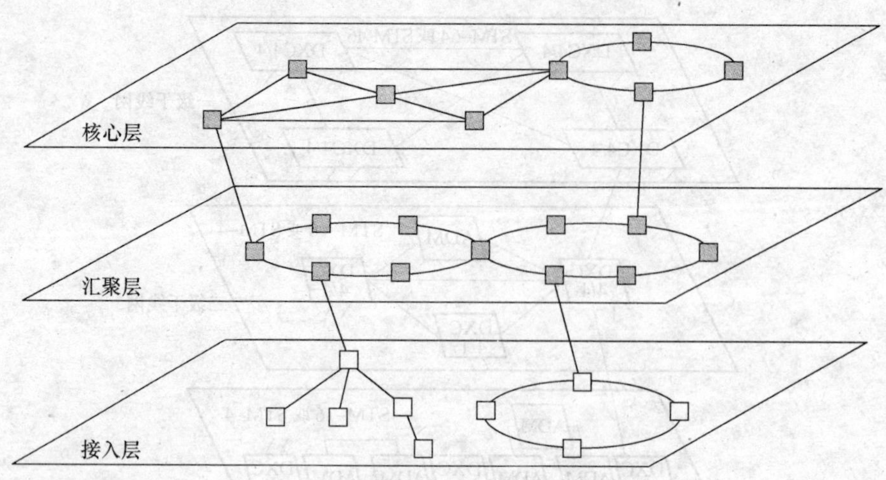

图 1-10 本地传输网的分层结构

核心层由传输核心节点组成，是传输网的核心部分。核心节点主要包括交换局、汇聚局、关口局和数据中心等。核心层主要负责提供核心节点间的电路以及转接汇聚节点之间的电路，能提供大容量的业务调度能力和多业务传送能力，具有较高的安全性和可靠性。

2. 汇聚层

汇聚层由汇聚节点与核心节点之间的网络组成。汇聚层节点主要包括业务网内基站控制器（BSC）、基站传输中心节点和数据中心节点等。汇聚层节点是业务区域内所有接入层网络的汇聚中心，承担转接和汇聚区内所有业务接入点的电路，能提供较大的业务交叉和汇聚能力，使网络具有良好的可扩展性。

3. 接入层

接入层由多个业务接入点组成。接入层节点主要包括业务网内的基站收发台（BTS）和数据业务的汇聚节点等，接入层采用多种接入技术承担多种业务的接入和传送。接入层具有建设速度快、可靠性好、低成本和保证业务质量等特性。

规模比较小的本地传输网可以适当减少传输网络层次，可将核心层和汇聚层合为一层即骨干层。随着数据业务的快速发展，传输网络进一步向端延伸，近期本地传输网还可能有用户引入层。引入层指从接入层节点到用户端的接入网络，属于接入网范畴。引入层节点主要包括业务网的用户数据接入点、室内分布点和边际站。

1.3 数字光纤通信系统的组成

前文提到了 PDH 和 SDH 这两个缩略词。PDH 和 SDH 是数字光纤通信系统的两种传输体制。数字光纤通信系统是数字通信与光纤通信系统的优化组合。数字通信具有抗干扰能力强、易于集成、转接交换方便等优点，而光纤通信具有频带宽的特点，弥补了数字通信占用频带较大的缺陷。

数字光纤通信系统由电收/发端机、输入/输出接口、光端机、光缆和光中继器等部分组成，如图 1-11 所示。

其各组成部分功能如下：

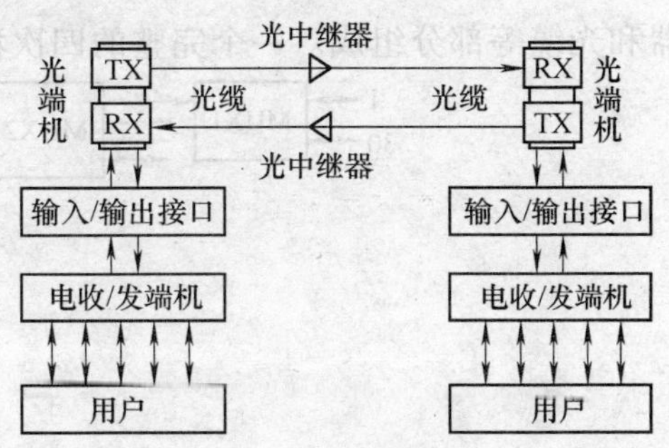

图 1-11　数字光纤通信系统组成框图

1）电收/发端机：完成模拟信号或数据信号与数字信号的互相转换。

2）输入/输出接口：对电收/发端机和光端机的数字信号起连接作用。

3）光端机：每台光端机主要由复/分接电路和光收/发模块组成，用于完成数字电信号与数字光信号的互相转换和数字光信号的收发。

4）光缆和光中继器：形成数字光信号的传输通道，光中继器有延伸传输距离的作用，有光—电—光中继器或光放大器两类。

1.4　PDH 技术

1.4.1　PDH 的基本概念

PDH 是 Plesiochronous Digital Hicrarchy 的英文缩写，中文含义是准同步数字体系。

在数字通信系统中，传送的信号都是数字化的脉冲序列。这些数字信号流在数字交换设备之间传输时，其速率必须完全保持一致，才能保证信息传送的准确无误，这就叫做“同步”。

采用 PDH 的系统，在数字通信网的每个节点上都分别设置高精度的时钟，这些时钟的信号都具有统一的标准速率。尽管每个时钟的精度都很高，但总还是有一些微小的差别。为了保证通信的质量，要求这些时钟的差别不能超过规定的范围。因此，这种同步方式严格来说不是真正的同步，所以叫做“准同步”。在进行复接时，如传输设备的各支路码位不同步，在复接前必须调整各支路码速，使之严格相等。调整方法通常采用正码速调整法，即在各分路信号中插入一些脉冲，通过控制插入脉冲的多少来调整各分路信号的速率。

1.4.2　PDH 的速率等级

国际电信联盟（ITU）提出了两个 PDH 体系的建议，即 E 体系 PCM 基群 30 路/32 路/2Mbit/s 系列和 T 体系 PCM 基群 24 路/1.5Mbit/s 系列。前者被我国大陆、欧洲及国际间连接采用；后者仅被北美、日本和其他少数国家和地区采用，并且北美和日本采用的标准也不完全相同。下面对 E 体系作详细说明。

基群（一次群）：30 个中继话路，速率为 2Mbit/s（即 2.048Mbit/s）。

二次群：120 个中继话路，速率为 8Mbit/s（即 8.448Mbit/s）。

三次群：480 个中继话路，速率为 34 Mbit/s（即 34.368Mbit/s）。

四次群：1920 个中继话路，速率为 140Mbit/s（即 139.264Mbit/s）。

五次群：7680 个中继话路，速率为 565Mbit/s（即 565.148Mbit/s）。

1.4.3　PDH 长途光缆通信系统的组成

PDH 长途光缆通信系统由 PCM 基群复用设备、高次群数字复用设备、光端机、光中继器和光缆等部分组成。一个完整的四次群光纤通信系统结构如图 1-12 所示。

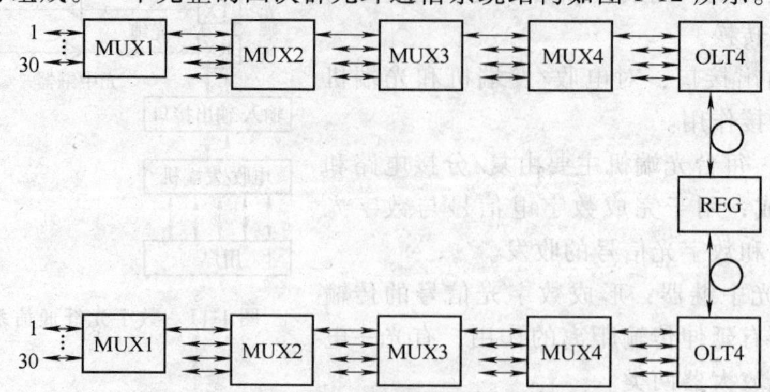

图 1-12　一个完整的四次群光纤通信系统结构

MUX—多路复/分接电路　OLT—光收/发模块　REG—光中继器

PCM 基群复用设备的主要作用是在发射端对语音信号进行取样、量化、编码，然后将 30 个速率为 64kbit/s 的话路复接成一个 2048kbit/s 的数字电信号；在接收端，则将一个 2048kbit/s 的数字电信号分接为 30 个速率为 64kbit/s 的话路。

高次群数字复用设备包括二次群复用设备、三次群复用设备、四次群复用设备等，其主要作用是将低次群复信号复接成高次群信号和将高次群信号分接成低次群复信号。如将 4 个标准速率为 2048kbit/s 的数字电信号，进行正码速调整后，再复接成一个 8448kbit/s 的二次群信号；将一个 8448kbit/s 的二次群信号分接恢复为 4 个 2048kbit/s 的数字电信号。

在高次群复用设备中，还有一种跳群复用设备。跳群复用设备是将相隔一个群次的群复用信号直接进行复接和分接的复用设备，跳过了中间的一个群次，如直接将 16 个 2Mbit/s 信号与一个三次群信号（34Mbit/s）进行复接和分接，跳过了二次群（8.448Mbit/s）。跳群复用设备既可以作为光端机的一个组成部分，也可以作为一台独立的设备，对高次群光端机的电接口进行复接和分接，如 2～34Mbit/s 的跳群设备，就可以对四次群光端机的 34Mbit/s 电接口进行复接和分接。

PDH 光端机主要用于完成数字电信号与数字光信号的互相转换和数字光信号的收发。它主要由复/分接电路 MUX*n* 和光收/发模块 OLT*n* 组成，例如二次群光端机由二次群复用设备 MUX2 和光收/发模块 OLT2 组成。

光缆和光中继器形成数字光信号的传输通道，光中继器还对所接收的光信号进行均衡、判决、再生，以延伸传输距离。

1.4.4　PDH 的缺陷

传统 PDH 传输体制的缺陷主要体现在以下几个方面：

1. 电接口方面

PDH 只有地区性的电接口规范，没有统一的世界性标准。现有的 PDH 制式共有 3 种不同的信号速率等级：欧洲系列、北美系列和日本系列。它们的电接口速率等级以及信号的帧结构、复用方式均不相同，这种局面造成了国际互通的困难，不适应当前通信的发展趋势。这 3 个系列信号的电接口速率等级如图 1-13 所示。

2. 光接口方面

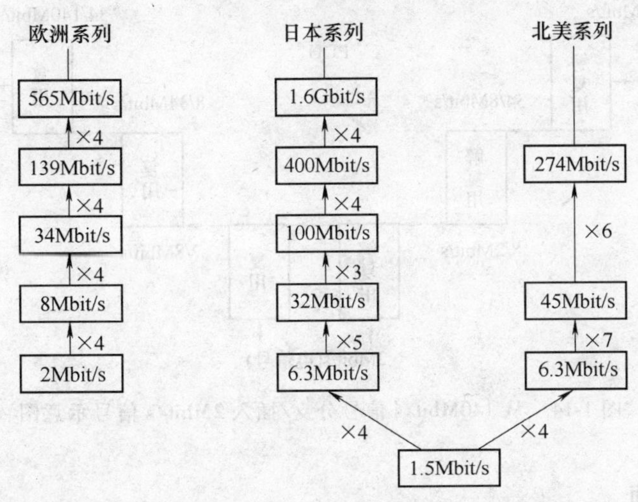

图 1-13 PDH 制式 3 个系列信号的电接口速率等级

PDH 没有世界性统一的光接口规范。为了完成设备对光路上的传输性能进行监控，各厂家各自采用自行开发的线路码型。典型的例子是 mBnB 码，其中 mB 为信息码，nB 是冗余码，冗余码的作用是实现设备对线路传输性能的监控功能。这使同一等级上光接口的信号速率大于电接口的标准信号速率，不仅增加了光通道的传输带宽要求，而且由于各厂家的设备在进行线路编码时，在信息码后加上不同的冗余码，导致不同厂家同一速率等级的光接口码型和速率也不一样，致使不同厂家的设备无法实现横向兼容。这样在同一传输线路两端必须采用同一厂家的设备，给组网应用、网络管理及互通带来困难。

3. 复用方式

在 PDH 体制中，只有 PCM 设备从 64kbit/s 至基群速率的复用采用了同步复用方式，而其他各次群信号都采用“准同步复接”方式。因为各级 PDH 速率的信号都是异步的，所以需要通过正码速调整来适配和容纳各级支路信号的速率差异。由于 PDH 采用异步复用方式，那么就导致当低速信号复用到高速信号时，其在高速信号帧结构中的位置规律性差。也就是说在高速信号中不能便捷地确认低速信号的位置，而这一点正是能否从高速信号中直接分支出低速信号的关键所在。

PDH 采用异步复用方式，从 PDH 的高速信号中就不能直接地分支/插入低速信号，而要逐级地进行，例如，从 140Mbit/s 的信号中分支/插入 2Mbit/s 低速信号要经过图 1-14 所示过程。

图 1-14 说明，在将 140Mbit/s 信号分支出 2Mbit/s 信号过程中，使用了大量的“背靠背”设备。通过三级解复用设备才从 140Mbit/s 的信号中分出 2Mbit/s 低速信号，再通过三级复用设备，将 2Mbit/s 的低速信号复用到 140Mbit/s 信号中。一个 140Mbit/s 信号可复用进 64 个 2Mbit/s 信号，若在此处仅仅从 140Mbit/s 信号中上、下行一个 2Mbit/s 的信号，也需要全套的三级复用和解复用设备。这样不仅增加了设备的体积、成本和功耗，还降低了设备的可靠性。

而且，由于低速信号分/插到高速信号要通过层层的复用和解复用过程，这样就会使信号在复用/解复用过程中带来损伤，使传输性能劣化。在大容量长距离传输时，此种缺陷是

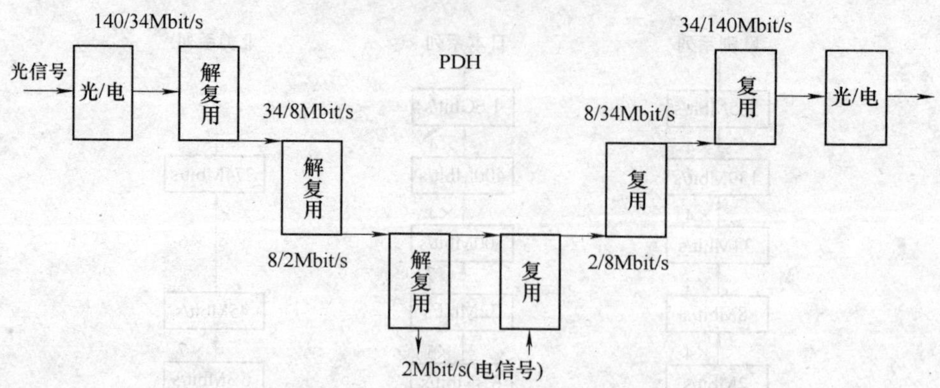

图 1-14 从 140Mbit/s 信号分支/插入 2Mbit/s 信号示意图

不能容忍的。

4. 运行维护方面

PDH 信号的帧结构里用于运行维护管理（OAM）的开销字节少，在线路编码时要通过增加冗余编码来完成线路性能监控功能。这对完成传输网的分层管理、性能监控、业务的实时调度、传输带宽的控制、告警的分析和故障定位是很不利的。

5. 没有统一的网管接口

由于 PDH 没有网管功能，更没有统一的网管接口，这就不利于形成统一的电信管理网。

由于以上这种种缺陷，使 PDH 传输体制越来越不适应传输网的发展，于是美国贝尔通信研究所首先提出由一整套分等级的标准数字传送结构组成的光同步网络（SONET）体制。国际电报电话咨询委员会（CCITT）于 1988 年接受了 SONET 概念，并重新命名为同步数字体系（SDH），使其成为不仅适用于光纤传输，也适用于微波和卫星传输的通用技术体制。

1.5 SDH 技术

1.5.1 SDH 的基本概念

SDH 是 Synchronous Digital Hierarchy 的英文缩写，中文含义是同步数字体系。SDH 是世界公认的新一代宽带传输体制，它针对更高速率的传输系统制订出全球统一的标准，规范了数字信号的传输速率等级、帧结构、复用方式和光接口特性等，并且整个网络中各设备的时钟来自同一个极精确的时间标准（如铯原子钟），没有准同步系统中各设备定时存在误差的问题。采用 SDH 的系统，在进行复接时，如传输设备的各支路码位是同步的，只要将各支路码元直接在时间压缩、移相后进行复接就行了。

1.5.2 SDH 的速率等级

在 SDH 中，信息是以同步传送模块（Synchronous Transport Module，STM）的信息结构传送的。按照模块的大小和传输速率不同，SDH 分为若干等级，见表 1-1。目前 SDH 制订了 4 级标准，其容量（路数）每级翻为 4 倍，而且速率也是 4 倍的关系，在各级间没有额外开销。

表 1-1　SDH 的速率等级

等级	传输速率/Mbit·s⁻¹
STM-1	155.52
STM-4	622.08
STM-16	2488.32
STM-64	9953.28

1.5.3　SDH 的保护方式

自愈保护是 SDH 传输网的一大特色，对保障业务十分重要。所谓自愈是指在网络发生故障（例如光纤断）时，无需人为干预，网络自动地在极短的时间内（ITU-T 规定为 50ms 以内），使业务自动从故障中恢复传输，使用户几乎感觉不到网络出了故障。

自愈要求网络具备发现替代传输路由并重新建立通信的能力。替代路由可采用备用设备或利用现有设备中的冗余能力，以满足全部或指定优先级业务的恢复。由上可知，网络具有自愈能力的先决条件是有冗余的路由、网元强大的交叉能力以及网元一定的智能。但要注意，自愈仅是通过备用信道将失效的业务恢复，而不涉及具体故障的部件和线路的修复或更换。所以故障的修复仍需人工干预才能完成，正如断了的光缆还需人工接续一样。

SDH 保护分为子网连接保护（SNCP）和路径保护，路径保护包括线性复用段保护、复用段共享保护环的保护和通道保护环的保护。

1. 线性复用段保护

线性复用段保护对复用段层提供保护，适用于点到点物理网络。一个复用段保护用于保护一定数量（n）的工作复用段，但不能对节点故障提供保护，它可工作于单端或双端方式，此外复用段保护在备用状态时还可用来开通无需保护的额外业务。线性复用段保护具体分为 1+1 线性复用段保护和 1:1 线性复用段保护。

2. 复用段共享保护环的保护

复用段共享保护环是以复用段为基础的，工作通道传送业务，其保护通道则留作业务信号的保护之用，倒换与否按环上传输的复用段信号的质量来决定的。倒换由 APS 协议来启动，其保护倒换时间为 50ms，分为二纤双向复用段共享保护环和四纤双向复用段共享保护环两种保护方式。复用段共享保护环多用于 STM-16 和 STM-64 干线网以及城域网，系统较复杂，适用于分散性业务，能提供高容量使用效率。目前，复用段共享保护环可以用来保护环上的所有传输容量。当复用段出现问题时，环上整个 STM-*N* 或 1/2STM-*N* 的业务信号都切换到备用信道上。

3. 通道保护环的保护

通道保护环的业务保护是以通道为基础的，也就是保护的是 STM-*N* 信号中的某个 VC（某一路 PDH 信号），是否进行保护倒换要根据出、入环的个别通道信号质量的优劣来决定。在进行通道保护倒换时只需在接收端把开关从工作通道倒换到保护通道上，所以不需要使用 APS 倒换协议，其保护倒换时间小于 50ms。常用的通道保护环有二纤单向通道保护环和二纤双向通道保护环两种。系统相对简单，适用于汇聚性业务。

4. 子网连接保护

子网连接保护（SNCP）是指对某一子网连接预先安排专用的保护路由，这样一旦子网发生故障，专用保护路由便取代子网担当在整个网络中的传送任务。SNCP 采用的是双发选收的工作方式。维护人员可随时根据网络的情况，将 SNCP 的工作、保护通道进行实时切换，以并发优收的原则保证业务的高度可靠。SNCP 是一种基于业务的保护方式，在网络中的配置保护连接方面具有很大的灵活性，特别适用于不断变化、对未来传输需求不能预测的、根据需要就可以灵活增加连接的网络，故而它能够应用于干线网、中继网、接入网等网络，以及树形、环形、网状等各种网络结构，其保护结构为 1+1 方式，即每一个工作连接都有一个相应备用连接，同样，在配置工作连接时也能决定哪些连接需要保护，哪些连接不需要保护。当同时在复用段实行保护时，传输信号将有可能被双重保护。

1.5.4 SDH 的优势

SDH 传输体制具有 PDH 体制所无可比拟的优点，它是不同于 PDH 的、全新的一代传输体制，与 PDH 相比，在技术体制上进行了根本的变革和创新。

SDH 的核心理念是要从统一的国家电信网和国际互通的高度来组建数字通信网，它是构成综合业务数字网（ISDN），特别是宽带综合业务数字网（B-ISDN）的重要组成部分。因为与传统的 PDH 体制不同，按 SDH 组建的网是一个高度统一的、标准化的、智能化的网络，它采用全球统一的接口以实现设备多厂家环境的兼容，在全程全网范围内实现高效的协调一致的管理和操作，实现灵活的组网与业务调度，实现网络自愈功能，提高网络资源利用率，由于维护功能的加强大大降低了设备的运行维护费用。

下面就 SDH 所具有的优越性，从以下几个方面进一步说明。

1. 电接口方面

接口的规范化与否是决定不同厂家的设备能否互连的关键。SDH 体制对网络节点接口（NNI）作了统一的规范。规范的内容有数字信号速率等级、帧结构、复用方法、线路接口和监控管理等，于是就使 SDH 设备容易实现多厂家互连，也就是说，在同一传输线路上可以安装不同厂家的设备，体现了横向兼容性。

SDH 体制有一套标准的信息结构等级，即有一套标准的速率等级。它基本的信号结构等级是同步传输模块——STM-1，相应的速率是 155Mbit/s。高等级的数字信号系列例如 622Mbit/s（STM-4）、2.5Gbit/s（STM-16）等，可通过将基础速率等级的信息模块（例如 STM-1）通过字节间插同步复接而成，复接的个数是 4 的倍数，例如 STM-4 = 4 × STM-1、STM-16 = 4 × STM-4、STM-64 = 4 × STM-16。

2. 光接口方面

线路接口（光接口）采用世界性统一标准规范，SDH 信号的线路编码仅对信号进行扰码，不再进行冗余码的插入。

扰码的标准是世界统一的，这样对终端设备仅需通过标准的解扰码器就可与不同厂家 SDH 设备进行光口互连。扰码的目的是抑制线路码中的长连“0”和长连“1”，便于从线路信号中提取时钟信号。由于线路信号仅通过扰码，所以 SDH 的线路光信号速率与 SDH 电口标准信号速率相同，这样就不会增加光通道的传输带宽。

目前 ITU-T 正式推荐 SDH 光接口的统一码型为加扰的 NRZ 码。

3. 复用方式

由于低速 SDH 信号是以字节间插方式复用进高速 SDH 信号的帧结构中的，这样就使低速 SDH 信号在高速 SDH 信号的帧中的位置是均匀的、有规律性的，也就是说是可预见的。这样就能从高速 SDH 信号［例如 2. 5Gbit/s（STM-16）信号］中直接分/插出低速 SDH 信号［例如 155Mbit/s（STM-1）信号］，这样就简化了信号的复接和分接，使 SDII 体制特别适合于高速大容量的光纤通信系统。

另外，由于 SDH 采用了同步复用方式和灵活的映射结构，可将 PDH 低速支路信号（例如 2Mbit/s）复用进 SDH 信号的帧（STM-N）中去，这样使低速支路信号在 STM-N 帧中的位置也是可预见的，于是可以从 STM-N 信号中直接分/插出低速支路信号。这样节省了大量的复接/分接设备（“背靠背”设备），增加了可靠性，减少了信号损伤，降低了设备成本和功耗等，使业务的上、下行更加简便。

SDH 综合了软件和硬件的优势，实现了从低速 PDH 支路信号（如 2Mbit/s）至 STM-N 之间的“一步到位”的复用，使维护人员仅靠软件操作就能便捷地实现灵活的实时业务调配。而且 SDH 的这种复用方式使数字交叉连接（DXC）功能更易于实现，使网络具有了很强的自愈功能，便于网络运营者按需动态组网。

4. 运行维护方面

SDH 信号的帧结构中安排了丰富的用于运行维护管理（OAM）功能的开销字节，使网络的监控功能大大加强，也就是说维护的自动化程度大大提高。PDH 的信号中开销字节不多，以至于在对线路进行性能监控时，还要通过在线路编码时加入冗余比特来完成。以 PCM30/32 信号为例，其帧结构中仅有 TS0 时隙和 TS16 时隙中的比特是用于开销功能。

SDH 具有丰富的开销字节，它占用整个帧结构所有带宽容量的 1/20，大大加强了 OAM 功能。这样就有利于降低系统的维护费用，而在通信设备的综合成本中，维护费用占相当大的一部分。于是 SDH 系统的综合成本要比 PDH 系统的低，据估算约为 PDH 系统的 65. 8%。

5. 兼容性

SDH 有很强的兼容性，这也就意味着当组建 SDH 传输网时，原有的 PDH 设备或系统仍可使用，这两种传输网可以共存，也就是说可以用 SDH 网传送 PDH 业务。另外，异步转移模式（ATM）、光纤分布式数据接口（FDDI）等其他制式的信号传送的新业务也可用 SDH 网来传输。

那么，SDH 传输网是怎样实现这种兼容性的呢？SDH 信号的基本传输模块（STM-1）可以容纳多种速率的 PDH 支路信号和 ATM、FDDI、分布式队列双总线（DQDB）等其他数字信号，从而体现了 SDH 的前向兼容性和后向兼容性。为了适应 ATM、IP 等新业务传输的需要，SDH 专门设计有 STM-N 级联等应用方式，从而保证 SDH 上述兼容性得以实现。

SDH 是怎样容纳各种制式的信号呢？很简单，只需把各种制式的信号（支路）从网络界面处（始点）映射复用进 STM-N 信号的帧结构中，在 SDH 传输网络边界处（终点）再将它们解复用/分离出来即可，这样就可以在 SDH 传输网上传输各种制式的数字信号了。

1. 5. 5　SDH 的缺陷

SDH 体系并非完美无缺，它大致具有如下 3 点不足之处。

1. 频带利用率低

SDH 一个很大的优势是系统的可靠性增强了，运行维护管理的自动化程度提高了。这是由于在 SDH 的 STM-N 帧中加入了大量的开销字节。这样必然会增加传输速率，使在传输同样有效信息的情况下，PDH 信号所占用的传输速率要比 SDH 信号所占用的传输速率低，即 PDH 信号所占用的带宽窄。例如，SDH 的 STM-1 信号可复用进 63 个 2Mbit/s、3 个 34Mbit/s（相当于 48 ×2Mbit/s）或 1 个 140Mbit/s（相当于 64 ×2Mbit/s）的 PDH 信号。只有当 PDH 信号是以 140Mbit/s 的信号复用进 STM-1 信号的帧时，STM-1 信号才能容纳 64 × 2Mbit/s 的信息量，但此时它的信号速率是 155Mbit/s，速率要高于 PDH 同样信息容量的 E4 信号（140Mbit/s），也就是说 STM-1 所占用的传输频带要大于 PDH E4 信号的传输频带，而二者信息传输的容量是一样的。

2. 指针调整机理复杂

SDH 体制可以“一步到位”地从高速信号（例如 STM-1）中直接下低速信号（如 2Mbit/s），省去了逐级复用/解复用过程。而这种功能的实现是通过指针调整机理来完成的，指针的作用就是时刻指示低速信号的位置，以便在“拆包”时能正确地拆分出所需的低速信号，保证了 SDH 从高速信号中直接分支低速信号功能的实现。可以说指针技术是 SDH 体系的一大特色。

但是指针功能的实现增加了系统的复杂性，最重要的是使系统产生 SDH 特有的一种抖动——由指针调整引起的结合抖动。这种抖动多发于网络边界处（SDH/PDH），其频率低，幅度大，会导致低速信号在分支拆离后传输性能劣化，这种抖动的滤除又比较困难。

3. 软件的大量使用对系统安全性的影响

SDH 的一大特点是 OAM 的自动化程度高，这意味着软件在系统中占用相当大的比重。一方面，这使系统很容易受到计算机病毒的侵害，特别是在计算机病毒无处不在的今天。另一方面，在网络层上人为的错误操作、软件故障，对系统的影响也是致命的。也就是说，SDH 系统对软件的依赖性很大，这样 SDH 系统运行的安全性就成了很重要的课题。

SDH 体制尽管还有多种缺陷，但它已在传输网的发展中显露出了强大的生命力。

1.6 网络规划

1.6.1 传输网建设原则

当前建设信息高速公路已成为电信网络发展的当务之急。作为信息高速公路基本骨干的光传输网，其建设原则是“高速、安全、灵活”，并能适应未来宽带综合业务数字网业务发展的需要。光传输网特别是城域网的建设应以市场为导向，以用户为中心，以效益为目标，遵循以下一些基本原则。

1. 开放性和标准化原则

首先，网元设备的接口类型和参数应在遵循国际标准的前提下，兼顾国内实际的应用情况进行选择；其次，网络应尽量避免使用那些私有的或不成熟的协议，以免在网络的互联互通方面存在问题，影响对业务的支持能力，以及影响全网的统一性、先进性和整体性。

2. 兼顾技术的先进性和成熟性原则

光传输网所采用的技术既要具有前瞻性，又要具有前向兼容性。

3. 可运营原则

光传输网需要向大量用户提供不同类型的服务，因此，网络应提供良好的业务管理能力，支持对宽带用户的接入管理、身份认证以及 QoS 保证，并针对不同的业务提供灵活的计费方式，确保网络的可运营性。

4. 可管理原则

光传输网采用分层的网络结构，需要具有统一的分级、分权管理的网络管理系统，实现统一的业务调度和管理，降低网络运营成本。

5. 可增值原则

根据竞争和企业发展的需要，光传输网应充分考虑业务的扩展能力，能针对不同的用户需求提供丰富的宽带增值业务，使网络能够持续赢利。同时网络建设应体现成本原则，尽可能降低网络建设成本。

6. 可扩展原则

光传输网必须具有很强的可扩展性，以便在今后的发展中保持技术优势和防止潜在市场份额丢失。网络的可扩展性包括网络容量的扩展、网络技术的扩展、网络应用的扩展和网络用户的扩展。

7. 安全性原则

包括网络安全、操作系统安全、用户安全、应用安全和信息安全。光传输网的建设应充分考虑网络的安全性，保证业务数据安全、高效、稳定地传输。

8. 高可用性原则

光传输网应具有高可用性，应考虑在不同的网络层次提供多种级别的保护策略，如设备级保护、网络级保护（包括物理层保护、数据链路层保护）等，而且上述工作于不同网络层次的保护机制应能够有效地相互协调，共同提高网络的可用性。

1.6.2　网络规划要点

1. 遵循“近细远粗”的原则

编制未来 2 ~ 3 年城域传输网的规划书，力求当年的规划要求具体，指导当年工程建设；后一两年的规划为目标规划，是建设的方向，可以随着业务的发展，重做调整。

2. 采用“分期分层式”建设模式

具体各年度的网络建设要随着业务和用户需求的成熟，以点带面，有重点、有步骤、分期分批地建设和合理调整，延伸城域传输网，以节约建设投资，并通过专网合作、合建、自建等多种方式来建设城域传输网，收敛用户，产生效益。核心层、汇聚层和接入层 3 层网络结构相对独立，相对稳定，下层网络结构的变化不影响上层结构变化，使网络建设可以分层建设，以节约投资，保持网络结构稳定。

3. 网络结构

以环形为主，链形为辅，根据业务发展，能成环的尽可能地成环，不能成环的以链路接入，不刻意成环。

SDH 环网的自愈功能非常有效地防止了因线路设备故障而导致的业务中断，极大地提高了电路的可用率和可靠性。因此在传输网建设中，大多数会采用可靠性较高的环形网。而在 SDH 环网的规划中则应充分考虑光纤物理走向，环网中两个节点间的光缆应采用不同的物理路由，这样才能真正发挥自愈环的作用。

4. 节点设置

为保证同步传递质量，每一个接入节点和交换机之间的较远路径必须小于20个节点。

环网不宜过长，环中的节点数不宜过多。从节点平均可用容量、定时传递损伤、自动保护倒换的响应时间、自动保护倒换算法限制等方面考虑，环网不宜长于1200 km，实际自愈环的节点数还受环中业务流量的限制，环网中节点数一般不宜多于10个。

从安全性出发，相邻两个环的互通至少需要有两个公共节点，否则其中一个共用节点故障可能会导致两环不能互通。

5. 设备配置

传输网络核心层和汇聚层平台建设可根据业务需求适度超前，以适应滚动发展的要求和满足网络结构在一定时期内稳定性与安全性的要求；核心层应采用10Gbit/s传输设备；汇聚层采用622Mbit/s设备或2.5Gbit/s设备；接入层采用155Mbit/s设备。各核心节点、汇聚节点和接入节点所配的10Gbit/s、2.5Gbit/s和155Mbit/s设备配置根据所接入环链的多少和电路需求，合理配置10Gbit/s、2.5Gbit/s和155Mbit/s设备的光电路板，使各接点设备根据业务需求的不同而具有设备差异性，以节约投资。

6. 汇聚节点机房选取

汇聚节点机房的选取应综合考虑建设时的光缆结构、管道情况和机房条件，在汇聚区内合理选择汇聚节点。

7. 网络管理能力

提高网络管理能力，真正实现城域网内灵活的电路调度和端到端管理。城域网最大的特点是多样性，不能简单地以一种方式来适应各个地区城域网的发展，应根据城市规模、业务类型、用户分布等选取合理的技术，同时发挥网管系统的强大能力，提高网络的智能性，真正实现城域网内灵活的电路调度和端到端的管理。

1.6.3 本地网组网原则

城域传输网网络结构按照核心层、汇聚层和接入层的分层建设思路进行，分层的目的是使本地传输具有清晰的网络结构和明确的功能分担，同时隔离不同层的故障，避免不断变化的末端业务和网络对核心网稳定运行的影响。

1. 核心层网络建设

核心层网络中只包含各业务核心节点，负责各汇聚层之间的大颗粒业务调度，其中包含骨干节点之间的以及需要骨干节点转接的业务。核心层的网络结构应为环网结构，网络中骨干节点不宜过多，一般在3~6个即可，SDH环网采用复用段共享保护环方式。核心层负责大颗粒业务的调度，要求提供较大的业务交叉和汇聚能力，使网络具有良好的可扩展性。

2. 汇聚层网络建设

汇聚节点起承上启下作用，主要解决接入层小颗粒业务的汇聚，同时连接核心层，提高带宽利用率。汇聚层节点负责将接入层业务转接至核心节点，也是承载大颗粒业务的平台。它和核心层一起构成本地传输网络的骨架部分，是运营商的主体网络。汇聚层的网络结构应为环网结构，每个汇聚环的业务分布模式是多个汇聚节点分别向两个核心节点的双归汇聚方式，以提高网络的安全性，SDH环网采用复用段共享保护环方式。汇聚层由业务转接量较大的传输节点组成，负责一定区域内业务的汇聚和疏导，要求提供较大的业务交叉和汇聚能力，使网络具有良好的可扩展性。

3. 接入层网络建设

接入层包含所有本地欲接入的业务点，主要包含移动无线网的基站类接入业务和移动网上开展的其他各种数据接入业务。接入层的网络结构受具体业务点位置影响很大，结构应以环网为主，线形链路、星形、树形等其他结构为辅。接入层的节点数目多，分布广，业务点增减和业务点电路需求变化频繁。单个节点的业务量相对较小，对网络的可扩展性和适应变化能力要求较高；接入层业务发展随机性大；要求完成时限急，同时需要的业务种类千差万别，要求针对各种业务灵活配置设备，同时接入层设备要有高度灵活性和适应能力。

1.6.4　业务类型

作为各种业务传送平台的城域传输网，今后的传输设备容量不仅要满足固定电话网局间中继的传输需求，同时要满足高速发展的数据业务和3G的传输需求，并为未来网络元素出租以及其他新业务的需求预留容量。目前，传输网的业务主要包括3个部分：话音业务、数据业务和专线业务。

1. 话音业务

话音业务是传输网承载的主要业务，主要包括固定网本地电话业务、固定网长途电话业务和IP电话业务等。

（1）固定网本地电话业务　固定网本地电话业务是指通过本地电话网（包括ISDN网）在同一个长途电话编号区范围内提供的电话业务。固定网本地电话业务包括以下主要业务类型：端到端的双向话音业务，端到端的传真业务和中、低速数据业务，呼叫前转、三方通话、主叫号码显示等补充业务，经过本地电话网与智能网共同提供的本地智能网业务，基于ISDN的承载业务。

（2）固定网长途电话业务　固定网长途电话业务是指通过长途电话网（包括ISDN网）在不同长途电话编号区范围内提供的电话业务，即不同的本地电话网之间提供的电话业务。某一本地电话网用户可以通过加拨长途字冠和长途区号，呼叫另一个长途编号区本地电话网的用户。固定网长途电话业务包括以下主要业务类型：跨长途编号区的端到端的双向话音业务，跨长途编号区的端到端的传真业务和中、低速数据业务，跨长途编号区的呼叫前转、三方通话、主叫号码显示等补充业务，跨长途编号区的经过本地电话网与智能网共同提供的本地智能网业务，跨长途编号区的基于ISDN的承载业务。

（3）IP电话业务　IP电话业务泛指利用IP网络提供或通过电话网络和IP网络提供的电话业务，其业务范围包括国内长途IP电话业务和国际长途IP电话业务。IP电话业务在整个信息传递过程中，采用IP包方式。IP电话业务包括以下主要业务类型：端到端的双向话音业务，端到端的传真业务和中、低速数据业务，IP网络与智能网共同提供的国内与国际长途智能网业务。

2. 数据业务

数据业务（如DDN和ATM）带宽需求变化不大，对传输带宽压力较小。由于IP多媒体数据业务带宽需求和用户增长非常迅速，窄带业务（163、169）随着宽带的迅速普及而日益萎缩，窄带业务占用局间电路的数量也大大降低，窄带拨号业务对局间中继的带宽压力日益减小，对传输网的带宽需求压力也不大。IP 多媒体数据业务增长非常迅速，并且随着宽带用户的不断增加和新业务（如 IPTV）的发展，带宽需求日益增加，现有数据业务大部分采用光纤直连方式，随着数据业务的发展，数据业务所需的带宽也以前所未有的速度发展，但光纤直连未通过传输层，光纤质量、性能监测、保护等无法实现；其次，光纤浪费严重，每两个业务接入点需要一对光纤，一个业务接点若与其他业务接点有业务互通，光纤呈阶乘增长；此外，业务端口压力大，每一个节点相连，交换机或路由器就需增加一个端口；最后，也是最重要的一点，当环网周长较长（如 15km 以上），采用光纤直连的综合成本接近甚至比 DWDM 方式还高，随着业务的增加，其成本将远远超过 WDM。因此在考虑城域传输容量的配置时要对这些数据业务带宽需求有充分的估计。

3. 专线业务

当前，大客户专线业务是电信运营商竞争的焦点，是电信运营市场的高价值市场，也是主要利润来源之一。专线、VPN 的业务种类繁多，从网络提供的角度来看，可分为 FR、ATM、DDN、X.25、PDH 专线、SDH 专线、IPsecVPN、MPLSVPN 等形式。

传统的专线技术由于提供能力和成本等原因，每种专线网络只能提供一种或者几种业务，而对于用户多方面、多层次的业务需求，往往需要由多个专线网络来提供，这给运营商带来了在维护、新业务支持、管理等方面的诸多问题。目前，专线业务发展呈现的趋势总结起来，有如下几个方面：

（1）高速化　对带宽的要求逐步提升，从 2Mbit/s 向 10Mbit/s、100Mbit/s 发展，部分专线达到 155Mbit/s。

（2）平民化　由专业用户开始向公众用户发展，所涉及的行业逐步增多。

（3）均衡化　点对点而少量向点对多点而集中汇聚，再向多点对多点而分布式发展。

（4）专业化 大客户对于专线质量的要求逐步提升，不仅要求业务安全性高，并且希望业务能够可知、可信、可用，追求个性化服务质量。

【任务实施】

1.7 网络规划实施方案

1. 网络规划前准备

（1）了解 M 县的经济、地理、人口情况　由于 M 县市场庞大、电信普及率较低，电信运营业在未来相当长的一段时间内仍将潜力巨大，而政治稳定、经济发展和监管水平提高将会使这种潜力逐步发挥出来。为占有这种潜力，传统电信运营商需要密切关注电信服务需求的变化和新技术带来的挑战。

在客户空间方面，2006 ~ 2010 年，个人、家庭和政企客户空间都呈继续增长的态势，且增长中存在许多富有意义的特征，典型的有：老龄化进程逐渐提高老龄客户的重要性、城镇化致使城镇人口与家庭数不断接近甚至超过农村人口和家庭数、公务员数和中小企业数呈现出稳定增长的态势等。

（2）市场竞争情况的分析　2006 ~ 2010 年，TDM 语音及专线业务的比例持续下降，但绝对值仍将缓慢增长，并长期存在；视频分发、宽带接入以及 L2/L3-VPN 业务成为主流，业务全 IP 化趋势明显。

（3）了解传输设备特点及能力　以中兴的传输设备为例，ZXMP S200、ZXMP S320、ZXMP S100、ZXMP S330 主要定位在接入层。其中，ZXMP S330 也可以定位在汇聚层，将其定位在接入层，主要考虑到今后的扩容需要，例如利用接入层传送 IPTV 业务。ZXMP S330、ZXMP S360、ZXMP S380、ZXMP S385 主要定位在汇聚层。ZXMP S390、ZXMP S385 主要定位在核心层。

（4）了解要承载业务的特点及数量　新网络将要承载的业务类型主要有语音、数据、流媒体，能提供高带宽高质量宽带业务接入功能，支持 ATM、POS、FE、GE、VoIP 等多种用户接入方式。

（5）了解现有传输网络的瓶颈　现有网络以 PDH 传输为主，结构复杂凌乱，有大量电缆，维护困难；容量小，不能适应多业务的发展趋势；设备的接口类别少，业务实现需增加额外转换设备，不仅难以满足数据网络发展的需要，也极大增加网络运行成本；无业务汇聚及透明传输能力，带宽利用率低。

（6）了解目前的技术发展情况　目前，SDH 以其明显的优越性已成为传输网发展的主流。另外在 SDH 基础上，出现了一些先进技术，如 MSTP、DWDM、ASON、EPON、GPON 等，使 SDH 网络的作用越来越大。SDH 已被各国列入 21 世纪高速通信网的应用项目，是电信界公认的数字传输网的发展方向，具有远大的商用前景。

2. 收集信息

在前期规划准备工作的基础上，规划的第一步是收集信息，这里主要指站点信息和业务信息的收集。站点和业务信息的收集可为网络结构、保护类型、设备类型和设备硬件等的确定提供参考。

站点信息包括站点位置、站点数量和站点间传输距离等。M 县目前从行政和地理分布上划分为 3 个区域，业务量比较集中且未来增长较快的主要有传统的语音交换会接局、新兴科技园区、郊区局、移动局、数据局、长途局等，还有一些比较密集的住宅小区、工业园区、学校、企业等业务量也较大。

业务信息包括当前业务数量、当前业务类型、预期业务量和预期业务类型等。目前 M 县传输业务主要以话音业务为主，但由于身处长三角经济发展区域，发展势头迅猛，预期今后业务比重将向高速发展的数据、专线业务类型偏移，同时还要考虑未来 5～10 年网络元素出租以及其他新业务的需求。

3. 规划站点

由于中长期业务发展的预测较困难，而具体业务流向又不易确定，项目组根据收集的站点、业务信息，结合现有传输网络规划出图 1-15 所示的站点，共分为 A、B、C3 个业务区，A 区 21 个节点，B 区 14 个节点，C 区 15 个节点，这些节点作为未来网络初始阶段的节点。

项目组根据所选取的节点，大致列出了各个站点所需要的业务端口类型和数量，见表 1-2。其中，101 和 102、201 和 202、301 和 302 站点分别是 A 区、B 区和 C 区交汇的 6 大汇接局，业务量很大。

4. 规划保护方式和网络结构

新网络采用核心层、汇聚层、接入层 3 层城域网结构，核心层传输速率为 10Gbit/s，汇聚层传输速率为 2.5Gbit/s，接入层传输速率为 622Mbit/s，系统结构合理，业务处理能力强，能够满足大客户、监控等新业务发展的需求，并能够适应传输网络的平滑演进。

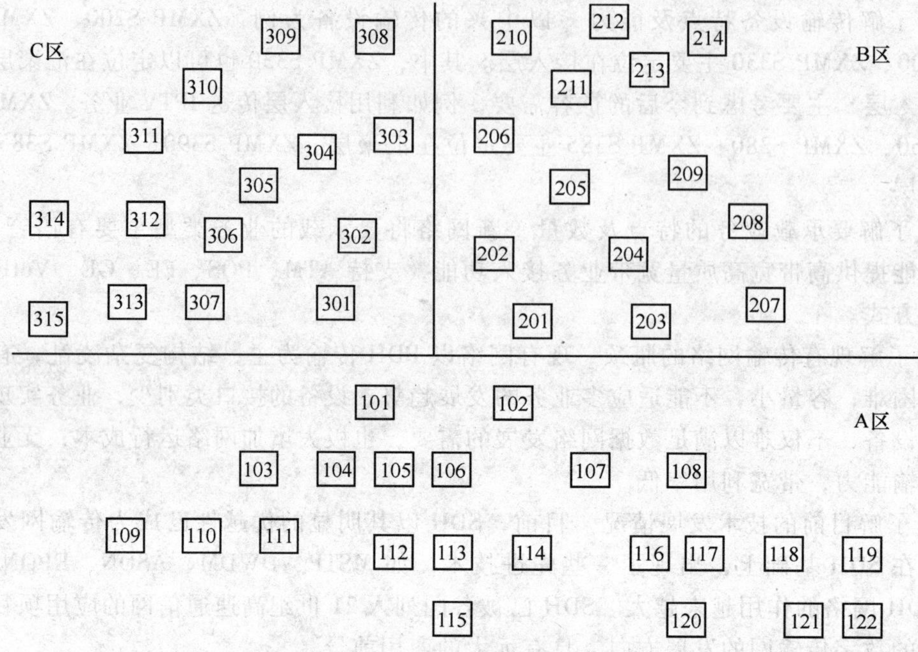

图 1-15 M 县所选站点示意图

表 1-2 M 县各站点业务端口需求

地 区	站点局号	业务端口需求			
		STM-64	STM-16	STM-4	STM-1
A	101	10	9	24	32
	102	10	10	24	32
	103	0	6	12	24
	104	0	6	12	24
	105	0	6	12	24
	106	0	6	12	24
	107	0	6	12	24
	108	0	6	12	24
	109	0	0	8	16
	110	0	0	8	16
	111	0	0	8	16
	112	0	0	8	16
	113	0	0	8	16
	114	0	0	8	16
	115	0	0	8	16
	116	0	0	8	16
	117	0	0	8	16
	118	0	0	8	16
	119	0	0	8	16
	120	0	0	8	16
	121	0	0	8	16

（续）

地　区	站点局号	业务端口需求			
		STM-64	STM-16	STM-4	STM-1
B	201	10	10	24	32
	202	10	8	24	32
	203	0	6	12	24
	204	0	6	12	24
	205	0	6	12	24
	206	0	6	12	24
	207	0	0	8	16
	208	0	0	8	16
	209	0	0	8	16
	210	0	0	8	16
	211	0	0	8	16
	212	0	0	8	16
	213	0	0	8	16
	214	0	0	8	16
C	301	10	8	24	32
	302	10	9	24	32
	303	0	6	12	24
	304	0	6	12	24
	305	0	6	12	24
	306	0	6	12	24
	307	0	6	12	24
	308	0	0	8	16
	309	0	0	8	16
	310	0	0	8	16
	311	0	0	8	16
	312	0	0	8	16
	313	0	0	8	16
	314	0	0	8	16
	315	0	0	8	16

（1）核心层网络规划　考虑现有网络节点业务情况、各节点周边环境和业务增长趋势等因素，项目组规划101、102、201、202、301、302这6个站点为核心节点，这些节点通过彼此间的连接将接入层和汇聚层的业务从起始点汇聚、疏导和交换到业务的目的地。一般情况下，核心层网元采用环网结构，但为了安全考虑可以选用网状结构。这里采用6个核心节点组成STM-64的网状结构，具体组网如图1-16所示。

注意： *在规划结构时，同时还要注意当某个区域中一个网元出现故障时，应采用更好的*

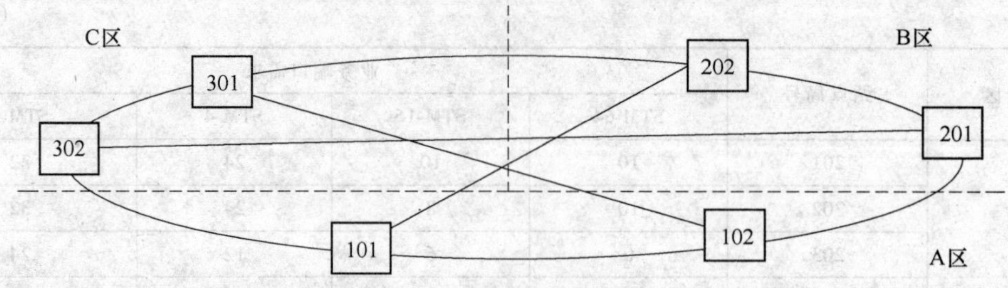

图 1-16 核心层组网结构图

结构来保障区域之间的业务正常传送。比如在图 1-16 中，A 区 101 网元分别与 B 区 202 网元、C 区 302 网元连接；A 区 102 网元分别与 B 区 201 网元、C 区 301 网元连接。当 A 区 102 网元出现故障时，A 区业务可以通过 101 网元与其他区进行业务传输，从而保障整个小区业务的安全传输。

（2）汇聚层网络规划 根据业务需求分布，项目组在 3 个业务区共选择 15 个业务较集中站点作为汇聚节点，因为汇聚节点之间要完成大量业务的调度，属于分散型业务，结合成本资源等因素，按业务区组成 3 个 STM-16 二纤双向复用段保护环，从而构成汇聚层网络，具体组网如图 1-17 所示。

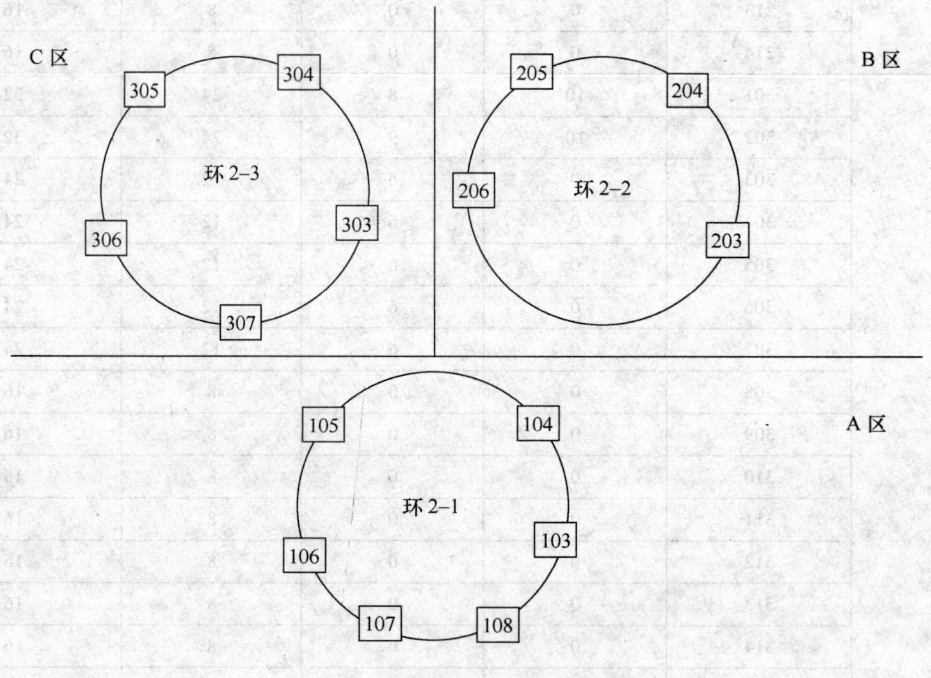

图 1-17 汇聚层组网结构图

STM-16 环 2-1 由 103、104、105、106、107、108 这 6 个节点组成。其中，104 和 105 为核心网接入节点，103、106、107、108 为接入层汇聚节点。

STM-16 环 2-2 由 203、204、205、206 这 4 个节点组成。其中，204 和 205 为核心网接入节点，203、206 为接入层汇聚节点。

STM-16 环 2-3 由 303、304、305、306、307 这 5 个节点组成。其中，304 和 305 为核心网接入节点，303、306、307 为接入层汇聚节点。

（3）接入层网络规划　根据各站点的地理位置，项目组规划出以各汇聚节点为转接点的接入层网络结构，组建接入层STM-4环8个，因为接入层节点业务大多要送到汇聚层，可能还要经过核心层，属于汇聚型业务，因此可以采用二纤单向通道保护环。每个接入层SDH环上尽量规划两个汇聚节点，达到双节点汇聚，提高接入层的网络安全性，具体组网如图1-18所示。

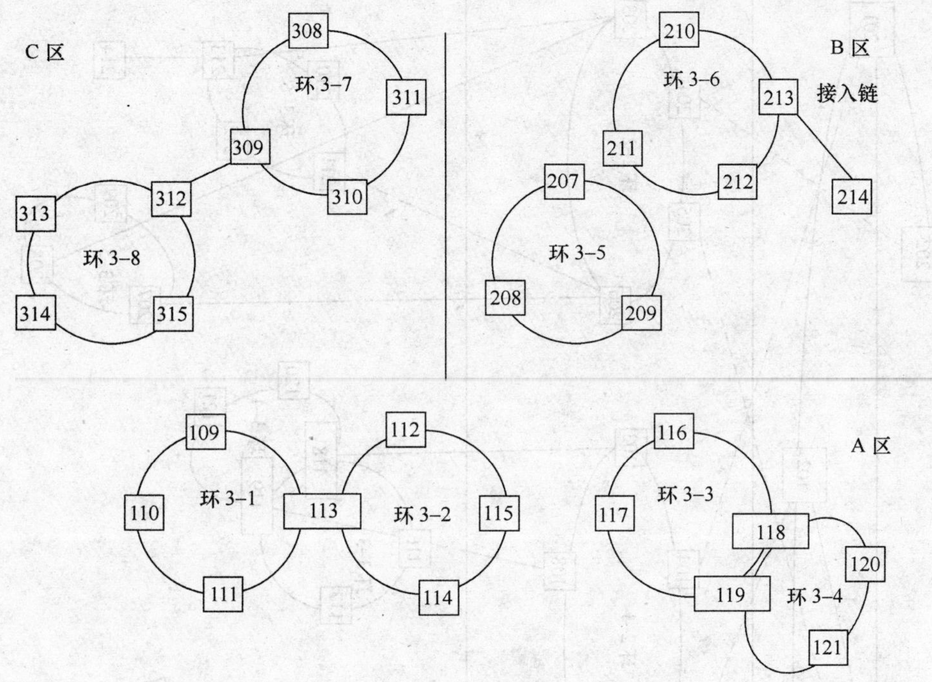

图1-18　接入层组网结构图

STM-4环3-1由109、110、111、113这4个节点组成。其中，110和113为接入层和汇聚层接入节点。

STM-4环3-2由112、113、114、115这4个节点组成。其中，113为接入层和汇聚层接入节点。环3-1与环3-2组成相切环结构，113是公共节点。

STM-4环3-3由116、117、118、119这4个节点组成。其中，118和119为接入层和汇聚层接入节点。

STM-4环3-4由118、119、120、121这4个节点组成。其中，118和119为接入层和汇聚层接入节点。环3-3与环3-4组成相交环结构，118和119两个节点是公共节点。

STM-4环3-5由207、208、209这3个节点组成。其中，207和208为接入层和汇聚层接入节点。

STM-4环3-6由210、211、212、213这4个节点组成。其中，211和213为接入层和汇聚层接入节点。环3-6与214组成环带链结构，213为环与链连接点。

STM-4环3-7由308、309、310、311这4个节点组成。其中，311为接入层和汇聚层接入节点。

STM-4环3-8由312、313、314、315这4个节点组成。其中，312和313为接入层和汇聚层接入节点。环3-7和环3-8组成环形子网的支路跨接结构，通过309和312两个节点将

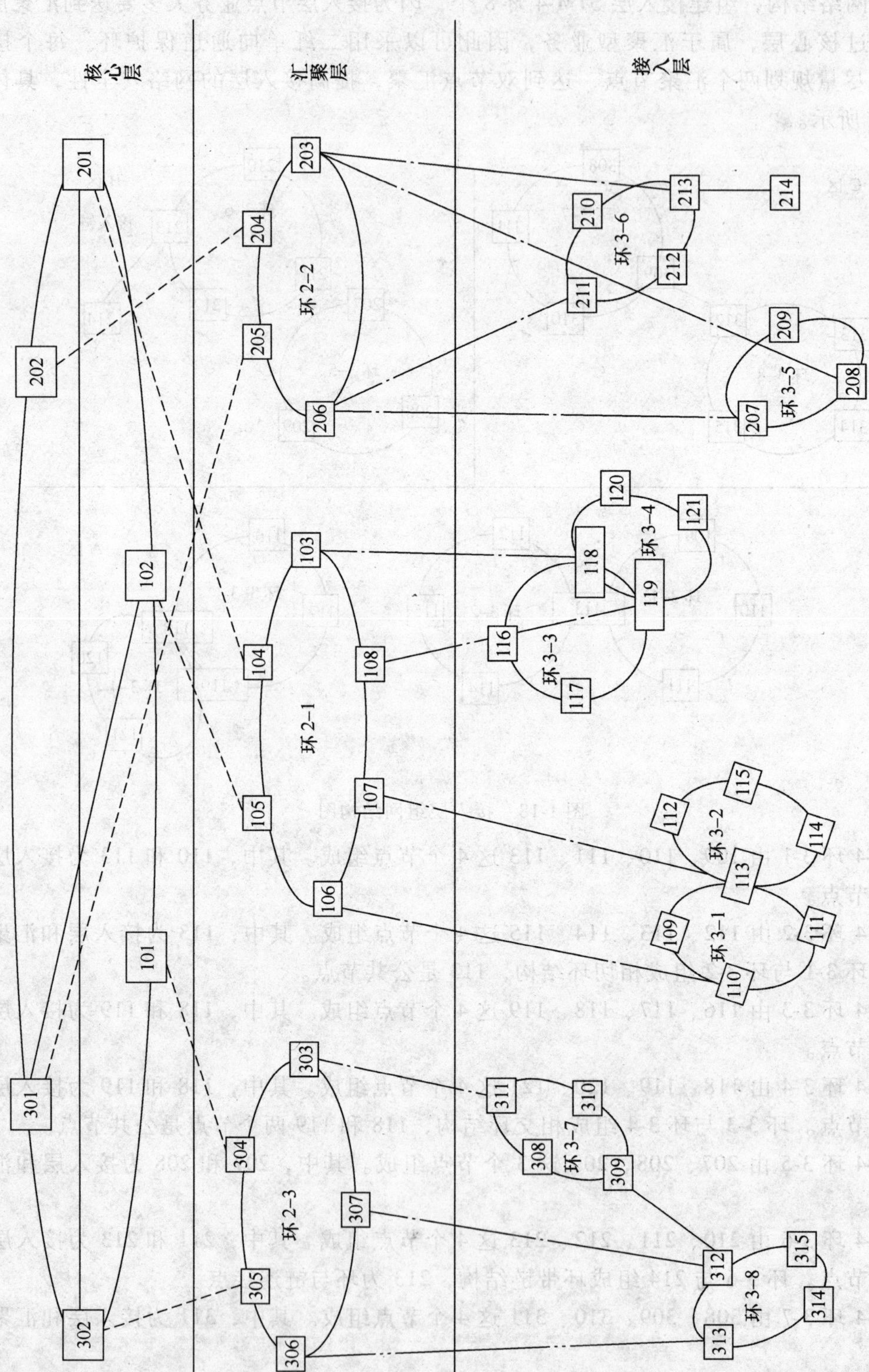

图 1-19 M 县新建光网络整体组网结构图

两个网元连接。

(4) 整体组网结构 在上述规划的基础上，项目组将核心层、汇聚层和接入层组网规划方案整合起来，得出M县新建光网络整体组网结构图如图1-19所示。在汇聚层与核心层连接过程中，为了业务传输的可靠性，要注意汇聚层要选择不同的汇聚节点进行接入，而核心层接入节点尽量从不同的区域进行选择。比如，对于汇聚层环2-3选择304和305两个网元作为接入节点，分别连接核心层节点A区101网元和C区302网元。同理，在接入层与汇聚层连接过程中，为了业务传输的可靠性，要注意接入层要选择不同的接入节点进行接入，而汇聚层接入节点尽量从不同的节点进行选择。比如，对于接入层环3-8选择312和313两个网元作为接入节点，分别连接汇聚层环2-3中的306网元和307网元。

【扩展知识】

1.8 DWDM技术

1.8.1 DWDM技术的基本概念

DWDM技术是指相邻波长间隔较小的WDM技术，工作波长位于1550 nm窗口，可以在一根光纤上承载8~160个波长，主要应用于长距离传输系统。

DWDM能在一根光纤上同时传送多个携带有信息（模拟或数字）的光载波，只需通过增加波长（信道）就可实现系统扩容。它将大量不同波长的光信号组合（复用）起来传输，传输后将光纤中组合的光信号再分离开（解复用），送入不同的通信终端，即在一根物理光纤上提供多个虚拟的光纤通道。

1.8.2 DWDM系统与SDH系统的关系

DWDM系统与SDH系统均属于传输网层，二者都是建立在光纤传输媒质上的传输手段，在传输网中的关系如图1-20所示。

SDH系统是在电通道层上进行复用、交叉连接和组网，而WDM系统是在光域上进行复用、交叉和组网。

SDH系统是基于单波长（一根光纤传输一个波长光路）的时分复用（TDM）系统，当传输速率超过10Gbit/s后，系统色散等不良影响将加大长距离传输的难度。DWDM系统在一根光纤中同时传输不同波长的多个光载波信号，充分利用光纤的带宽资源，增加系统的传输容量。

由于DWDM系统中使用的各波长相互独立，与业务信号的格式无关，因此每个波长可以传输特性完全不同的光信号，实现多种信号的混和传输。DWDM系统与一些常用业务的关系如图1-21所示。

1.8.3 DWDM系统的基本结构

DWDM系统就是把具有不同标称波长的几个或几十个光通路信号复用到一根光纤中进行传送，每个光通路承载一个业务信号。一个单向DWDM系统的基本结构如图1-22所示。

1. 光发射机端

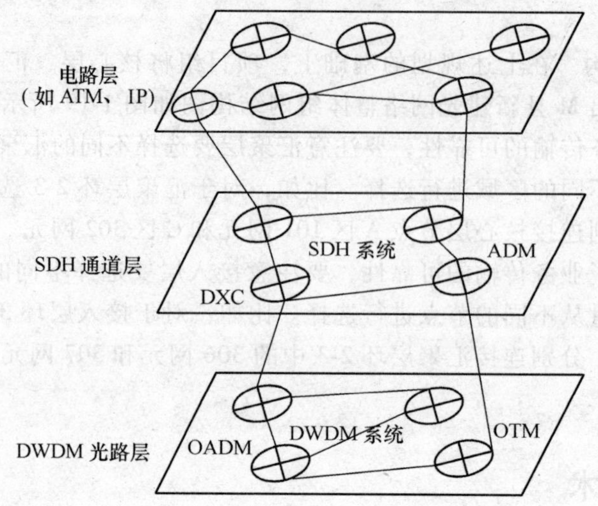

图1-20 DWDM系统与SDH系统在传输网中的关系

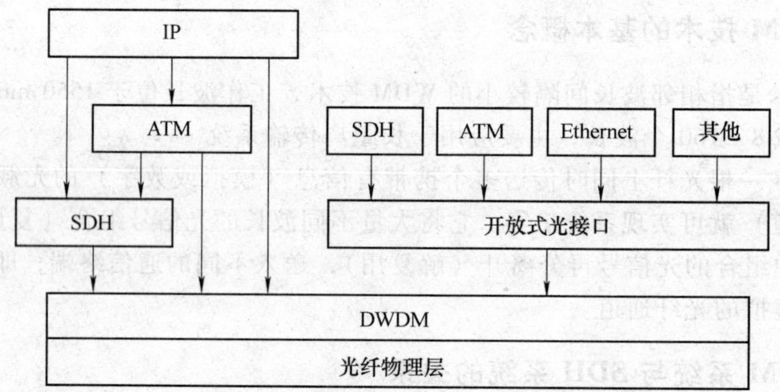

图1-21 DWDM系统与一些常用业务的关系

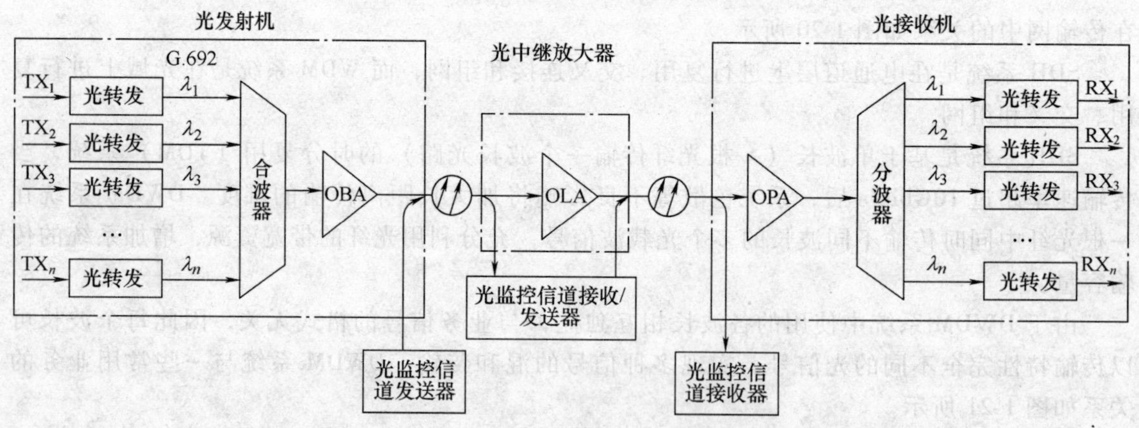

图1-22 一个单向DWDM系统的基本结构

由各复用通路的光发射机 TX_1、…、TX_n 分别发出具有不同标称波长的光信号（λ_1、λ_2、…、λ_n，对应的频率为 f_1、f_2、…、f_n）。每个光通路承载着不同的业务信号，如标准的SDH信号、ATM信号、Ethernet信号等。然后，由合波器将这些信号合并为一束光波后，由OBA输出到光纤中进行传输。

2. 光接收机端

线路光纤首先经过 OPA 放大，然后利用分波器分解光通路信号，最后分别输入到相应的各复用通路光接收机 RX_1、…、RX_n 中。

3. 光中继放大器端

位于光传输段的中间位置，由光放大器（OLA 或 OBA + OPA）对光信号进行放大。

4. 光监控信道

在图 1-22 中，利用一个独立波长（1510 nm）作为光监控通道，传送光监控信号。光监控信号用于承载 DWDM 系统的网元管理和监控信息，使网络管理系统能有效地对 DWDM 系统进行管理。

5. 网络管理系统

在图 1-22 中没有表示出该模块。DWDM 系统的网络管理系统应当具有在一个平台上管理光放大单元（OBA、OLA、OPA）、波分复用器、波分转换器（OTU）、监控信道性能的功能，能够对设备进行性能、故障、配置以及安全等方面的管理。网络管理系统的信息由光监控通道中的监控信号承载。

1.8.4 DWDM 技术的优势

1. 充分利用光纤的带宽资源，传输容量巨大

DWDM 技术充分利用光纤的巨大带宽（约 25THz）资源，扩展系统的传输容量。

2. 超长的传输距离

利用掺铒光纤放大器（EDFA）等多种超长距离传输技术，可以对 DWDM 系统中的各通路信号同时放大，实现系统的长距传输。

3. 丰富的业务接入类型

DWDM 系统中的各波长相互独立，可透明传输不同的业务，如 SDH、GbE、ATM 等信号，实现多种信号的混合传输。

4. 节约光纤资源

DWDM 系统将多个单信道波长复用后，在一根光纤中传输，极大地节约了光纤资源，降低线路建设成本。

5. 平滑升级扩容

由于 DWDM 系统中的每个波长通道透明传输数据，不对通道数据进行任何处理，因此，扩容时，只需增加复用光波长通路数即可，方便易行。

6. 充分利用成熟的上层传输网技术

目前，TDM 方式的光传输技术，如 ATM、以太网、SDH 等技术已经十分成熟，通过 WDM 技术可以将传输容量呈几倍甚至几十倍的增加，扩容成本比 TDM 方式扩容低。

7. 全光网络的重要基础设施

全光网络是未来光传输网的发展方向。在全光网络中，通过 WDM 系统与网络节点中的光分插复用器（OADM）和光交叉连接设备（OXC）相连，直接对光波长信号及所带的各种业务进行光路的上、下行和交叉连接，组成具有高度灵活性、高可靠性、高生存性和高经济性的全光网络，适应未来信息化社会对宽带传输网的发展需要。

1.9 MSTP 技术

1.9.1 MSTP 的引入

在以话音业务为主体的通信时代，SDH 作为承载网，通过时隙映射和交叉连接功能以及端到端的质量保证机制很好地确保了话音业务的实时性。然而，随着以包交换为传送机制的 IP 数据业务的大幅度、高速发展，以时分交换为机制的 SDH 网络很难在满足话音业务的同时，再实现高效率的承载 IP 业务。摒弃 SDH 技术重新建设承载网还是引入一些新的技术对 SDH 进行改造，将问题解决在网络的边缘（接入端），使 IP 业务在 SDH 网络中也能有良好的通过性，曾经是业界人士讨论的焦点。无疑，后者具有更大的操作价值，因为这不仅可以使现有的网络资源得到更为合理的利用，而且 SDH 本身具有的一些特性也可以弥补以太网的一些不足，例如 QoS 问题。于是 MSTP 的概念出现了，MSTP（Multi-Service Transport Platform）是基于 SDH 的多业务平台（基于 SDH 的多业务节点），还有人称其为新一代的 SDH。总之，它有别于传统的 SDH 设备。从网络定位上讲，MSTP 应处在网络接入部分，用户侧面向不同的业务接口，网络侧面向 SDH 传输设备。形象地讲，MSTP 就像一个长途客/货枢纽站，如何有效地将客货分离，按照不同的需求，安全、快捷地运送到目的地，是其追求的目标。

1.9.2 第一代 MSTP

最初的 MSTP 只是为了解决 IP 数据包在 SDH 上实现端到端的透传，机理是将以太帧直接映射到 SDH 的容器（C）中。众所周知，SDH 的不同容器的净荷装载单元大小是固定的，无论是 10Mbit/s、100Mbit/s Base-T 还是 GE（千兆以太网）都很难理想地装载到 SDH 的容器中。而且作为端到端的透传机制，也无法实现流量控制、以太业务 QoS、不同以太业务流的统计复用等功能，所以不具备任何商用价值。针对以上问题，如何实现 SDH 更有效地承载 IP 数据业务就是第一代 MSTP 要解决的。

1. 虚级联技术的引入

要是能将 VC 单元级联起来组成适合的装载单元是一个有效的方法，例如将 5 个 VC-12 单元绑定即可以很好地承载 10Mbit/s 以太业务。但新的问题同时产生，如果将相邻的容器 C 级联形成 VC-*n*-X*n*，级联后的装载单元在整个传输过程中将不得不保持相同的路由和连续的带宽，同时还要求途径设备也必须支持级联功能，确保整个级联后的装载单元端到端的传输。这无疑给长距离传输提出了过高的要求，并不利于业务的实际发展。

虚级联技术的引入使这个问题得到了彻底的解决，它与相邻级联技术不同之处在于：VC-*n* 单元可分属于不同的 STM-*N* 中，具有自己独立的结构和相应的 POH 序列；通过虚级联的复帧标示符(MFI)、序列标示符(SQ)加以标示(其属于 LCAS 和 VC 控制帧)，形成一个虚拟的大容器(VC-*n*-Xv)(或称为虚容器组)进行传输。这样，每个独自的 VC-*n* 作为虚容器组的不同成员，可以通过不同的路径传输，只要在目的端汇聚即可，无需途径设备提供级联功能。

2. LCAS 技术的引入

虚级联技术只是提供一个更为有效的组合装载单元的可能方案，保证 IP 数据业务在

SDH 承载网上实现端到端的高效传送还需要一种真正的管理机制，就像有了四通八达的公路，有了各式各样的汽车，没有一个好的调度站，依然无法形成一个良好的运输体系一样，关键的环节在于如何有效地管理和调配，特别是虚级联不像相邻级联，虚容器 VC-n 可以属于不同的 STM-N 中，存在着各种各样的组合方式，没有一种良好的调配机制，后果将不堪想象，因此引入了 LCAS（Link Capacity Adjustment Scheme，链路容量调整机制）技术。简单地说，LCAS 技术就是建立在源和目的之间双向往来的控制信息系统。这些控制信息可以根据需求，动态地调整虚容器组中成员的个数，以此来实现对带宽的实时管理，从而在保证承载业务质量的同时，大大提高了网络利用率。

从整体技术角度讲，虚级联技术和 LCAS 使得 SDH 高效承载 IP 业务成为了可能，从而形成了具有实际应用价值的第一代 MSTP。

MSTP 设备的出现，促进了 SDH 网络的进一步发展，同时其本身作为一种很有效的城域组网技术，在网络的接入段也发挥了重要的作用，特别是它秉承了 SDH 良好的质量保证特性，大大提升了 IP 业务的可靠性。LCAS 配合 MAC 层的流量控制功能，在网络正常状态下，人工增减虚容器组中的成员个数，不会使网络造成 IP 业务丢包。即便当光接收端判断光信号强度达不到光接收灵敏度（或断纤故障）或误码率高于门限的时候，借助 SDH 本身所具有的保护倒换能力，系统也能在 50ms 内实现保护倒换，利用 LCAS 动态带宽调整机制和流量控制仅会造成少量丢包，不会影响业务正常进行，这是以太网络所不具备的。

1.9.3 第二代 MSTP

得益于 MSTP 高品质的商用价值，也使 MSTP 技术本身得到了进一步发展。

1. RPR 技术的引入

RPR（Resilient Packet Ring，弹性分组环）工作于 MAC 层，它的出现是为了更好地解决在环状结构上传送数据流的问题。众所周知，环状网络与星形网络、总线型网络或树形网络比较，具有节约投入成本、便于管理等优点。其实，早期的令牌环技术就是为了解决这个问题。但在令牌环网络中数据包将漫游整个网络，随着网络中的节点增加，网络中的共享带宽就会急剧下降，从而制约了它的发展。RPR 技术很好地解决了这个问题，在结构上，它采用双环结构，每两个相邻节点间都存在两条物理路径，保证了高可靠性；在传送机制上，它采用环路带宽空间重用机制，数据可在环的不同部分同时传送，这样整个环的容量将被增加，从某种程度上缓解了因加入节点带来的带宽下降问题；而在环的结构发生变化的时候，它具有网络结构自动发现、更新的能力，可避免手工配置带来的人为错误，便于管理和维护；另外，在带宽管理方面，采用带宽动态分配和统计复用原则，每个节点通过自身的数据负载量，并把相应数据发送给环上相邻节点，这样相邻节点根据这些信息就可以获知在源节点上有多少可利用带宽。还有一点要说明的是，由于 RPR 采用双环结构，单播数据在环上不同部分同时传送，因此环上任意两个节点间最大路由也仅为半个环，这样大大减少了数据流在环上的运行过程；而它的网络结构自动发现、更新能力是通过采用类似 OSPF（Open Shortest Path First，开放式最短路径优先）的算法交换结构识别信息实现的，这样可以有效地避免分组死循环，增加环路自愈能力，可谓一举两得。

2. MPLS 技术的引入

MPLS（Multiple Protocol Label Switching，多协议标签交换）是一种结合三层路由、二层

交换的数据传送技术，基于标签交换分组的机制，把路由选择和数据转发分开，由标签来规定一个分组通过网络的路径，实现了由面向无连接的IP业务到面向连接的标签交换的转变。其技术特点主要体现在流量工程、负载均衡、故障恢复、路径优先级等部分。

MPLS技术在以太网中的典型应用是基于MPLS的VPN，其优点是：可为用户内部网提供无缝连接；可限制VPN路由信息的传播，保证安全性；通过嵌入二层MPLS技术，允许不同的用户使用同样的VLAN ID，扩展了VLAN的地址空间；并且能够实现VPN内部的多级业务，建立VPN间不同的优先级等。

将MPLS引入MSTP除了能使MSTP具备MPLS的优点外，更为重要的是MSTP具有MPLS功能，将不需要在IP网络的边缘进行添加/去除标签的过程，直接与具有标签交换功能的核心路由器相连，实现真正意义的端到端标签交换。

在MSTP的演进过程中，从最初的传统SDH不能有效承载IP业务，到第一代MSTP能够“胜任”承载IP业务，再到支持RPR、支持MPLS逐渐“健壮”的MSTP，都是以实际应用为推动力的。可以想象，只要这种设备还有其存在的实用价值，就一定还会有其他功能或技术融入到MSTP中。

1.10 PON技术

随着以太网技术在城域网中的普及以及宽带接入技术的发展，人们提出了速率高达1Gbit/s以上的宽带PON技术，主要包括EPON和GPON技术，“E”是指Ethernet，“G”是指吉比特级。

1987年，英国电信公司的研究人员最早提出了PON的概念。1995年，全业务网络联盟（Full Service Access Network，FSAN）成立，旨在共同定义一个通用的PON标准。1998年，国际电信联盟ITU-T工作组以155Mbit/s的ATM技术为基础，发布了G.983系列APON（ATM PON）标准。这种标准目前在北美、日本和欧洲应用较多，在这些地区和国家都有APON产品的实际应用。但在中国，ATM本身的推广并不顺利，所以APON在我国几乎没有什么应用。

2000年底，一些设备制造商成立了第一英里以太网联盟（EFMA），提出基于以太网的PON概念——EPON（Ethernet Passive Optical Network）。EFMA还促成电气电子工程师协会（IEEE）在2001年成立第一英里以太网（EFM）小组，开始正式研究包括1.25Gbit/sEPON在内的EFM相关标准。EPON标准IEEE 802.3ah在2004年6月正式颁布。

2001年底，FSAN更新网页把APON更名为BPON（Broadband PON）。实际上，在2001年1月左右EFMA提出EPON概念的同时，FSAN也已经开始了带宽在1Gbit/s以上的PON，也就是Gigabit PON标准的研究。FSAN/ITU推出GPON技术的最大原因是由于网络IP化进程加速和ATM技术的逐步萎缩导致之前基于ATM技术的APON/BPON技术在商用化和实用化方面严重受阻，迫切需要一种高传输速率、适宜IP业务承载同时具有综合业务接入能力的光接入技术出现。在这样的背景下，FSAN/ITU以APON标准为基本框架，重新设计了新的物理层传输速率和TC层，推出了新的GPON技术和标准。2003年3月，ITU-T颁布了描述GPON总体特性的G.984.1和ODN物理媒质相关（PMD）子层的G.984.2 GPON标准，2004年3月和6月发布了规范传输汇聚（TC）层的G.984.3和运行管理通信接口的

G. 984. 4 标准。

1. 10. 1　PON 的原理

1. PON 的组成

PON（Passive Optical Network，无源光网络）的组成结构如图 1-23 所示，PON 由光线路终端（OLT）、光合/分路器（Spliter）和光网络单元（ONU）组成，采用树形结构。OLT 放置在中心局端，分配和控制信道的连接，并有实时监控、管理及维护功能。ONU 放置在用户侧，OLT 与 ONU 之间通过无源光合/分路器连接。

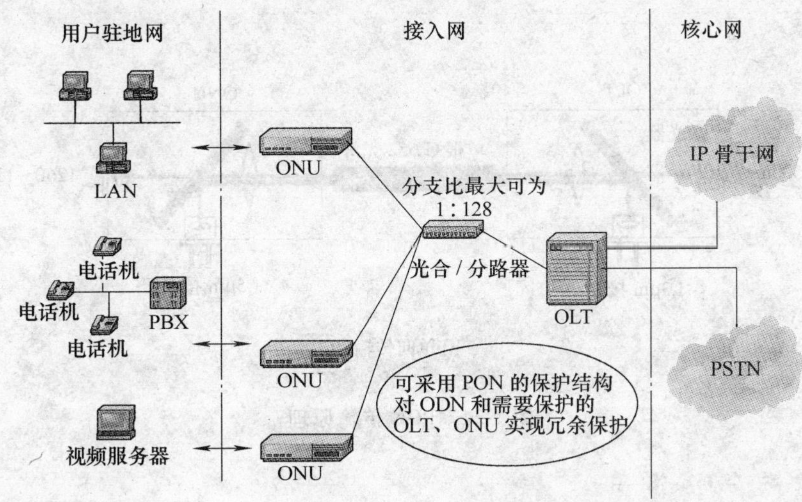

图 1-23　PON 组成结构

所谓无源，是指在 OLT 和 ONU 之间的 ODN（光分配网络）没有任何有源电子设备。

PON 使用波分复用（WDM）技术，同时处理双向信号传输，上、下行信号分别用不同的波长，但在同一根光纤中传送。OLT 到 ONU/ONT 的方向为下行方向，反之为上行方向。下行方向采用 1490nm，上行方向采用 1310nm。PON 传输原理如图 1-24 所示。

2. PON 的结构

PON 系统的组网方式如图 1-25 所示，其中最常见的是树形结构。

3. PON 的保护

从接入网的管理角度看，为加强接入网的可靠性，PON 的保护结构是必须要考虑的。然而，保护应当是一种可选的机制，因为其实施要考虑到经济因素。

PON 的保护根据其保护部分的不同，主要有 3 种类型：光纤部分保护、OLT 保护和全保护等。这 3 种配置分别如图 1-26 ~ 图 1-28 所示。

4. PON 的优势

1）相对成本低，维护简单，容易扩展，易于升级。PON 结构在传输途中不需电源，没有电子部件，因此容易铺设，基本不用维护，长期运营成本和管理成本的节省很大。

2）无源光网络是纯介质网络，彻底避免了电磁干扰和雷电影响，极适合在自然条件恶劣的地区使用。

3）PON 系统对局端资源占用很少，系统初期投入低，扩展容易，投资回报率高。

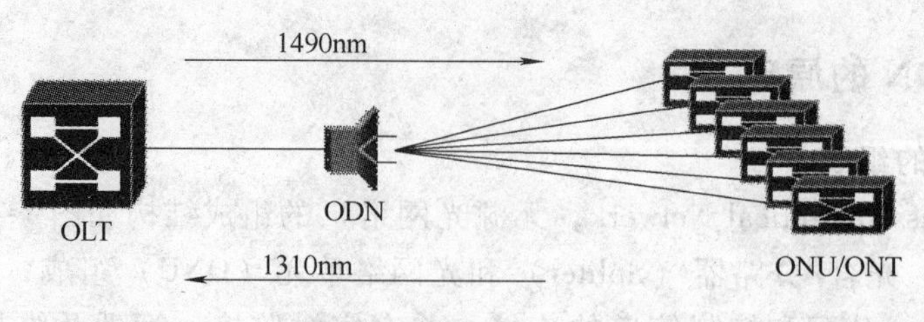

a) 双向传输

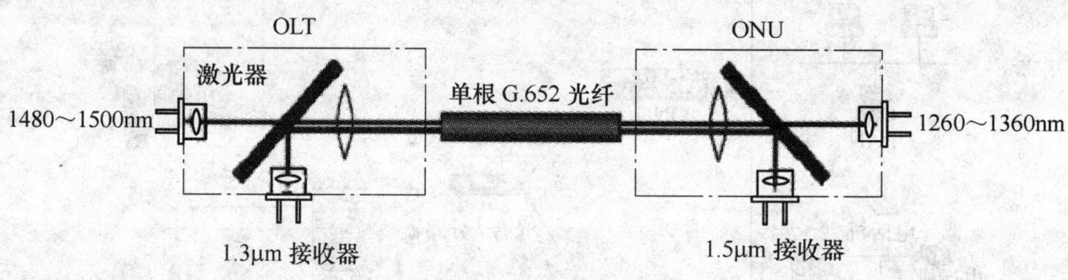

b) 单向传输

图 1-24　PON 传输原理

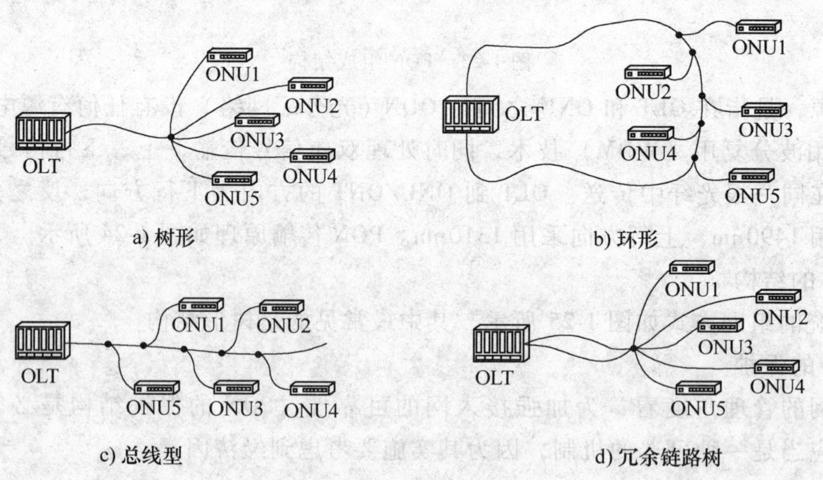

图 1-25　PON 系统的组网方式

4）提供非常高的带宽。EPON 目前可以提供上、下行对称的 1.25Gbit/s 带宽，并且随着以太技术的发展可以升级到 10Gbit/s。GPON 则提供高达 2.5Gbit/s 的带宽。

5）服务范围大。PON 作为一种点到多点网络，以一种扇出的结构来节省中心机房的资源，服务大量用户。用户共享局端设备和光纤的方式更是节省了用户投资。

6）带宽分配灵活，服务有保证。G/EPON 系统对带宽的分配和保证都有一套完整的体系，可以实现用户级的 SLA。

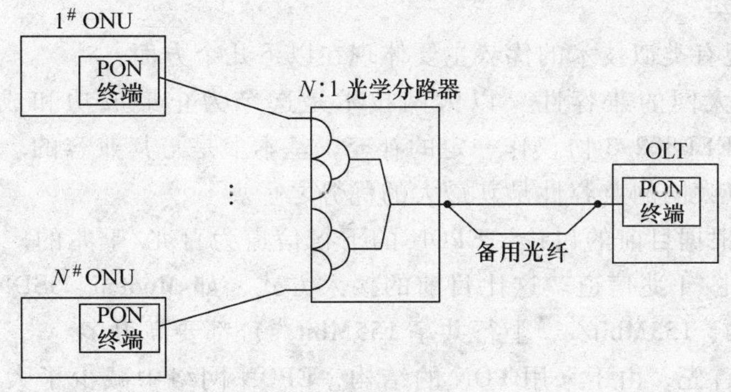

图 1-26　光纤部分保护

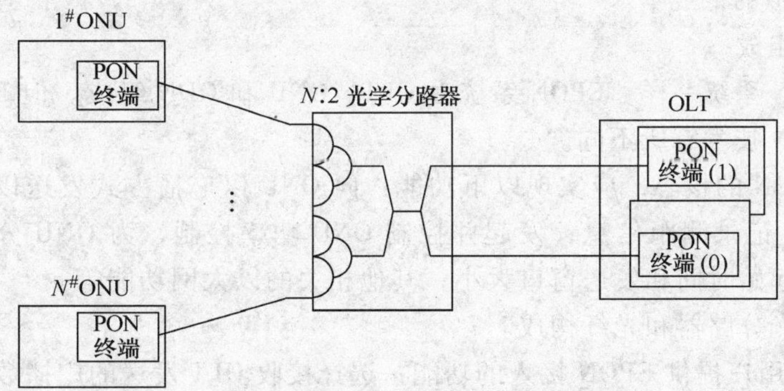

图 1-27　OLT 保护

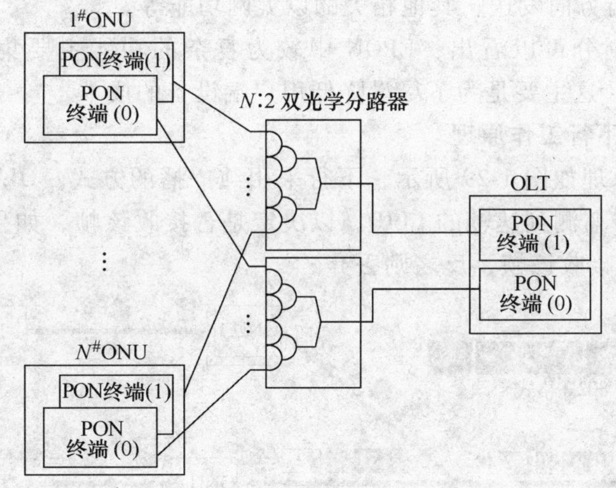

图 1-28　全保护

1.10.2　EPON 的原理

EPON 在现有 IEEE802.3 协议的基础上，通过较小的修改实现在用户接入网络中传输以太网帧，是一种采用点到多点网络结构、无源光纤传输方式，基于高速以太网平台和时分复用（Time Division Multiplexing，TDM）的媒体访问控制（Media Access Control，MAC）方式，提供多种综合业务的宽带接入技术。

1. EPON 的优势

EPON 相对于现有类似技术的优势主要体现在以下几个方面：

（1）与现有以太网的兼容性　以太网技术是迄今为止最成功和成熟的局域网技术。EPON 只是对现有 IEEE802.3 协议作一定的补充，基本上是与其兼容的。考虑到以太网的市场优势，EPON 与以太网的兼容性是其最大的优势之一。

（2）高带宽　根据目前的讨论，EPON 的下行信道为百兆/千兆的广播方式，而上行信道为用户共享的百兆/千兆信道。这比目前的接入方式，如 Modem、ISDN、ADSL 甚至 ATM PON（下行 622bit/s、155Mbit/s，上行共享 155Mbit/s）都要高得多。

（3）低成本　首先，由于采用 PON 的结构，EPON 网络中减少了大量的光纤和光器件以及维护的成本。其次，以太网本身的价格优势，如廉价的器件和安装维护使 EPON 具有 ATM PON 无法比拟的低成本。

2. EPON 的组成

与所有的 PON 系统一样，EPON 系统由 OLT、ONU 和 ODN 组成。但 EPON 在功能和实现上都与其他 PON 技术有所不同。

OLT 作为 EPON 的核心，应实现以下功能：向 ONU 以广播方式发送以太网数据；发起并控制测距过程，记录测距信息；发起并控制 ONU 功率控制，为 ONU 分配带宽，即控制 ONU 发送数据的起始时间和发送窗口大小；其他相关的以太网功能等。

ODN 由无源光分路器和光纤构成。

ONU/ONT 为用户提供 EPON 接入的功能：选择接收 OLT 发送的广播数据；响应 OLT 发出的测距及功率控制命令，并作相应的调整；对用户的以太网数据进行缓存，并在 OLT 分配的发送窗口中向上行方向发送；其他相关的以太网功能等。

从 EPON 的功能划分可以看出，EPON 中较为复杂的功能主要集中于 OLT，而 ONU/ONT 的功能较为简单，这主要是为了尽量降低用户端设备的成本。

3. EPON 的上、下行工作原理

EPON 下行工作原理如图 1-29 所示，下行采用纯广播的方式。OLT 为已注册的 ONU 分配 LLID，由各个 ONU 监测到达帧的 LLID，以决定是否接收该帧，如果该帧所含的 LLID 和自己的 LLID 相同，则接收该帧，反之则丢弃。

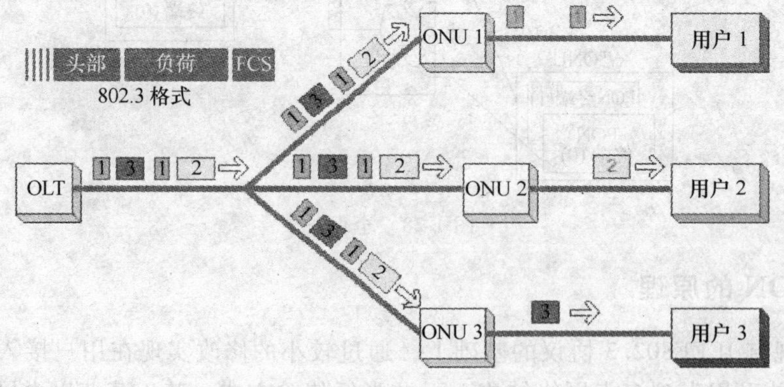

图 1-29　EPON 下行工作原理

EPON 上行工作原理如图 1-30 所示，上行采用时分多址接入（TDMA）技术。OLT 接收数据前比较 LLID 注册列表，每个 ONU 在由局方设备统一分配的时隙中发送数据帧，分配的时隙补偿了各个 ONU 距离的差距，避免了各个 ONU 之间的碰撞。

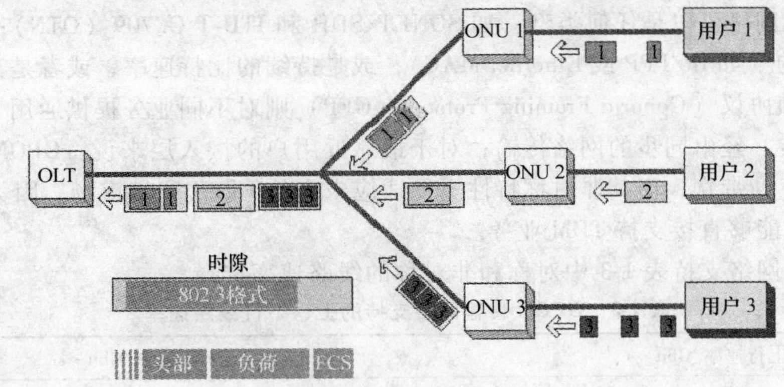

图 1-30 EPON 上行工作原理

随着 EPON 技术的规模应用、芯片成本的不断降低，以及光纤铺设规模的不断扩大，EPON 技术将很快成为 FTTx 的主要接入方式之一。

4. EPON 面临的挑战

（1）EPON 对 TDM 业务承载 从 IEEE802.3 工作组制订 EPON 标准的原则来看，具体的业务封装由高层协议支持，因此，对于 TDM 业务在 EPON 中的传送，大部分厂商认为应该采用 VoIP 的业务方式。但目前对于电路交换方式 TDM 业务的需求占主要地位，主要是一些企事业单位希望光纤接入网能提供 E1 的传输能力，所以，总的来看，EPON 承载 TDM 业务需解决如下问题：TDM 信号与以太网之间高效合理的适配封装、TDM 信号的严格同步定时和电路业务的 QoS 保证。

虽然 EPON 设备提供商解决了 EPON 承载 TDM 业务的这些问题，与 GPON 的 TC 层具有天然的承载 TDM 业务能力相比，还是有一些局限性的。

（2）EPON 的 OAM 功能 IEEE802.3ah 中规范的 OAM 功能及特点与传统的电信级网络要求的 OAM 功能存在一定差距，至少在功能的支持范围和具体功能的定义上很不具体。

（3）EPON 终端的互通性问题 从 DSL 产业的发展过程中可以看到，终端的互通性将是实现 FTTH 规模发展的重要前提。采用不同厂商的设备实现 OLT 和 ONU 功能将有效地降低网络建设的成本，并能促使终端设备的专业厂商加入到 FTTH 产业中来。但设备间互通的实现在很大程度上依赖于国际标准的成熟度，在 EPON 系统中，这不仅涉及 PMD 层定义的标准光接口、MPCP 机制中定义的 ONU 自动发现与加入等基本功能，还涉及动态带宽分配、下行数据加密机制、TDM 业务实现的具体方案，与高层业务相关的管理通道及其交互机制等更复杂的功能。EPON 在标准化方面高度的开放性和可扩展性带来的不利影响就是在上述附加功能集方面不作规范，导致的结果是不同厂商实现各自的系统功能时，终端互通性可能存在问题。

尽管 EPON 技术面临着诸多的技术挑战，但不可否认的是，EPON 技术是目前 FTTH 领域中为用户提供光纤接入最为经济有效的方式。随着实际应用经验的积累和研究的深入，EPON 技术会不断走向成熟。

1.10.3 GPON 的原理

GPON 传输网络可以是任何类型，如 SONET/SDH 和 ITU-T G.709（OTN）；用户信号可以是基于分组的（如 IP/PPP 或 Ethernet MAC），或是持续的比特速率，或者是其他类型的信号；而通用成帧协议（Generic Framing Protocol，GFP）则对不同业务提供通用、高效、简单的方法进行封装，经由同步的网络传输；对于最靠近用户的接入层来说，GPON 具有前所未有的高比特率、高带宽；而其非对称特性更能适应未来的 FTTH 宽带市场。因为使用标准的 125μs 帧，从而能够直接支持 TDM 业务。

GPON 传输网络支持表 1-3 中对称和非对称的线路速率选择。

表 1-3 GPON 传输网络支持的上、下行线路速率

上行速率/Gbit·s^{-1}	下行速率/Gbit·s^{-1}
0.15552	1.24416
0.62208	1.24416
1.24416	1.24416
0.15552	2.48832
0.62208	2.48832
1.24416	2.48832

GPON 拥有高速宽带及高效率传输的特性。GPON 采用全新的传输汇聚层协议“通用成帧协议”（GFP），实现多种业务码流的通用成帧规程封装；另一方面又保持了 G.983 中与 PON 协议没有直接关系的许多功能特性，如 OAM、DBA 等。

GFP 简单灵活尤其适合于在字节同步通信信道上传输块编码和面向分组的数据流，它成功吸收了 ATM 中基于帧描述的差错控制技术来适应固定或可变长度的数据业务。GFP 不需要预先处理客户的字节流，不需要像 8B/10B 或 64B/66B 那样需要插入数据控制比特，也不需要 HDLC 帧结构中的标识符，它仅依赖于当前净荷的长度及帧边界的差错控制校验，有效地确认这两类信息并在 GFP 的帧头中传输是决定数据链路同步及进入下一帧字节的关键。为了方便地在同一时间里处理到达的随机字节块，GFP 充分减少了数据链路中映射、解映射的处理。通过使用具有低比特错误率的新型光纤来作为传输介质，GFP 进一步减少了接收端的逻辑处理。这减少了运行的复杂性，使得 GFP 特别适合于点到点的 SONET/SDH 的高速传输链路及 OTN 的波长信道。

GFP 允许执行共存于同一传输信道中的多传输模式。一种模式是帧映射 GFP，这种模式适合于 PPP、IP、MPLS 及以太网业务。另一种模式是透明映射 GFP，它可用于对延迟敏感的存储域网，也可用于光纤信道、FICON 及 ESCON 业务。

总之，GPON 继承了 G.983 的成果，具有丰富的业务管理能力。GPON 的核心基础是 GFP，它具有覆盖任何可能出现的新业务的适配能力，包括数字视频、存储网络（SAN）和电子商务等。GPON 具有面向未来的、可升级的多业务环境，能为将来的业务提供清晰的转移路线，而不需要中断和改变现有的 GPON 设备，也不需要以任何方式改变其传输层。

1.10.4 EPON 和 GPON 的比较

由于 IEEE 的 EPON 标准化工作比 ITU-T 的 GPON 标准化工作开展得早，而且 IEEE 关于

Ethernet 的 802.3 标准系列已经成为业界最重要的标准，因此目前市场上已有的吉比特级 PON 产品更多地是遵循 EPON 标准，严格遵循 GPON 标准的产品目前基本上还没有。EPON 产品较 GPON 产品更广泛的另一个重要原因是因为 EPON 标准制订得更宽松，制造商在开发自己的产品时有更大的灵活性。

1. 可用带宽

EPON 提供固定上、下行 1.25Gbit/s，采用 8B/10B 线路编码，实际速率为 1Gbit/s。

GPON 支持多种速率等级，可以支持上、下行不对称速率，下行 2.5Gbit/s 或 1.25Gbit/s，上行 1.25Gbit/s、622 Mbit/s 等多种速率，根据实际需求来决定上、下行速率，选择相对应光模块，提高光器件速率价格比。

2. 多业务能力和安全性

EPON 沿用了简单的以太网数据格式，只是在以太网包头增加了 64B 的点到多点控制协议来实现 EPON 系统中的带宽分配、带宽轮询、自动发现和测距等工作。虽然 IEEE 在制订 EPON 标准时主要考虑数据业务，基本上未考虑语音业务，但是鉴于目前运营商在布网规划时更注重要求接入网络应能同时提供数据和语音业务，因此除了少数 EPON 产品仅支持数据业务外，许多 EPON 产品在 IEEE 标准基础上，在提供数据业务的同时采用预留带宽的方式提供语音业务，但离电信级的 QoS 要求有一定差距。

GPON 基于完全新的传输融合（TC）层，该子层能够完成对高层多样性业务的适配，定义了 ATM 封装和 GFP 封装（通用成帧协议），可以选择二者之一进行业务封装。鉴于目前 ATM 应用并不普及，于是一种只支持 GFP 封装的 GPON. lite 设备应运而生，它把 ATM 从协议栈中去除以降低成本。

GFP 是一种通用的适用于多种业务的链路层规程，ITU 定义为 G.7041。GPON 中对 GFP 作了少量的修改，在 GFP 帧的头部引入了 Port ID，用于支持多端口复用；还引入了 Frag（Fragment）分段指示以提高系统的有效带宽，并且只支持面向变长数据的数据处理模式而不支持面向数据块的数据透明处理模式。

因此，GPON 多业务承载能力强于 EPON。GPON 的 TC 层本质上是同步的，使用了标准的 8kHz（125μm）定长帧，这使 GPON 可以支持端到端的定时和其他准同步业务，特别是可以直接支持 TDM 业务，就是所谓的 Native TDM，GPON 对 TDM 业务具备“天然”的支持。

3. QoS 和 OAM

EPON 在 MAC 层 Ethernet 包头增加了多点控制协议（Multi-Point Control Protocol，MPCP），通过消息、状态机和定时器来控制访问 P2MP（点到多点）的结构，实现 DBA 动态带宽分配。MPCP 涉及的内容包括 ONU 发送时隙的分配、ONU 的自动发现和加入、向高层报告拥塞情况以便动态分配带宽等。MPCP 提供了对 P2MP 架构的基本支持，但是协议中并没有对业务的优先级进行分类处理，所有的业务随机竞争着带宽。

GPON 则拥有更加完善的 DBA，具有优秀的 QoS 服务能力。GPON 将业务带宽分配方式分成 4 种类型，优先级从高到低分别是固定带宽（Fixed）、保证带宽（Assured）、非保证带宽（Non-Assured）和尽力而为带宽（Best Effort）。DBA 又定义了业务容器（Traffic Container，T-CONT）作为上行流量调度单位，每个 T-CONT 由 Alloc-ID 标识。每个 T-CONT 可包含一个或多个 GEM Port-ID。T-CONT 分为 5 种业务类型，不同类型的 T-CONT 具有不同的带宽分配方式，可以满足不同业务流对时延、抖动、丢包率等不同的 QoS 要求。T-CONT 类型 1 的特点是固定带宽固定时隙，对应固定带宽（Fixed）分配，适合对时延敏感的业务，如话音业务；类型 2 的特点是固定带宽但时隙不确定，对应保证带宽（Assured）分配，适合对抖动要求不高的固定带宽业务，如视频点播业务；类型 3 的特点是有最小带宽保证又能够动态共享富余带宽，并有最大带宽的约束，对应非保证带宽（Non-Assured）分配，适合于有服务保证要求而又突发流量较大的业务，如下载业务；类型 4 的特点是尽力而为（Best Effort），无带宽保证，适合于时延和抖动要求不高的业务，如 WEB 浏览业务；类型 5 是组合类型，在分配完保证和非保证带宽后，额外的带宽需求尽力而为进行分配。

EPON 没有对 OAM 进行过多的考虑，只是简单地定义了对 ONT 远端故障指示、环回和链路监测，并且是可选支持。

GPON 在物理层定义了 PLOAM（Physical Layer OAM），高层定义了 OMCI（ONT Management and Control Interface），在多个层面进行运行维护管理（OAM）。PLOAM 用于实现数据加密、状态检测和误码监视等功能。OMCI 信道协议用来管理高层定义的业务，包括 ONU 的功能参数集、T-CONT 业务种类与数量、QoS 参数，请求配置信息和性能统计，自动通知系统的运行事件，实现 OLT 对 ONT 的配置、故障诊断、性能和安全的管理。

4. 产品成熟度

从产业链的角度看，EPON 系统最核心部分——PON 光发送/接收模块已经较成熟，核心控制模块已经规模生产（ASIC 化），而 GPON 系统的相应核心模块还不太成熟，其核心 TC 控制模块目前仅处于 FPGA 阶段，还难于实现规模商用。

综上所述，虽然目前在可用带宽、多业务承载、安全性、QoS、OAM 和产品成熟度等方面，EPON 与 GPON 标准规范各有千秋，但 EPON 每单位带宽成本要比 GPON 低得多，而且 EPON 的技术更成熟，更早被市场接受，更早进入大规模商用的阶段。

【测试评估】

1. 任务引导问题单

任　务	任务 1：组网方案规划		学　时	8
所属项目	项目 1：传输网规划	班　级	组　号	
1. 说明与要求				
1）本任务引导问题单是针对“组网方案规划”这一任务编制，旨在引导学生更好地完成任务必备知识的学习，为计划决策、实施检查等后续环节做好资讯准备工作 2）要求学生以小组为单位，按照下列任务问题的引导，通过采取检索文献、查阅资料、小组讨论等方法进行预习，做好在课堂上汇报和解答的准备 3）在任务实施前完成并上交此表单，问题解答用白纸附在表单后				
2. 任务引导问题				
1）什么是传输网？它在现网中处于怎样的位置？并用现实生活中的实例来说明 2）基本的网结构有哪些？请分别说明它们的特点和主要适用场合 3）常用的较复杂网络结构有哪些？请分别说明它们的特点 4）我国目前的 SDH 传输网网络结构分为哪几个层面？各层网络的主要特点是什么 5）本地传输网一般采用什么样的结构？各组成部分分别有什么特点 6）数字光纤通信系统主要由哪几部分组成？简要说明信号在系统中处理和传输的流程				

（续）

<table>
<tr><td colspan="4">7）PDH的含义是什么？它有哪些速率等级
8）SDH的含义是什么？它有哪些速率等级
9）SDH传输网有哪些类型的保护方式？简要说明这些保护方式的特点
10）SDH针对PDH的哪些缺陷进行了改进？SDH的缺陷有哪些
11）光传输网建设有哪些基本原则
12）光传输网的规划有哪些步骤？网络规划中要注意哪些要点
13）简要说明本地传输网的组网原则
14）请列举出你所知道的传输网业务</td></tr>
<tr><td>任课教师签名</td><td></td><td rowspan="2">成绩评定</td><td rowspan="2"></td></tr>
<tr><td>日　　期</td><td></td></tr>
</table>

2. 任务实施单

<table>
<tr><td>任　　务</td><td colspan="2">任务1：组网方案规划</td><td>学　　时</td><td>4</td></tr>
<tr><td>所属项目</td><td>项目1：传输网规划</td><td>班　　级</td><td></td><td>组　　号</td></tr>
<tr><td colspan="5">1. 任务描述</td></tr>
<tr><td colspan="5">根据项目分解要求，项目规划A组要根据运营商对M县新建智能光城域网络建设提出的总的指导思想完成组网方案规划任务。网络设计方案要求采用主流成熟技术，网络结构层次清晰，网络容量大，业务处理能力强，能适应传输网络的平滑升级</td></tr>
<tr><td colspan="5">2. 任务分析</td></tr>
<tr><td colspan="5">通过对本任务进行分析，项目规划A组要完成M县新建智能光城域网络组网方案规划任务，需要完成以下工作
1）网络规划前准备。准备工作包括：了解M县的经济、地理、人口情况；分析市场竞争情况；了解传输设备特点及能力；了解要承载业务的特点及数量；了解现有传输网络的瓶颈；了解目前的技术发展情况
2）收集信息。收集的信息类型包括站点信息、业务信息、光缆信息和监控相关信息等。在本任务中，重点收集站点和业务信息，从而为确定网络结构和保护类型提供参考
3）规划站点，即根据规划准备和收集到的相关信息合理选择传输站点
4）规划保护方式和网络结构，即根据实际情况选择合理的网络保护方式和网络结构</td></tr>
<tr><td colspan="5">3. 资讯准备</td></tr>
<tr><td colspan="5">通过任务引导问题单和教师的引导，在前期资讯准备环节，学生对本任务必备知识进行了学习，应达到如下要求
1）理解传输网的基本概念及其在通信网中的位置
2）掌握传输网的基本结构
3）掌握数字光纤通信系统的组成
4）了解PDH技术的基本知识
5）掌握SDH技术的基本知识
6）掌握传输网规划的基本流程
7）了解网络规划的原则和要点</td></tr>
</table>

（续）

4. 计划决策
1）人员组织：请组长组织小组成员讨论，根据任务作好人员组织工作，明确分工。具体安排记录如下
2）器材准备：请组长组织小组成员讨论，确定任务实施所需器具和材料。具体清单记录如下
3）方案制订：请组长组织小组成员讨论，制订任务实施最优方案。具体方案用白纸记录附在后面
5. 实施检查
1）任务实施：按照计划决策环节制订的最优方案来实施任务。具体实施过程用白纸记录附在后面 2）能效检查：根据任务要求对实施结果的功能效果进行检查分析，找出故障和缺陷进行优化。具体检查分析和优化过程用白纸记录附在后面
6. 展示评估
1）展示汇报：请各小组选用合适的方法手段展示汇报任务实施情况 2）小组答辩：教师根据展示汇报情况对小组成员进行提问。具体教师提问及学生回答记录如下
3）成绩评定：从学生、组长、任课教师3个角度对学生完成本任务进行成绩评定，学生、组长、任课教师分别在学生自评表、小组评价表、教师评价表上按标准评分，并将成绩记录在个人的评价成绩汇总表上，从而可按比例核算出个人的任务过程评价总分

3. 任务评价

（1）学生自评

“光传输网组建与维护”学生自评表					
学生姓名			学号		
任　　务	任务1：组网方案规划		组号		
评价内容			评分标准	自评分	备注
敬业精神	1）出勤情况		20		迟到、早退一次扣2分，旷课一次扣5分，扣完为止，其他酌情评分
	2）工作、学习任务参与度和积极性				
	3）吃苦耐劳、善于钻研的精神				

（续）

评价内容		评分标准	自评分	备注
专业能力	1）理解传输网的基本概念及其在通信网中的位置	60		按全部掌握、较好掌握、基本掌握、部分掌握4档分别对应60分、48分、36分、20分评分
	2）掌握传输网的基本结构			
	3）掌握数字光纤通信系统的组成			
	4）了解PDH技术的基本知识			
	5）掌握SDH技术的基本知识			
	6）掌握传输网规划的基本流程			
	7）了解网络规划的原则和要点			
方法能力	1）收集整理信息、资料的能力	10		按强、较强、一般、较差4档分别对应10分、8分、6分、3分评分
	2）语言表达能力			
	3）提出问题、解决问题的能力			
	4）组织实施能力			
社会能力	1）交流沟通能力	10		按强、较强、一般、较差4档分别对应10分、8分、6分、3分评分
	2）团队协作能力			
	3）安全、环保、责任意识			
总　分				

（2）小组评价

“光传输网组建与维护”小组评价表							
任务	任务1：组网方案规划						
组号		学　号					
		学生姓名					
评价内容		评分标准	组长评分				
敬业精神	1）出勤情况	20					
	2）工作、学习任务参与度和积极性						
	3）吃苦耐劳、善于钻研的精神						
专业能力	1）理解传输网的基本概念及其在通信网中的位置	60					
	2）掌握传输网的基本结构						
	3）掌握数字光纤通信系统的组成						
	4）了解PDH技术的基本知识						
	5）掌握SDH技术的基本知识						
	6）掌握传输网规划的基本流程						
	7）了解网络规划的原则和要点						
方法能力	1）收集整理信息、资料的能力	10					
	2）语言表达能力						
	3）提出问题、解决问题的能力						

（续）

评价内容		评分标准	组长评分				
方法能力	4）组织实施能力	10					
社会能力	1）交流沟通能力						
	2）团队协作能力						
	3）安全、环保、责任意识						
总　分							
组长签名			日　期				

（3）教师评价

“光传输网组建与维护”教师评价表			
班　级		组　号	
任　务	任务1：组网方案规划	任课教师	
评价阶段	评价内容	评分标准	教师评分
资讯准备	1）理解传输网的基本概念及其在通信网中的位置	20	
	2）掌握传输网的基本结构		
	3）掌握数字光纤通信系统的组成		
	4）了解PDH技术的基本知识		
	5）掌握SDH技术的基本知识		
	6）掌握传输网规划的基本流程		
	7）了解网络规划的原则和要点		
计划决策	1）人员组织安排	20	
	2）器材准备清单		
	3）任务实施方案		
实施检查	1）任务实施过程	40	
	2）任务检查优化		
展示评估	1）展示汇报	20	
	2）小组答辩		
总　分		日　期	

任务2　组网设备规划

【任务描述】

根据M县新建智能光城域网络总体规划以及不同网络层的具体要求，选择合适的传输网设备。本地网传输设备选型应符合技术先进、安全可靠、经济实用、便于维护的原则，应符合《光同步传送网技术体制》（YDN 099—1998）等相应行标有关技术要求、ITU-T相关建议要求以及工程技术规范书相关要求，从而保证整个网络的正常运行。

【任务分析】

要完成M县新建智能光城域网设备选择任务，需要完成以下工作：

1）核心层设备选择。

2）汇聚层设备选择。

3）接入层设备选择。

【任务教学设计】

<table>
<tr><td>任　务</td><td colspan="2">任务2：组网设备规划</td><td>学时</td><td>8</td><td>所属项目</td><td>项目1：传输网规划</td></tr>
<tr><td>教学目标</td><td colspan="6">通过该任务的教学，使学生初步掌握光传输网组网设备规划的一般原则和技能，并在任务学习和实践过程中掌握组网设备规划涉及的必备知识。具体目标如下
1）掌握SDH网络常见网元TM、ADM、REG、DXC结构、功能和应用特点
2）了解SDH网络常见传输设备ZXMP S385、ZXMP S325、ZXMP S200的整体结构和主要性能特点
3）掌握SDH网络常见传输设备ZXMP S390、ZXMP S330、ZXMP S320的整体结构和主要性能特点
4）理解组网设备选择基本原则
5）理解本地传输网对各层设备的技术要求</td></tr>
<tr><td></td><td colspan="2">教学内容</td><td>学时</td><td colspan="2">教学环节</td><td>教学表单</td></tr>
<tr><td rowspan="3">必备知识</td><td colspan="2">1）SDH网络的常见网元</td><td>2</td><td rowspan="3">资讯准备</td><td>引导预习</td><td rowspan="3">项目任务书、任务引导问题单</td></tr>
<tr><td colspan="2">2）SDH常见设备介绍</td><td>1</td><td>汇报解答</td></tr>
<tr><td colspan="2">3）设备选择原则
4）设备技术要求</td><td>1</td><td>课堂讲授</td></tr>
<tr><td rowspan="8">任务实施</td><td colspan="2" rowspan="2">SDH设备认知</td><td rowspan="8">2</td><td rowspan="3">计划决策</td><td>人员组织</td><td rowspan="3">项目任务书、任务实施单</td></tr>
<tr><td>器材准备</td></tr>
<tr><td rowspan="6">组网设备规划</td><td rowspan="2">1）核心层设备选择</td><td>方案制订</td></tr>
<tr><td rowspan="2">实施检查</td><td>任务实施</td><td rowspan="2">项目任务书、任务实施单</td></tr>
<tr><td rowspan="2">2）汇聚层设备选择</td><td>能效检查</td></tr>
<tr><td rowspan="3">展示评估</td><td>展示汇报</td><td rowspan="3">任务实施单、学生自评表、小组评价表、教师评价表、评价成绩汇总表</td></tr>
<tr><td rowspan="2">3）接入层设备选择</td><td>小组答辩</td></tr>
<tr><td>成绩评定</td></tr>
</table>

【必备知识】

2.1 SDH 网络的常见网元

SDH 传输网络是由不同类型的网元设备通过光缆线路连接组成的，它具有上、下业务，交叉连接业务，网络故障自愈等功能。下面介绍 SDH 网络中常见网元的特点和基本功能。

1. TM

TM（终端复用器）位于网络的终端站点上，例如一条链的两个端点上，它是具有两个侧面的设备。终端复用器模型如图 2-1 所示。

它的作用是将支路端口的低速信号复用到线路端口的高速信号 STM-*N* 中，或从 STM-*N* 的信号中分出低速支路信号。TM 的线路端口输入/输出一路 STM-*N* 信号，而支路端口却可以输出/输入多路低速支路信号。在将低速支路信号复用进 STM-*N* 帧（将低速信号复用到线路）时，有一个交叉的功能。例如：可将支路的一个 STM-1 信号复用进线路上的 STM-16 信号中的任意位置上，也就是指复用在 1～16 个 STM-1 的任一个位置上。

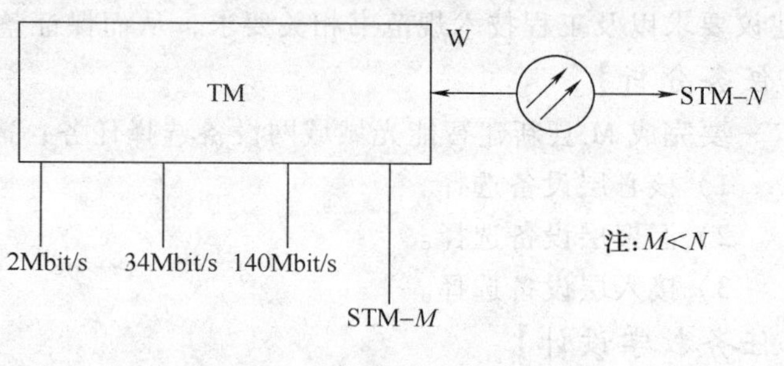

图 2-1　终端复用器模型

2. ADM

ADM（分/插复用器）用于 SDH 传输网络的转接站点处，例如链的中间结点或环上节点，是 SDH 网上使用最多、最重要的一种网元设备，它是一种具有 3 个侧面的设备。分/插复用器模型如图 2-2 所示。

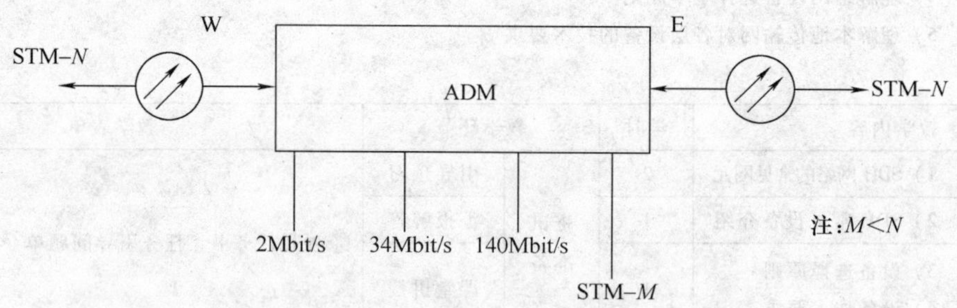

图 2-2　分/插复用器模型

ADM 有两个线路侧面和一个支路侧面。两个线路侧面分别各接一侧的光缆（每侧收/发共两根光纤），为了描述方便，将其分为西（W）向、东向（E）两侧线路端口。ADM 的一个支路侧面连接的都是支路端口，这些支路端口信号都是从线路侧 STM-*N* 中分支得到的。因此，ADM 的作用是将低速支路信号交叉复用进东或西向线路上去；或从东或西侧线路端口接收的线路信号中拆分出低速支路信号。另外，还可将东/西向线路侧的 STM-*N* 信号进行交叉连接，例如将东向 STM-16 中的 3#STM-1 与西向 STM-16 中的 15#STM-1 相连接。

ADM 是 SDH 最重要的一种网元设备，它可等效成其他网元，即能完成其他网元设备的功能，例如，一个 ADM 可等效成两个 TM 设备。

3. REG

REG（再生中继器）的最大特点是不上、下（分/插）电路业务，只放大或再生光信号。SDH 光传输网中的再生中继器有两种：一种是纯光的再生中继器，主要对光信号进行功率放大以延长光传输距离；另一种是用于脉冲再生整形的电再生中继器，主要通过光/电变换、电信号抽样、判决、再生整形、电/光变换，以达到消除已积累的线路噪声，保证线路上传送信号波形的完好性。在此介绍的是后一种再生中继器，REG 是双侧面的设备，每侧与一个线路端口相接。分/插复用器模型如图 2-3 所示。

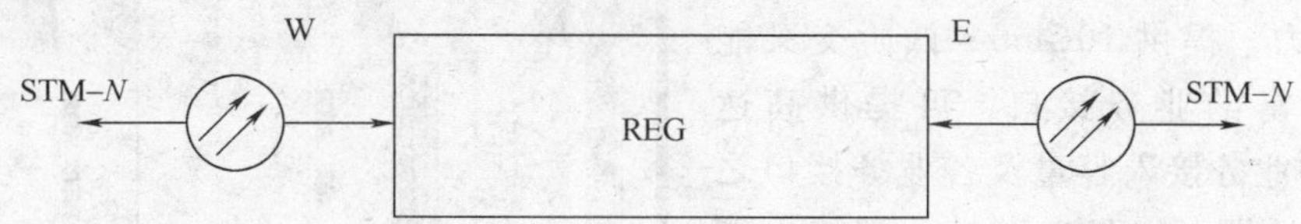

图 2-3　分/插复用器模型

REG 的作用是将 W/E 两侧的光信号经 O/E、抽样、判决、再生整形、E/O 在 E 或 W 侧发出。实际上，REG 与 ADM 相比仅少了支路端口的侧面，所以 ADM 若不上、下本地业务电路，完全可以等效为一个 REG。

4. DXC

DXC（数字交叉连接设备）主要完成的是 STM-*N* 信号的交叉连接功能，它是一个多端口器件，它实际上相当于一个交叉矩阵，完成各个信号间的交叉连接。数字交叉连接设备模型如图 2-4 所示。

DXC 可将输入的 *m* 路 STM-*N* 信号交叉连接到输出的 *n* 路 STM-*N* 信号上，图 2-4 表示有 *m* 条输入光纤和 *n* 条输出光纤。DXC 的核心功能是交叉连接，功能强的 DXC 能完成高速信号（如 STM-16）在交叉矩阵内的低级别交叉（如 VC-4 和 VC-12 级别的交叉）。

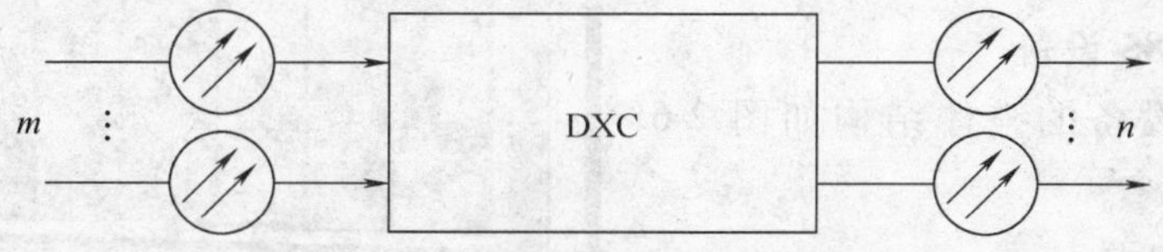

图 2-4　数字交叉连接设备模型

通常用 DXC*m*/*n* 来表示一个 DXC 的类型和性能（$m \geqslant n$），*m* 表示可接入 DXC 的最高速率等级，*n* 表示在交叉矩阵中能够进行交叉连接的最低速率级别。*m* 和 *n* 相应数值的含义见表 2-1。

表 2-1　*m* 和 *n* 相应数值的含义

m 或 *n*	0	1	2	3	4	5	6
速率	64kbit/s	2Mbit/s	8Mbit/s	34Mbit/s	140Mbit/s 155Mbit/s	622Mbit/s	2.5Gbit/s

其中，*m* 越大表示 DXC 的承载容量越大，*n* 越小表示 DXC 的交叉灵活性越大。例如，DXC1/0 表示接入端口的最高速率为 PDH 一次群信号，而交叉连接的最低速率为 64kbit/s；DXC4/1 表示接入端口的最高速率为 STM-1，而交叉连接的最低速率为 PDH 一次群信号。

2.2 SDH 常见设备介绍

对于 SDH 设备这里以中兴通讯的产品为例进行说明。

1. ZXMP S390 设备

ZXMP S390 设备的整体结构如图 2-5 所示。

其主要性能如下：

1）单子架可提供 1024×1024 等效 VC-4 的交叉能力，提供 10Gbit/s 低阶交叉能力，配合丰富的业务接口，可提供高达 120Gbit/s 的业务接入容量及各业务接口之间业务的灵活调配，具有宽带业务传送能力。

2）具备强大的平滑扩容和平滑升级能力，每个槽位都可以配置 10Gbit/s 光板，具有全速率接入能力。

3）提供 STM-64、STM-16、STM-4、STM-1（O/E）、E4、E3、E1、FE、GE、ATM 多业务接入能力。

4）具备完善的设备和网络保护能力。

5）具备透明开销传送能力。

6）具备完善的定时同步处理能力。

7）透明开销传送能力。

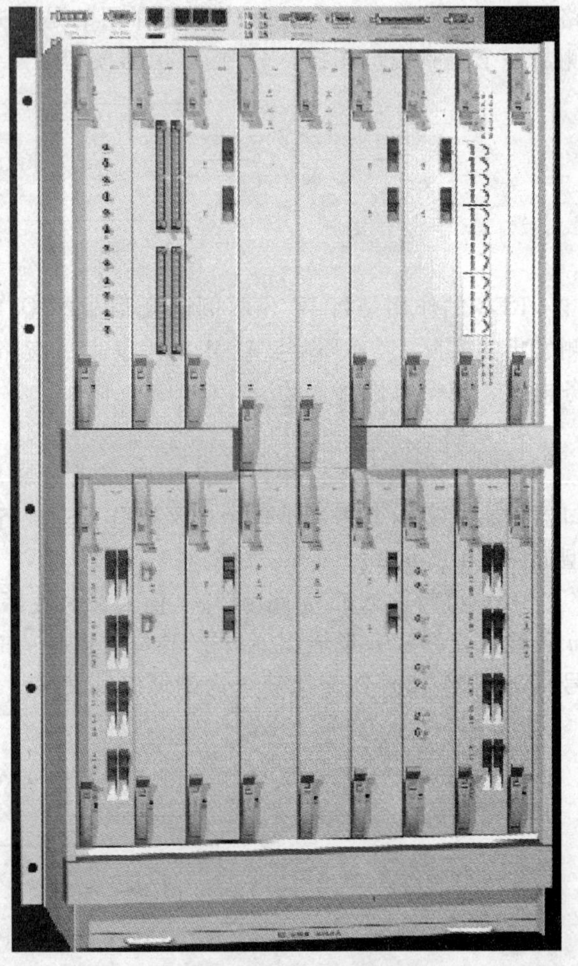

图 2-5 ZXMP S390 设备的整体结构

2. ZXMP S385 设备

ZXMP S385 设备的整体结构如图 2-6 所示。

其主要性能如下：

1）具有优越的可扩展性：2.5Gbit/s 系统可平滑升级到 10Gbit/s ADM 系统，通过增加板件即建设新网络，极大降低建设成本。

2）具有强大业务交叉和终结能力：高速业务调度，大量低阶业务的调度和上、下，将传统的调度层设备扩展为具有业务落地能力的综合设备。

3）具备数据业务处理能力：面向数据、语音的混合传输设计。

4）提供 STM-64、STM-16、STM-4、STM-1（O/E）、E4、E3、E1、FE、GE、ATM 多业务接入能力。

5）可以方便地设计和维护：系统操作全部为前向接口，给维护带来方便；支持在线光功率检测，便于快速定位线路问题。

6）具有可靠的保护机制：支持完善的设备级保护和网络级保护。

3. ZXMP S330 设备

ZXMP S330 设备的整体结构如图 2-7 所示。

其主要性能如下：

1）定位于小容量 2.5Gbit/s 多业务传送平台，尤其适合在汇聚层、接入层应用。

2）可支持 STM-1/4/16。

3）具备多业务接入能力：PDH、FE/GE、ATM。

4）具备成熟的 EOS 能力，强大的内嵌 RPR 功能。

5）具备平滑的容量扩展能力，强大的组网能力。

6）具备成熟系统架构与技术，性能稳定，性价比高，市场认可度高。

7）方便维护，提高运维效率。

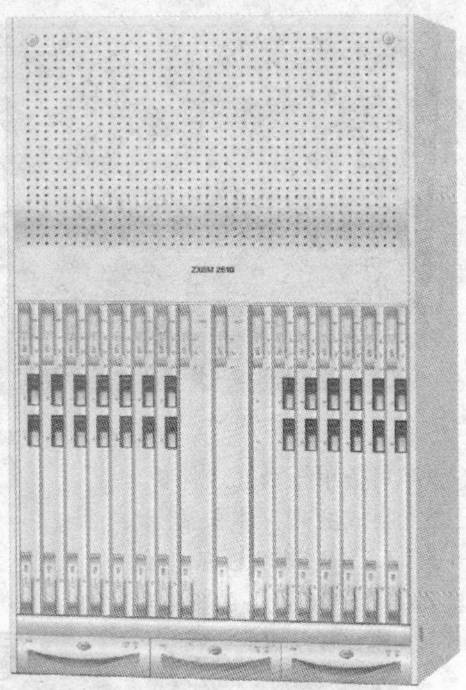

图 2-6 ZXMP S385 设备的整体结构

4. ZXMP S325 设备

ZXMP S325 设备的整体结构如图 2-8 所示。

其主要性能如下：

图 2-7 ZXMP S330 设备的整体结构

1）可支持 STM-1/4/16。

2）同一子架兼容 REG、TM、ADM 和 ADMs。

3）提供多业务接入兼大容量交叉调度。

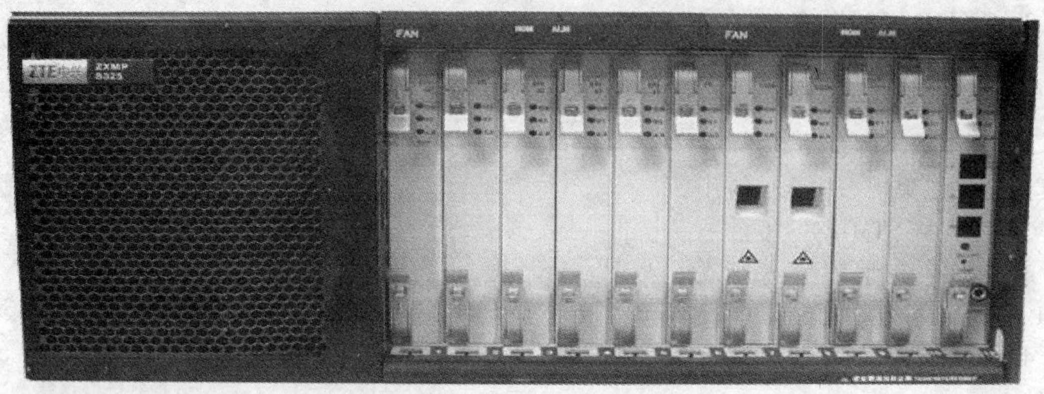

图 2-8　ZXMP S325 设备的整体结构

4）具备单板级冗余保护。

5）集成度高，体积紧凑。

5. ZXMP S320 设备

ZXMP S320 设备的整体结构如图 2-9 所示。

图 2-9　ZXMP S320 设备的整体结构

其主要性能如下：

1）紧凑的标准型设备：采用插板式结构设计，体积小巧，具备卓越的灵活性、稳定性和可扩展性。

2）可支持 STM-1/4。

3）具有多路 FE 接口。

4）具有低速率数据业务接入能力。

5）保护能力强、可靠性高、环境适应能力强。

6）组网灵活，升级方便。

6. ZXMP S200 设备

ZXMP S200 设备的整体结构如图 2-10 所示，其主要性能如下：

图 2-10　ZXMP S200 设备的整体结构

其主要性能如下：

1）集成度高、体积小巧：采用系统主板 + 插板的架构，集成度高，小巧而灵活，对外可提供两个 STM-4、两个 STM-1 光接口（或最大 4 个 STM-1 光接口），21 个 E1/24 个 T1，并可通过增加插板按需扩展升级。

2）业务接口丰富、配置灵活。

3）具有完善的网络级保护。

4）具有良好的网络适应能力。

5）具有灵活的维护方式。

2.3　设备选择原则

根据网络组织、安全及业务需求，在设备选择中遵循以下原则：

1）设备的安全性：对于大容量多交叉连接光传输设备考虑其可靠和安全隐患问题，支持保护倒换，电源、时钟、交叉板通过 1 + 1 保护、业务板通过 $n+1$ 保护；另外，群路侧东、西两方向采用不同的光板，实现安全保护。

2）设备的先进性：设备具有可扩展性、灵活的组网能力和多业务提供能力，在满足目前业务的基础上，考虑今后数据、大客户等业务的发展需求。

3）投资的经济性：满足组网前提下，设备配置按业务需求配置。

4）汇聚层节点作为各种业务特别是 GE 大颗粒业务的汇聚和传送点，易采用具有较多槽位的设备，能够配置较多个业务板，满足各种大颗粒业务的接入。

5）TDM 业务在城域传送网的核心节点上、下 2Mbit/s、STM-1/4/16/64 电路，在相关数据节点上、下 GE、FE 和 155Mbit/s POS 等数据业务。

6）传输设备支持以太网业务透传功能，最佳配置要求具有汇聚功能，将接入层以太网业务集中到汇聚层节点，再连接到 TD 配套传输网的中心数据交换机上。

【任务实施】

2.4　设备选择实施方案

1. 核心层设备选择

（1）技术要求　设备应具有有较强的高阶交叉能力和一定的低阶交叉能力，能提供 VC-4 全交叉的能力，具有良好的网络自愈保护能力，可以在 SDH 层提供通道保护、复用段保护、子网连接保护等多种业务保护方式，提供 STM-1、STM-4、STM-16、STM-64、FE、GE 等类型的支路接口。

（2）设备选择　根据技术和容量要求，核心层设备选择 ZXMP S390 设备，如图 2-11 所示。为了便于网络管理，现将传输网络分为 A 区、B 区、C 区 3 个核心汇接区，101 和 102、201 和 202、301 和 302 分别为各区核心汇接局。

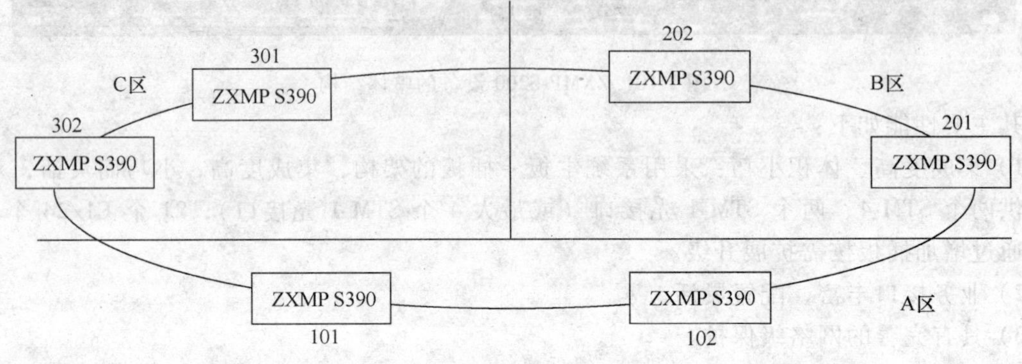

图 2-11　核心层设备选择图

2. 汇聚层设备选择

（1）技术要求　设备应具有较强的交叉能力，提供 VC-4 全交叉的能力，具有良好的网络自愈保护能力，可以在 SDH 层提供通道保护、复用段保护、子网连接保护等多种业务保护方式，提供 2Mbit/s、STM-1、STM-4、STM-16、10Mbit/s/100Mbit/s、FE、GE、ATM 等类型的支路接口。

（2）设备选择　根据技术和容量要求，汇聚层设备选择 ZXMP S330 设备，如图 2-12 所示。

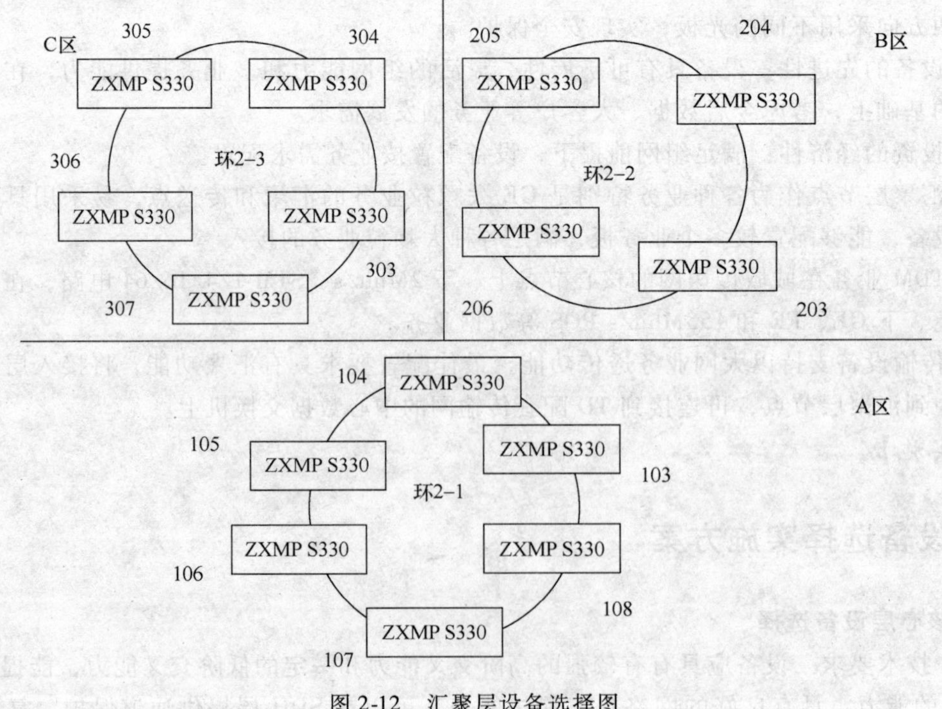

图 2-12　汇聚层设备选择图

示。其中 103、104、105、106、107、108 为 A 区汇聚节点，203、204、205、206 为 B 区汇聚节点，303、304、305、306、307 为 C 区汇聚节点。

3. 接入层设备选择

（1）技术要求　除了可以不支持 GE 接口外，其他要求和 STM-16 设备相同。配合接入点的应用，应能提供简易型的 STM-1 设备和 STM-4 设备，并具备标准型设备所有功能。

（2）设备选择　根据技术和容量要求，接入层设备选择 ZXMP S320 设备，如图 2-13 所示。其中，109、110、111、112、113、114、115、116、117、118、119、120、121 为 A 区接入节点，207、208、209、210、211、212、213、214 为 B 区接入节点，308、309、310、311、312、313、314、315 为 C 区接入节点。

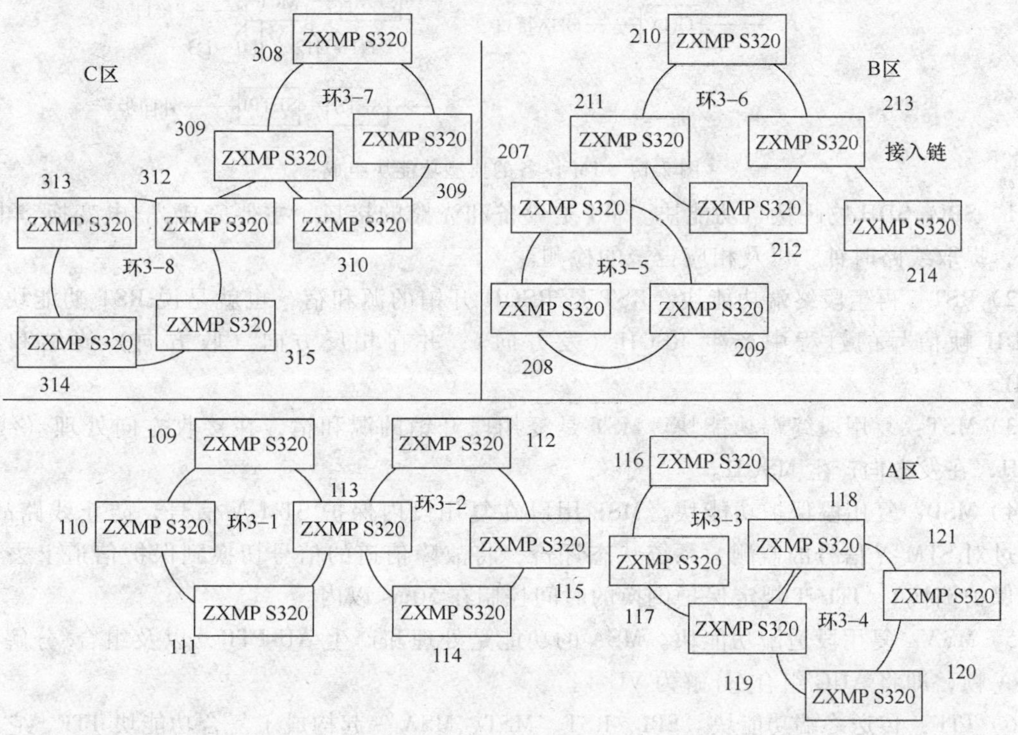

图 2-13　接入层设备选择图

【扩展知识】

2.5 SDH 设备的逻辑功能块

2.5.1 SDH 设备的逻辑功能组成

SDH 体制要求不同厂商的产品能实现横向兼容，这就必然会要求设备的实现要按照标准的规范，而不同厂商的设备千差万别，怎样才能实现设备的标准化，以达到互连的要求呢？ITU-T 采用功能参考模型的方法对 SDH 设备进行规范，它将设备应完成的功能分解为各种最基本的标准功能块。不同的设备由这些基本的功能块灵活组合而成，以完成设备不同的功能。现以一个 TM 设备的典型功能块组成，来讲述各个基本功能块的作用，如图 2-14 所示。

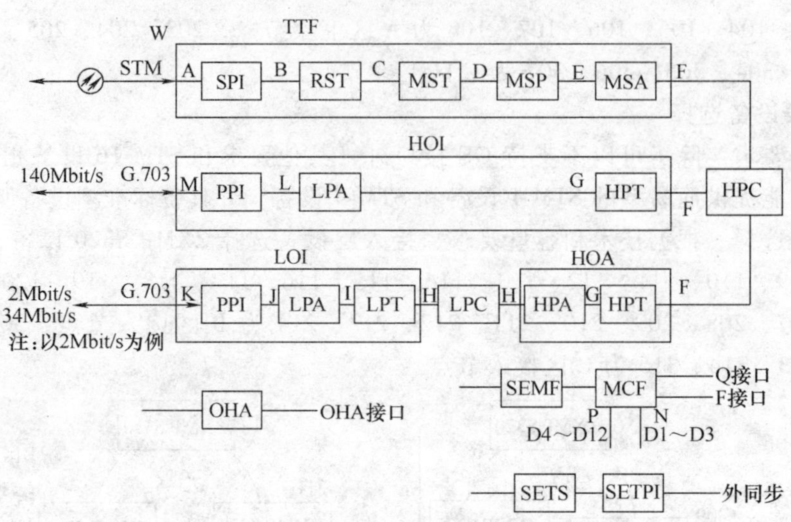

图 2-14 TM 设备的典型功能块组成

1）SPI：SDH 物理接口功能块。SPI 是设备和光路的接口，主要完成光/电变换、电/光变换，提取线路时钟，以及相应告警的检测。

2）RST：再生段终端功能块。RST 是 RSOH 开销的源和宿，也就是说 RST 功能块在构成 SDH 帧信号的过程中产生 RSOH（发方向），并在相反方向（收方向）终结和处理 RSOH。

3）MST：复用段终端功能块。MST 是复用段开销的源和宿，在接收方向处理（终结）MSOH，在发方向产生 MSOH。

4）MSP：复用段保护功能块。MSP 用以在复用段内保护 STM-*N* 信号，防止线路故障，它通过对 STM-*N* 信号的监测、系统状态评价，将故障信道的信号切换到保护信道上去（复用段保护倒换）。ITU-T 规定保护倒换的时间控制在 50ms 以内。

5）MSA：复用段适配功能块。MSA 的功能是处理和产生 AU-PTR，以及组合/分解整个 STM-*N* 帧，即将 AUG 组合/分解为 VC-4。

6）TTF：传送终端功能块。SPI、RST、MST、MSA 一起构成了复合功能块 TTF，它的作用是在接收方向对 STM-*N* 光线路进行光/电变换（SPI）、处理 RSOH（RST）、处理 MSOH（MST）、对复用段信号进行保护（MSP）、对 AUG 解复用并处理指针 AU-PTR，最后输出 *N* 个 VC-4 信号。发方向与此过程相反，进入 TTF 的是 VC-4 信号，从 TTF 输出的是 STM-*N* 的光信号。

7）HPC：高阶通道连接功能块。HPC 实际上相当于一个交叉矩阵，它完成对高阶通道 VC-4 进行交叉连接的功能。此外，信号流在 HPC 中是透明传输的（所以 HPC 的两端都用 F 点表示）。HPC 是实现高阶通道 DXC 和 ADM 的关键，其交叉连接功能仅指选择或改变 VC-4 的路由，不对信号进行处理。一种 SDH 设备功能的强大与否主要是由其交叉能力决定的，而交叉能力又是由交叉连接功能块即 HPC、LPC（低阶通道连接功能块）来决定的。

8）HPT：高阶通道终端功能块。HPT 是高阶通道开销的源和宿，通过它形成和终结高阶虚容器（HP-VC）。

9）LPA：低阶通道适配功能块。LPA 的作用是通过映射和去映射将 PDH 信号适配进 C

（容器），或把 C 信号去映射恢复成 PDH 信号。

10）PPI：PDH 物理接口功能块。PPI 作为 PDH 设备和携带支路信号的物理传输媒质的接口，主要功能是进行码型变换和支路定时信号的提取。

11）HOI：高阶接口。此复合功能块由 HPT、LPA、PPI 3 个基本功能块组成，完成的功能是将 140Mbit/s 的 PDH 信号通过复用、映射、定位处理后进入 VC-4。

12）HPA：高阶通道适配功能块。HPA 的作用有点类似 MSA，只不过进行的是通道级的处理：产生 TU-PTR，将 C-4 这种信息结构拆分成 TU-12（对 2Mbit/s 的信号而言）。

13）HOA：高阶组装器。高阶组装器的作用是将 2Mbit/s 和 34Mbit/s 的 POH 信号通过映射、定位、复用，装入 C-4 帧中，或从 C-4 中拆分出 2Mbit/s 和 34Mbit/s 的信号。

14）LPC：低阶通道连接功能块。与 HPC 类似，LPC 也是一个交叉连接矩阵，不过它是完成对低阶 VC（VC-12/VC-3）进行交叉连接的功能，可实现低阶 VC 之间灵活的分配和连接。

15）LPT：低阶通道终端功能块。LPT 是低阶通道开销（POH）的源和宿，对 VC-12 而言就是产生和处理 V5、J2、N2、K4 这 4 个 POH 字节。

16）LPA：低阶通道适配功能块。低阶通道适配功能块的作用与前面所讲的一样，就是将 PDH 信号（2Mbit/s）装入/拆出 C-12 容器。

17）PPI：PDH 物理接口功能块。与前所述，PPI 主要完成接口的码型变换功能，以及提取支路定时信号供系统使用的功能。

18）LOI：低阶接口功能块。低阶接口功能块主要完成将 VC-12 信号拆包成 PDH 2Mbit/s 的信号（接收方向），或将 PDH 的 2Mbit/s 信号打包成 VC-12 信号，同时完成设备和线路的接口之间的码型变换。

19）SEMF：同步设备管理功能块。它的作用是收集其他功能块的状态信息，进行相应的管理操作。这就包括了本站向各个功能块下发命令，收集各功能块的告警、性能事件，通过 DCC 通道向其他网元传送 OAM 信息，向网络管理终端上报设备告警、性能数据以及响应网管终端下发的命令。

20）MCF：消息通信功能块。MCF 功能块实际上是 SEMF 和其他功能块和网管终端的一个通信接口，通过 MCF，SEMF 可以和网管进行消息通信（F 接口、Q 接口），以及通过 N 接口和 P 接口分别与 RST 和 MST 上的 DCC 通道交换 OAM 信息，实现网元和网元间的 OAM 信息的互通。

MCF 上的 N 接口传送 D1 ~ D3 字节（DCCR），P 接口传送 D4 ~ D12 字节（DCCM），F 接口和 Q 接口都是与网管终端的接口，通过它们可使网管能对本设备及其整个网络的网元进行统一管理。

21）SETS：同步设备定时源功能块。数字网需要传送同步定时以保证网络的同步，使设备能正常运行。而 SETS 功能块的作用就是提供 SDH 网元设备和 SDH 系统的定时时钟信号。

22）SETPI：同步设备定时物理接口。SETPI 是 SETS 与外部时钟源的物理接口，SETS 通过它接收外部时钟信号或向外提供时钟信号。

23）OHA：开销接入功能块。OHA 的作用是从 RST 和 MST 中提取或写入相应 E1、E2、F1 公务联络字节，进行相应的处理。

2.5.2 常见网元逻辑功能

前文介绍过 SDH 的几种常见网元设备，现在讲一讲这几种网元是由哪些功能块组成的。从这些功能块的组成上，就能掌握每个网元设备所能完成的功能。

1. TM——终端复用器

TM 的功能结构如图 2-15 所示。因为有功能块 HPC 和 LPC，所以此 TM 有高、低阶 VC 的交叉复用功能。

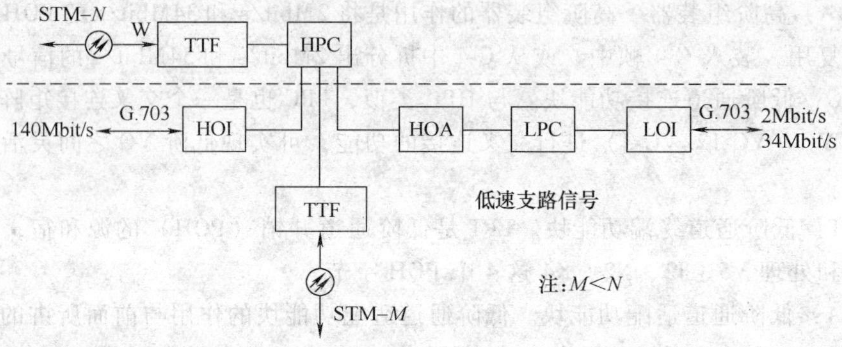

图 2-15 TM 功能结构

2. ADM——分/插复用器

ADM 的功能结构如图 2-16 所示。

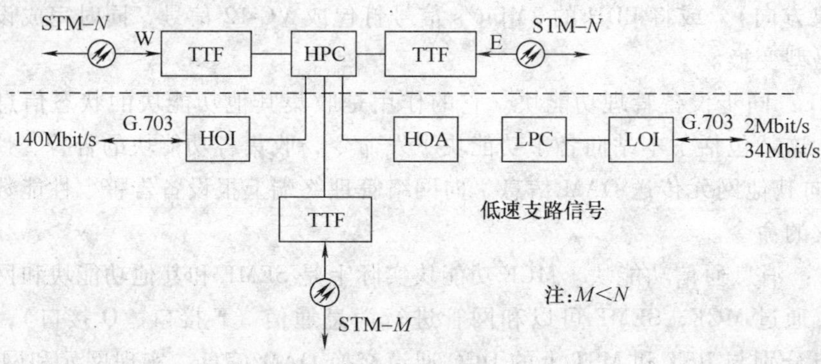

图 2-16 ADM 的功能结构

3. REG——再生中继器

REG 的功能结构如图 2-17 所示。

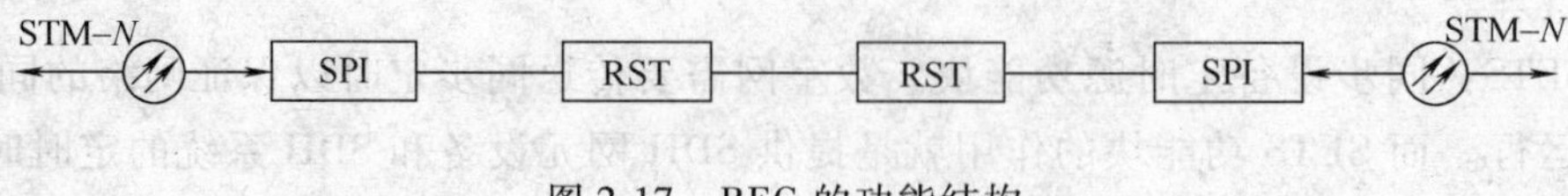

图 2-17 REG 的功能结构

4. DXC——数字交叉连接设备

DXC 的功能结构如图 2-18 所示，其逻辑结构类似于 ADM，只不过其交叉矩阵的能力更强大，能完成多条线路信号和多条支路信号之间的交叉（比 ADM 的交叉能力要强大得多）。

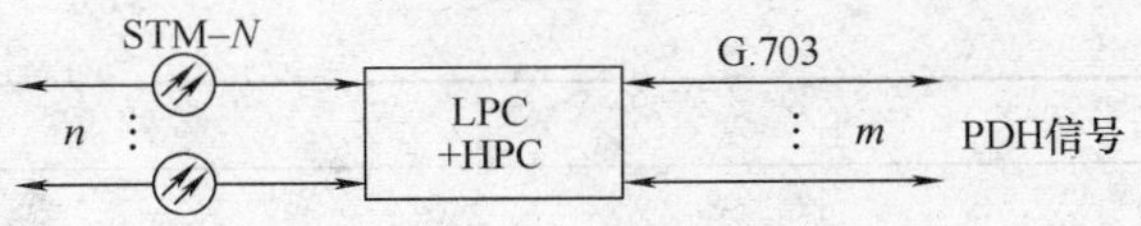

图 2-18　DXC 的功能结构

【测试评估】

1. 任务引导问题单

<table>
<tr><td>任　务</td><td colspan="3">任务 2：组网设备规划</td><td>学　时</td><td>4</td></tr>
<tr><td>所属项目</td><td>项目 1：传输网规划</td><td>班　级</td><td></td><td>组　号</td><td></td></tr>
<tr><td colspan="6">1. 说明与要求</td></tr>
<tr><td colspan="6">1）本任务引导问题单是针对“组网设备规划”这一任务编制，旨在引导学生更好地完成任务必备知识的学习，为计划决策、实施检查等后续环节做好资讯准备工作
2）要求学生以小组为单位，按照下列任务问题的引导，通过采取检索文献、查阅资料、小组讨论等方法进行预习，做好在课堂上汇报和解答的准备
3）在任务实施前完成并上交此表单，问题解答用白纸附在表单后</td></tr>
<tr><td colspan="6">2. 任务引导问题</td></tr>
<tr><td colspan="6">1）SDH 网络中有哪些常见网元？这些网元各有什么功能？它们在自身结构和应用上有什么区别
2）ZXMP S390 设备整体结构如何？它的主要性能特点是什么
3）ZXMP S385 设备整体结构如何？它的主要性能特点是什么
4）ZXMP S330 设备整体结构如何？它的主要性能特点是什么
5）ZXMP S325 设备整体结构如何？它的主要性能特点是什么
6）ZXMP S320 设备整体结构如何？它的主要性能特点是什么
7）ZXMP S200 设备整体结构如何？它的主要性能特点是什么
8）组网设备选择应遵循哪些基本原则
9）本地传输网对各层设备有怎样的技术要求</td></tr>
<tr><td>任课教师签名</td><td rowspan="2" colspan="2"></td><td rowspan="2">成绩评定</td><td rowspan="2" colspan="2"></td></tr>
<tr><td>日　　期</td></tr>
</table>

2. 任务实施单

<table>
<tr><td>任　务</td><td colspan="3">任务 2：组网设备规划</td><td>学　时</td><td>4</td></tr>
<tr><td>所属项目</td><td>项目 1：传输网规划</td><td>班　级</td><td></td><td>组　号</td><td></td></tr>
<tr><td colspan="6">1. 任务描述</td></tr>
<tr><td colspan="6">根据项目分解要求，项目规划 B 组要根据运营商对 M 县新建智能光城域网络建设提出的总的指导思想完成组网设备规划任务。网络设备选型应符合技术先进、安全可靠、经济实用、便于维护的原则，应符合《光同步传送网技术体制》（YDN 099—1998）等相应行标有关技术要求、ITU-T 相关建议要求以及工程技术规范书的相关要求，从而保证整个网络的正常运行</td></tr>
<tr><td colspan="6">2. 任务分析</td></tr>
<tr><td colspan="6">通过对本任务进行分析，项目规划 B 组要完成 M 县新建智能光城域网络组网设备规划任务，需要完成以下工作：
1）核心层设备选择
2）汇聚层设备选择
3）接入层设备选择</td></tr>
</table>

（续）

3. 资讯准备

通过任务引导问题单和教师的引导，在前期资讯准备环节，学生对本任务必备知识进行了学习，应达到如下要求：

1）掌握 SDH 网络常见网元 TM、ADM、REG、DXC 结构、功能和应用特点

2）了解 SDH 网络常见传输设备 ZXMP S385、ZXMP S325、ZXMP S200 的整体结构和主要性能特点

3）掌握 SDH 网络常见传输设备 ZXMP S390、ZXMP S330、ZXMP S320 的整体结构和主要性能特点

4）理解组网设备选择的基本原则

5）理解本地传输网对各层设备的技术要求

4. 计划决策

1）人员组织：请组长组织小组成员讨论，根据任务作好人员组织工作，明确分工。具体安排记录如下

2）器材准备：请组长组织小组成员讨论，确定任务实施所需器具和材料。具体清单记录如下

3）方案制订：请组长组织小组成员讨论，制订任务实施最优方案。具体方案用白纸记录附在后面

5. 实施检查

1）任务实施：按照计划决策环节制订的最优方案来实施任务。具体实施过程用白纸记录附在后面

2）能效检查：根据任务要求对实施结果的功能效果进行检查分析，找出故障和缺陷进行优化。具体检查分析和优化过程用白纸记录附在后面

6. 展示评估

1）展示汇报：请各小组选用合适的方法手段展示汇报任务实施情况

2）小组答辩：教师根据展示汇报情况对小组成员进行提问。具体教师提问及学生回答记录如下

3）成绩评定：从学生、组长、任课教师 3 个角度对学生完成本任务进行成绩评定，学生、组长、任课教师分别在学生自评表、小组评价表、教师评价表上按标准评分，并将成绩记录在个人的评价成绩汇总表上，从而可按比例核算出个人的任务过程评价总分

3. 任务评价

（1）学生自评

“光传输网组建与维护”学生自评表				
学生姓名		学号		
任　务	任务2：组网设备规划	组号		
评价内容		评分标准	自评分	备注
敬业精神	1）出勤情况	20		迟到、早退一次扣2分，旷课一次扣5分，扣完为止，其他酌情评分
	2）工作、学习任务参与度和积极性			
	3）吃苦耐劳、善于钻研的精神			
专业能力	1）掌握SDH网络常见网元TM、ADM、REG、DXC结构、功能和应用特点	60		按全部掌握、较好掌握、基本掌握、部分掌握4档分别对应60分、48分、36分、20分评分
	2）了解SDH网络常见传输设备ZXMP S385、ZXMP S325、ZXMP S200的整体结构和主要性能特点			
	3）掌握SDH网络常见传输设备ZXMP S390、ZXMP S330、ZXMP S320的整体结构和主要性能特点			
	4）理解组网设备选择的基本原则			
	5）理解本地传输网对各层设备的技术要求			
方法能力	1）收集整理信息、资料的能力	10		按强、较强、一般、较差4档分别对应10分、8分、6分、3分评分
	2）语言表达能力			
	3）提出问题、解决问题的能力			
	4）组织实施能力			
社会能力	1）交流沟通能力	10		按强、较强、一般、较差4档分别对应10分、8分、6分、3分评分
	2）团队协作能力			
	3）安全、环保、责任意识			
总　分				

（2）小组评价

“光传输网组建与维护”小组评价表							
任务	任务2：组网设备规划						
组号		学　号					
		学生姓名					
评价内容		评分标准	组长评分				
敬业精神	1）出勤情况	20					
	2）工作、学习任务参与度和积极性						
	3）吃苦耐劳、善于钻研的精神						

（续）

评价内容		评分标准	组长评分					
专业能力	1）掌握SDH网络常见网元TM、ADM、REG、DXC结构、功能和应用特点	60						
	2）了解SDH网络常见传输设备ZXMP S385、ZXMP S325、ZXMP S200的整体结构和主要性能特点							
	3）掌握SDH网络常见传输设备ZXMP S390、ZXMP S330、ZXMP S320的整体结构和主要性能特点							
	4）理解组网设备选择的基本原则							
	5）理解本地传输网对各层设备的技术要求							
方法能力	1）收集整理信息、资料的能力	10						
	2）语言表达能力							
	3）提出问题、解决问题的能力							
	4）组织实施能力							
社会能力	1）交流沟通能力	10						
	2）团队协作能力							
	3）安全、环保、责任意识							
总　分								
组长签名				日　期				

（3）教师评价

“光传输网组建与维护”教师评价表			
班　级		组　号	
任　务	任务2：组网设备规划	任课教师	
评价阶段	评价内容	评分标准	教师评分
资讯准备	1）掌握SDH网络常见网元TM、ADM、REG、DXC结构、功能和应用特点	20	
	2）了解SDH网络常见传输设备ZXMP S385、ZXMP S325、ZXMP S200的整体结构和主要性能特点		
	3）掌握SDH网络常见传输设备ZXMP S390、ZXMP S330、ZXMP S320的整体结构和主要性能特点		
	4）理解组网设备选择的基本原则		
	5）理解本地传输网对各层设备的技术要求		
计划决策	1）人员组织安排	20	
	2）器材准备清单		
	3）任务实施方案		

（续）

评价阶段	评价内容	评分标准	教师评分
实施检查	1）任务实施过程 2）任务检查优化	40	
展示评估	1）展示汇报 2）小组答辩	20	
总　分		日　期	

项目 2　传输网组建

【项目描述】

在 M 县新建智能光城域网络总体规划以及选择的设备后，需要进行传输网设备的安装，包括硬件设备和软件设备安装，设备安装要符合国家相关安装规范，同时，要遵守所在地的安全规范和操作规程，从而为下一步网络业务的配置打下坚实的基础。

【项目分解】

该项目根据设备类型的不同，将项目分解成两个子任务完成：

1）传输网硬件设备安装。

2）传输网网管系统安装。

【项目教学设计】

<table>
<tr><td>项　目</td><td>项目 2：传输网组建</td><td>学　时</td><td>10</td></tr>
<tr><td>教学目标</td><td>通过该项目的教学，使学生初步掌握光传输网组建的基本流程和技能，并在项目学习和实践过程中掌握硬件设备和网管系统安装涉及的必备知识</td><td>教学内容</td><td>任务 3：硬件设备安装（4 学时）
任务 4：网管系统安装（4 学时）
项目 2 考核（2 学时）</td></tr>
<tr><td rowspan="3">教学资料</td><td rowspan="3">1）教师用表单：项目教学设计（项目 2）、任务教学设计（任务 3、任务 4）
2）学生用表单：项目任务书（项目 2）、任务引导问题单（任务 3、任务 4）、任务实施单（任务 3、任务 4）
3）评价用表单：学生自评表（任务 3、任务 4）、小组评价表（任务 3、任务 4）、教师评价表（任务 3、任务 4）、评价成绩汇总表
4）教材、课程标准、授课计划、教案及备课笔记、辅助课件、学生名册</td><td>教学器具</td><td>ZXMP S320 设备、E300 软件、计算机</td></tr>
<tr><td>教学环境</td><td>多媒体教室
现代通信综合实训中心</td></tr>
<tr><td>教学方法</td><td>1. 必备知识：分组教学法、引导教学法、讲授教学法、讨论教学法、现场教学法
2. 任务实施过程：分组教学法、现场教学法、演示教学法、讨论教学法、实践教学法</td></tr>
<tr><td>学生知识能力要求</td><td colspan="3">1）具备数字通信技术、光传输基本理论基础
2）具有良好的实践操作能力和计算机操作能力
3）具备一定的自主学习、分析问题、解决问题的能力
4）具备一定的团队协作、沟通表达能力</td></tr>
<tr><td>教师知识能力要求</td><td colspan="3">1）具备较高的光传输网软硬件设备安装理论和实践水平
2）具备运用各种教学方法实施教学的组织和控制能力</td></tr>
</table>

（续）

教学策略	1）分组教学。将班级学生5~6人分为一组，每组设置一名组长，组长全面负责项目实施的各项事宜，鼓励学生团结协作，共同完成任务 2）四环节教学。按资讯准备、计划决策、实施检查及展示评估4个环节分阶段完成教学。资讯准备阶段要求各小组根据任务引导问题单中的引导问题检索文献、查阅资料、小组讨论，在教师的引导下完成任务必备知识的学习，为后续环节做好准备；计划决策阶段要求各小组通过讨论制订任务实施计划，确定任务实施最优方案；实施检查阶段要求各小组根据计划方案来完成任务的实施和检查优化；展示评估阶段要求各小组展示汇报任务实施情况，并采用学生自评、小组评价、教师评价3种方式对每个任务按标准评分，从而按比例核算出各小组成员的任务过程评价总分。项目完成后，进行必备知识和任务实施的考核，结合每个任务的得分，按比例核算出各小组成员本项目的总评分 3）引导教学。教师提前给学生发放项目任务书、任务引导问题单等学习表单和资源，引导学生自主学习，使学生在学习过程中一直处于积极主动的主体地位。教师在整个过程中只起到解惑、组织好课堂的指导作用，锻炼学生的自学能力、创新能力、职业能力
考核评价	项目总评＝任务过程评价×70%＋项目考核×30% 任务过程评价＝学生自评×10%＋小组评价×40%＋教师评价×50% 学生自评＝敬业精神×20%＋专业能力×60%＋方法能力×10%＋社会能力×10% 小组评价＝敬业精神×20%＋专业能力×60%＋方法能力×10%＋社会能力×10% 教师评价＝资讯准备×20%＋计划决策×20%＋实施检查×40%＋展示评估×20% 项目考核＝技术考核×50%＋任务实施考核×50%

任务3　硬件设备安装

【任务描述】

硬件设备安装是设备安装的重要环节，也是后面业务配置的基础。因此，设备硬件安装应严格根据原信息产业部《SDH 本地网网光缆工程设计规范》执行，同时，要遵守所在地的安全规范和操作规程，从而保障设备安装顺利安装到位。

【任务分析】

要完成传输网设备安装任务，需要完成以下工作：

1）机箱安装。

2）标签制作。

3）内部电缆检查。

4）外部线缆布放。

5）设备自检。

【任务教学设计】

<table>
<tr><td>任务</td><td colspan="2">任务3：硬件设备安装</td><td>学时</td><td>4</td><td>所属项目</td><td>项目2：传输网组建</td></tr>
<tr><td>教学目标</td><td colspan="6">通过该任务的教学，使学生初步掌握光传输网硬件设备安装的基本流程和技能，并在任务学习和实践过程中掌握硬件设备安装涉及的必备知识。具体目标如下
1）掌握硬件设备安装的准备流程，熟悉各步骤具体内容
2）掌握硬件设备安装的基本流程
3）掌握机柜安装的方法和注意事项
4）掌握标签制作、粘贴的方法和注意事项，了解编号含义
5）熟悉内部线缆检查的方法
6）熟悉外部线缆布放、绑扎、连接的方法和注意事项
7）掌握硬件设备安装自检的方法</td></tr>
<tr><td colspan="3">教学内容</td><td>学时</td><td colspan="2">教学环节</td><td>教学表单</td></tr>
<tr><td rowspan="3">必备知识</td><td colspan="2">1）硬件安装准备</td><td>1</td><td rowspan="3">资讯准备</td><td>引导预习</td><td rowspan="3">项目任务书、任务引导问题单</td></tr>
<tr><td colspan="2" rowspan="2">2）硬件安装流程</td><td rowspan="2">1</td><td>汇报解答</td></tr>
<tr><td>课堂讲授</td></tr>
<tr><td rowspan="8">任务实施</td><td rowspan="8">硬件设备安装</td><td rowspan="2">1）机柜安装</td><td rowspan="8">2</td><td rowspan="3">计划决策</td><td>人员组织</td><td rowspan="3">项目任务书、任务实施单</td></tr>
<tr><td>器材准备</td></tr>
<tr><td rowspan="2">2）标签制作</td><td>方案制订</td></tr>
<tr><td rowspan="2">实施检查</td><td>任务实施</td><td rowspan="2">项目任务书、任务实施单</td></tr>
<tr><td>3）内部线缆检查</td><td>能效检查</td></tr>
<tr><td rowspan="2">4）外部线缆布放</td><td rowspan="3">展示评估</td><td>展示汇报</td><td rowspan="3">任务实施单、学生自评表、小组评价表、教师评价表、评价成绩汇总表</td></tr>
<tr><td>小组答辩</td></tr>
<tr><td>5）设备安装自检</td><td>成绩评定</td></tr>
</table>

【必备知识】

3.1 硬件设备安装准备

安装准备是整个安装工程的第一步，也是保障整个工程顺利进行的前提，在设备和系统安装以前，应该严格按照安装准备流程，如图3-1所示，仔细检查各种准备工作是否就绪。

1. 工具和资料准备

(1) 硬件工具　工程安装所需的工具和仪表应该准备齐全，仪表应经国家计量部门调校合格，常用的仪表工具如下：

1) 通用工具：大十字螺钉旋具、小十字螺钉旋具、大一字螺钉旋具、斜口钳、尖嘴钳、活动扳手、老虎钳、电烙铁、焊锡丝、助焊剂、绝缘胶布、壁纸刀、电工刀、记号笔、尖头镊子、卷尺、无水酒精、无尘纸、同轴自环电缆、光纤、防静电手环、剥线钳、压线钳、双列直插IC起拔器等。

2) 常用仪表：试电笔、光功率计、固定光衰减器、接地电阻测试仪、万用表等。

3) 施工用具：脚手架、长卷尺、直尺、水平尺、撬杠、铁锤、冲击钻、ϕ6mm钻头、ϕ16mm钻头、扳手等。

(2) 软件工具　单板程序软件和网管软件。

(3) 技术资料准备

1) 工程订货合同（副本），工程设计资料。

2) 设备工程开通工作规程文档。

3) 设备硬件随机资料。

4) 网管软件相关随机资料。

5) 设备工程资料。

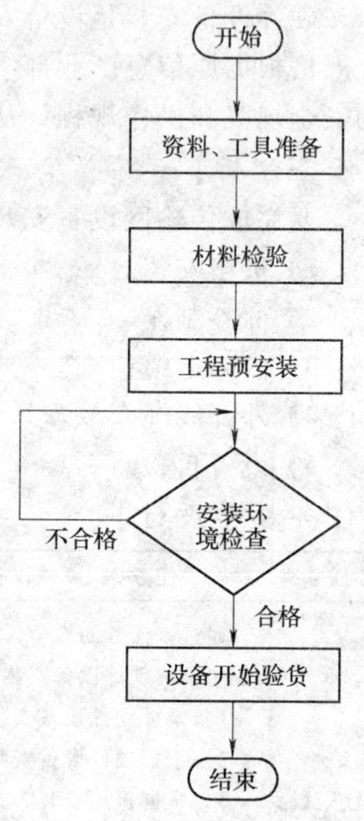

图3-1　安装准备流程

2. 材料检验

开始施工前，应对将用于安装施工的电缆、槽道、走线架等主要材料的规格、数量进行清点和检查，确定其满足以下要求：

1) 规格、数量符合施工图设计要求。

2) 品质证明文件齐全。

3) 外观完好无损。

4) 对材料进行检查时，应做好详细记录，如发现有短缺、受潮或损坏等情况，应及时协调解决。

3. 工程预安装

工程预安装包括槽道、爬梯和水平走线架的安装等内容，通常由用户单位土建部门负责，这里不作详细介绍。

4. 安装环境检查

在工程安装前，局方应做好机房、电源、地线、光纤熔接等准备工作，为施工提供必要的条件，同时机房的面积、高度应符合设备放置要求，若不符合要求，应要求进行整改，以消除安装、运行维护中的隐患。

(1) 机房建筑检查

1) 机房及走廊等地段的土建工程已全部竣工，室内墙壁已充分干燥。

2) 机房门的高度和宽度应不妨碍设备的搬运，一般情况下，机房主要的门的高度不小于2.2m，宽度不小于1m，室内净高不小于3m。机房面积要求能安放全部设备并留有一定的空间，便于操作和维护，特别是前后门开门空间均应大于1m。

3) 机房地板承重应大于450kg/m²，非机房用地不低于300kg/m²。机房内可铺设防静电活动地板。铺设防静电地板时，地板板块铺设严密坚固，每平方米水平误差不大于2mm，地板支柱应接地良好，接地电阻和防静电措施应符合要求。要配备足够的空调设备，使机房保持正常温湿度。

4) 机房的各种排水管道不应在机房内穿过，机房预留的暗管、地槽和孔洞的数量、位置、尺寸应满足布放各种电缆的要求，并符合工艺设计规范，孔洞的尺寸为400mm×400mm。过墙电缆孔应填充阻燃材料，各种沟槽应采取防潮措施，边角应平整，照明与电力管线应尽量采用暗铺设。

5) 机房墙面、顶棚应不粉化，不易积灰，不易脱落，装饰材料采用阻燃材料。

6) 机房的抗震度应较一般建筑提高一度，一般要达到7级抗震，否则应对机房进行抗震加固。

7) 在机房易受雷击的地方应安装避雷网或避雷针等，室外的各种金属管道等进入机房前应接地。

(2) 机房室内环境检查

1) 工作环境温度：-5~45℃。

2) 相对湿度：5%~95%。设备工作时，温、湿度测量值指在地板上2m和在设备前0.4m处测量的数据。

3) 洁净度：洁净度包括空气中的尘埃和空气中所含的有害气体两个方面。

① 机房内应无爆炸性、导电性、导磁性及腐蚀性尘埃。

② 直径大于5pm灰尘的浓度不大于3×104粒/m³。

③ 机房内应无腐蚀金属和破坏绝缘的气体，如SO_2、NH_3等。

④ 机房应保持清洁，并保持门、窗等密封。

(3) 供电情况检查

1) 机房内应准备有供施工用的交流220V电源，电源插座应为既有二芯插口又有三芯插口的多功能插座。

2) 提供-48V标准直流电源，允许变动范围为-57~-40V，直流配电系统应有断电保护措施，应配备蓄电池。

3) 机房直流电源线安装的路由、路数及布放位置等应符合一般电信工程的规定，使用导线（铝、铜条或胶皮线）的规格、绝缘强度及熔丝的容量等均应符合设计要求。

电源线应采用整段的线料，不得在中间接头。

4) 直流配电箱汇流条及使用的电源线的正、负极性应有明显标志。工作地宜为黑色，负极宜为蓝色，保护地宜为黄色。

(4) 接地检查　为使通信设施可靠地工作，必须有良好的接地。良好的接地是防雷击、抗干扰的重要保证，机房地线布置应采用辐射式或平面式，要求埋设3种相对独立的地线，即直流电源配电系统保护地、电源系统工作地和防雷地。不能通过建筑物钢筋连接形成电气通路或通过机柜形成通路。

工作接地是指利用大地构成回路，传输能量和信息，如三相交流电源的中性线接地、电池正极接地等，均属于工作接地。利用这种方式接地可抑制各种电磁干扰和串音。保护接地是为了防止漏电危害人身安全而将电源设备的金属外壳接地。此外，为防止雷击对设备的损害及保护生命财产的安全，还应具有防雷保护的接地。

如果局方场地限制不能提供3种地线时，可将3种地线合并接地（综合接地方式），接地电阻要求小于5Ω。工程上对接地电阻的要求是越小越好，影响接地电阻大小的因素为接地桩的电阻、连接引线的电阻、接地桩和土壤间的接触电阻及土壤的类型。土壤类型对接地电阻的影响最大，对土壤条件差的地区，可在接地桩周围加入降阻剂（如丙烯酰胺），以达到要求。另外，温度的变化也会引起电阻的变动，在北方可采用深埋地桩的方法减少温度的影响。接地桩一般采用镀锌材料，并且有足够的尺寸。从接地桩到设备的连接电缆应采用导电良好的铜制护套线，芯线截面积不小于$50mm^2$，距离尽可能短，必要时接地连接件应给予防蚀保护，以保证低电阻连接。

（5）安全检查 机房内应配备有适用的消防器材，如一定数量的手提式干粉灭火器。对于面积较大的机房，应配备自动消防系统。机房内严禁存放易燃易爆等危险物品。

（6）其他配套设备的检查 根据合同配置要求，检查上联的光口或电口是否具备，上联设备是否准备就绪，光纤是否到位，光纤接头是否匹配。

5. 开箱验货

设备在运输过程中要有良好的包装及防水、防振动标志。在设备抵达局方进行安装时，应防止野蛮装卸，防止日晒雨淋。

（1）清点货物总件数 在开箱之前，应按各包装箱上所附的货运清单点明总件数，查看包装箱是否完好，设备型号是否相符，并做好记录。

（2）开箱 开箱过程中应注意轻拿轻放，保护物件的表面涂层，还要特别注意电路板的防静电要求，切忌在无防静电措施下搬运电路板，接触电路板和其他的金属元器件时必须佩戴防静电手环。当设备运到温度、湿度相差较大的地方时应停留一段时间再打开包装，否则容易损坏。小心开箱，对照合同和货运单、装箱单逐项检查所有的货物是否齐备，是否符合订货要求。

（3）清点物件签字确认 开箱后，首先按供货合同及《开箱（验货）清单》核对设备是否符合订货要求，设备附件是否齐全。

1）设备检查：将设备从木箱中小心取出，除去机箱上的枕垫、塑料袋等包装物，检查机箱、单板和附件是否齐全，设备外表是否整洁、无划痕、无松动，内部是否无污迹，插件接触是否可靠，设备标识是否清晰。

2）单板检查：打开单板包装纸盒，去除用于包装单板的海绵，并从防静电袋中取出单板（应佩戴防静电手环），检查单板名称是否和纸盒上的标注一致。

3）附件检查：附件通常由塑料袋包装，置于附件通用包装箱中。打开塑料袋，清点线扣、电缆、说明书、紧固件等附件的规格、数量。

4）终端设备检查：打开包装箱，检查主机、显示器、键盘等是否齐全，并检查网卡等配置是否齐全。

5）如果开箱中发现有漏发、错发、破损等情况，需要补发货物时，根据具体情况填写“补发货申请单”。

6）根据开箱情况做好文字记录，并由参加开箱的双方代表签字确认，在设备上电检查后填写“验货结论”。

3.2　硬件设备安装流程

硬件安装是整个施工的主体和基础，安装时，应严格上述流程进行安装，注意确保安全。传输设备硬件安装流程如图3-2所示。

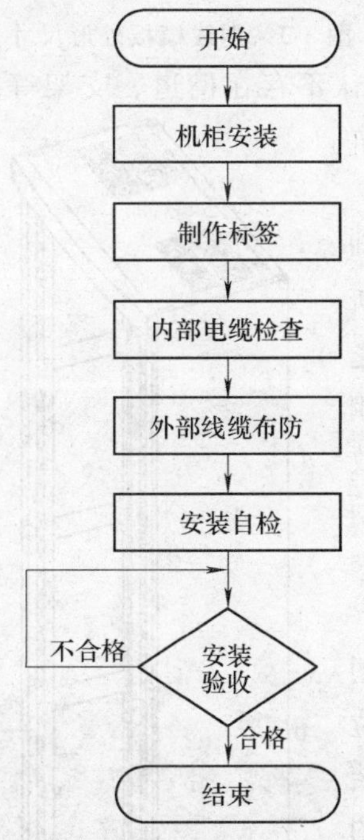

图3-2　传输设备硬件安装流程

【任务实施】

3.3　硬件设备安装过程

下面以ZXMP S320传输设备为例，介绍硬件设备的整个安装过程。

3.3.1　机柜安装

1. 确认安装位置

1）机柜的定位应考虑方便维护、地面承重均匀、便于安装和系统扩容等因素。

2）在将设备装入19in（1in＝0.0254m，后同）机柜时，必须考虑到设备的维护及出线要求。

3）机柜的排列、安装位置及方向应当符合工程设计图样的要求。

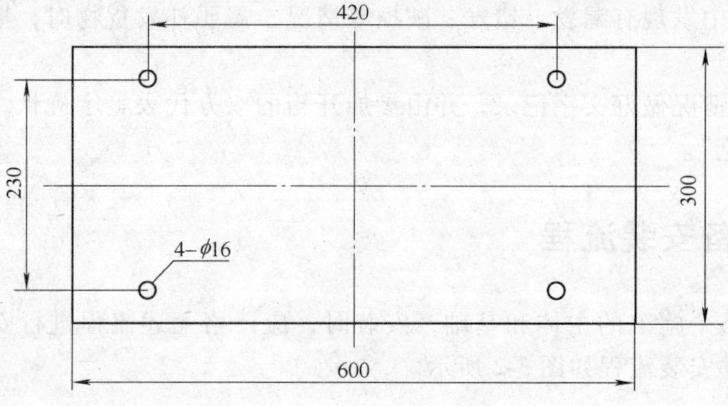

图 3-3　划线模板外形尺寸

4）检查设备待安装位置，确认不存在槽道、支架等阻挡设备机柜线缆进出口的情况，如有阻挡应与用户协商改变设备机柜或槽道、支架等的安装位置。

5）根据机柜的摆放位置，利用划线模板标记安装孔的位置。所谓“划线模板”是随设备一同发送的纸板，其尺寸与设备底座尺寸相同，安装机柜时，将划线模板摆放在待安装机柜的位置进行划线。划线模板外形尺寸如图 3-3 所示。

2. 安装固定机柜

（1）混凝土地面安装　利用图 3-3 所示的划线模板，在待安装位置标记安装孔，移去模板，在安装孔位置用冲击钻打 4 个 ϕ16mm 的孔，孔深 52 ~ 54mm，清除地面泥灰，将 4 个 M12 × 50 钢膨胀螺母塞入孔中，再把锥销放入螺母中，用手锤和专用芯棒锤击锥销，使锥销底部与螺母底部平齐，将机柜摆放到待安装位置，使机柜底部安装孔对准螺母孔，依次放上平垫圈和弹簧垫圈，再将 M12 × 25 六角头螺栓旋入螺母中拧紧即可，如图 3-4 所示。

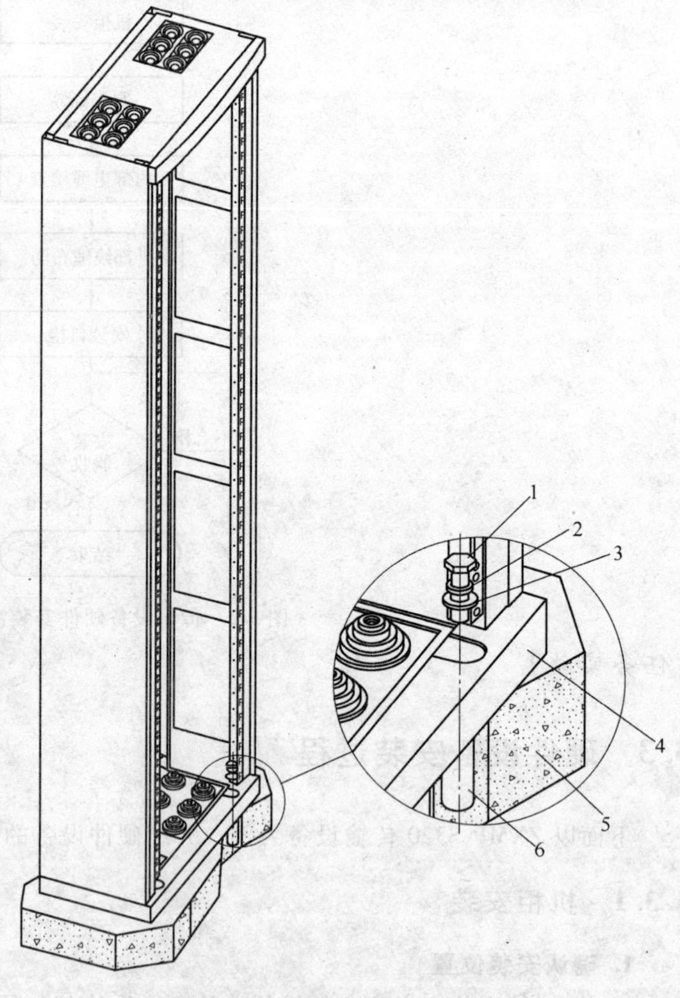

图 3-4　混凝土地面安装示意图

1—六角头螺栓　2—弹簧垫圈　3—平垫圈　4—19in 机柜　5—混凝土地面　6—膨胀螺母

（2）木地板地面的安装　利用图 3-3 所示的划线模板，在待安装位置标记安装孔，移去模板，在每个安装孔位置用手电钻钻4个ϕ6mm的圆孔，将机柜底部安装孔对准地板上的安装标记处，并用六角木螺钉将机柜固定于木地板上即可。木地板地面安装示意图如图3-5所示。

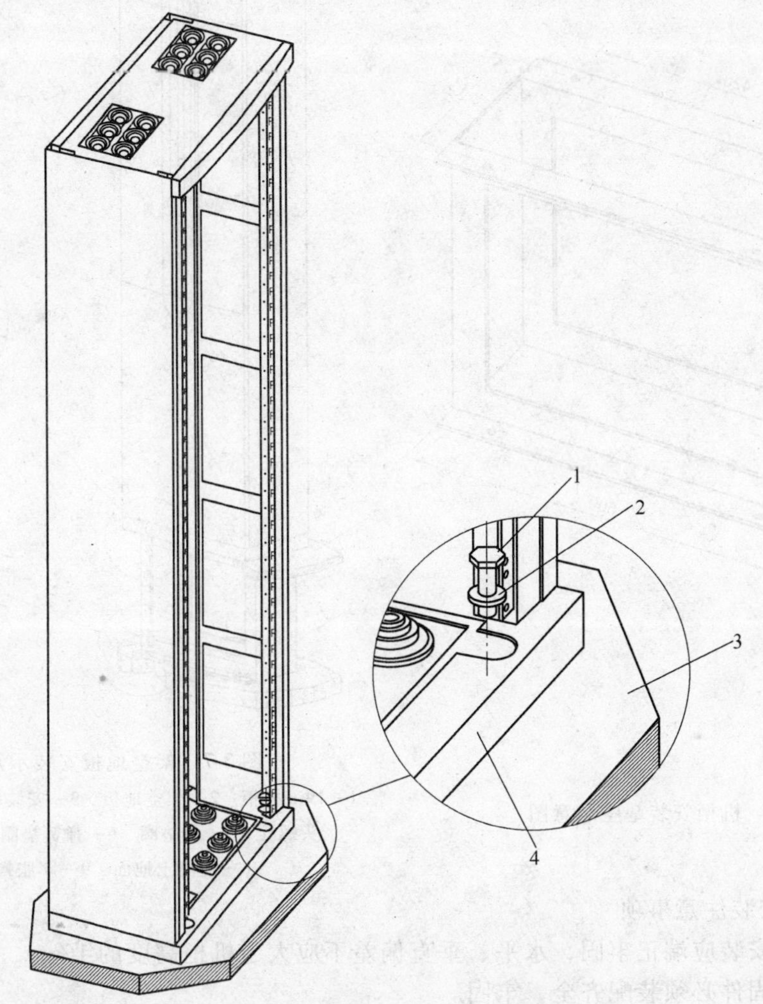

图3-5 木地板地面安装示意图

1—六角木螺钉 2—平垫圈 3—木地板 4—19in机柜

（3）架空地板的安装 19in机柜安装基座示意图如图3-6所示，安装基座的高度可以根据用户要求定制，相关要求如下：

1）进行架空地板安装前首先应核查安装基座的尺寸是否满足安装要求，重点核查安装基座高度是否等于混凝土地面到架空地板上表面的距离。

2）根据机房布局图确定机柜的安装位置，应避免安装基座与架空地板骨架冲突，尽可能保持地板骨架的完整性。如果冲突不可避免，应在安装时去掉冲突处的地板骨架。

3）根据机柜的摆放位置，标记基座安装孔的位置，安装基座的安装孔尺寸与机柜相同，也可用图3-3所示的划线模板进行划线。

4）将机柜底部的安装孔对准基座安装孔，并用M12×25六角头螺栓、平垫圈、弹簧和螺母将机柜与安装基座连接拧紧，如图3-7所示。

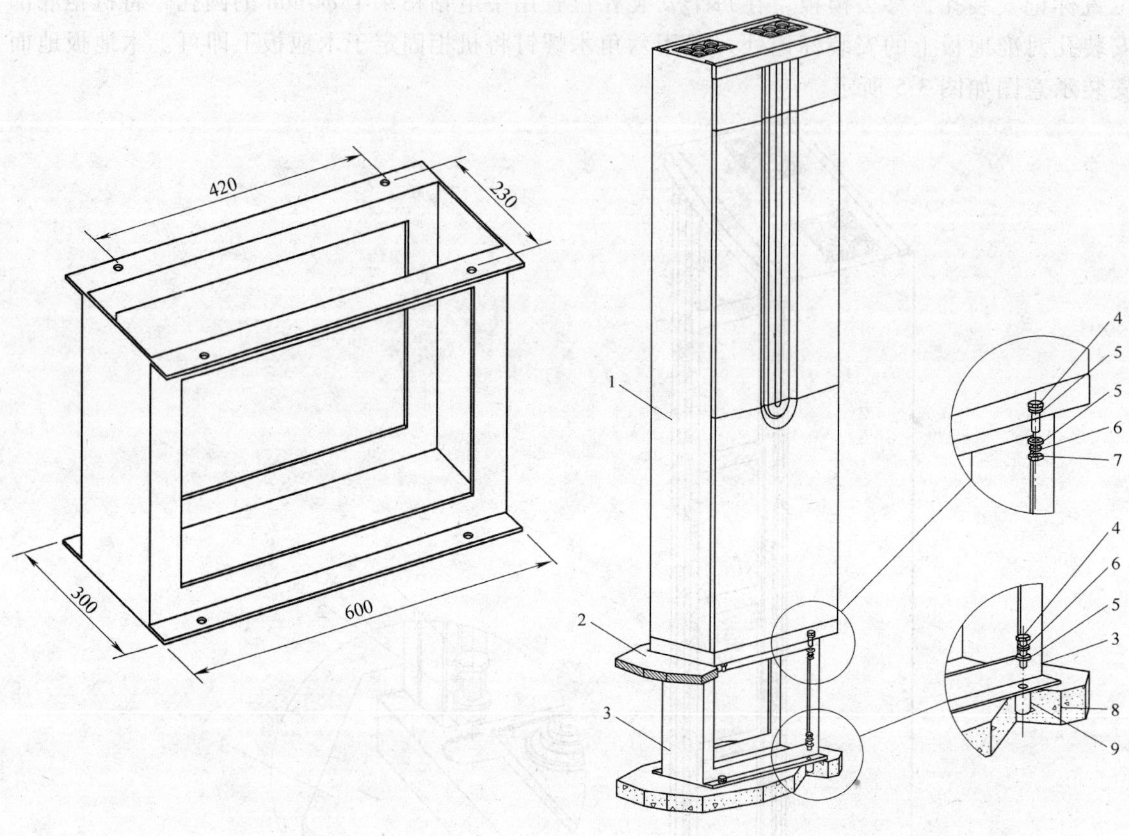

图 3-6 机柜安装基座示意图

图 3-7 架空地板安装示意图

1—19in 机柜 2—架空地板 3—安装基座 4—六角头螺栓 5—平垫圈 6—弹簧垫圈 7—螺母 8—混凝土地面 9—膨胀螺母

（4）机柜安装注意事项

1）机柜的安装应端正牢固，水平、垂直偏差不应大于机柜高度的1‰。

2）所有紧固件必须装配齐全、牢固。

3）当多个机柜在机房中并排放置时，水平、垂直偏差不应大于机柜高度的1‰，机柜间隙均匀，且不应超过3mm。

4）在抗振要求较高的机房内，设备应进行抗振加固。

5）在机柜的安装固定过程中，应至少三人合作搬抬，可不借助其他特殊的搬运工具。

3. 安装前门

1）安装前门时，将上、下两个门轴下拉，使门轴卡在门轴挡板上，抬起前门，使前门与机柜的夹角成90°，将前门稍稍向外倾斜，使前门底部的轴孔对准机柜底部的轴销，慢慢放下前门，如图3-8所示。

2）当轴销全部进入轴孔后，将前门慢慢推至竖直，然后把门轴穿入机柜上的轴套，最后将前门接地线连接到前门的接地端子上，前门安装完毕，如图3-9所示。

4. 安装后门

1）安装后门时，将后门抬起，稍稍向外倾斜，使后门底部的定位孔对准机柜上的定位

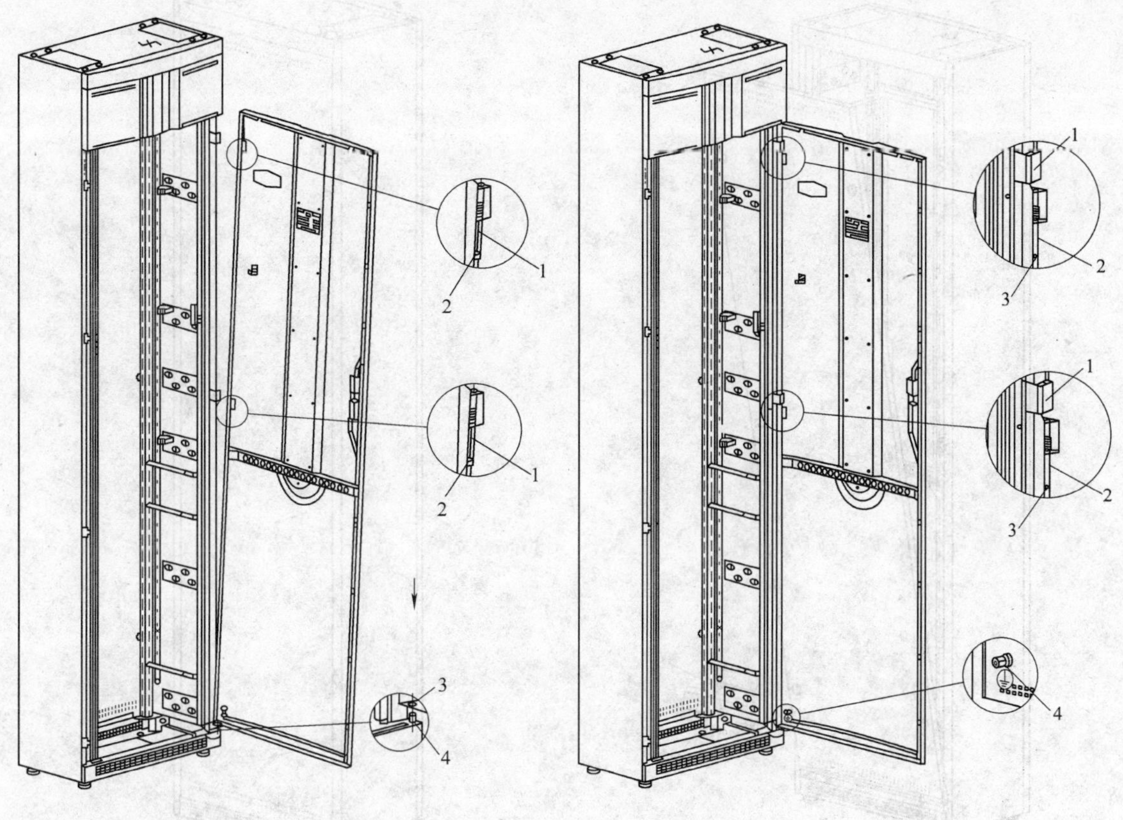

图 3-8　安装前门操作步骤 1

1—门轴　2—门轴挡板　3—轴孔　4—轴销

图 3-9　安装前门操作步骤 2

1—轴套　2—门轴　3—门轴挡板　4—柜门接地端子

销，慢慢放下后门，使定位销穿入定位孔，如图 3-10 所示。

2）定位销完全进入定位孔后，将后门慢慢推至竖直并与机柜间密合后，用固定螺钉将后门固定在机柜上，后门安装完毕，如图 3-11 所示。

3.3.2　标签制作

1. 标签制作要求

为使线缆、光纤的连接关系清晰、明确，便于设备的调试、维护，应对设备、连接线缆和配线架等进行必要的标识。标签内容要求打印，一般不允许手写，其基本格式要求为：站点名为四号字，其余为小五号字，黑体、加粗，上下左右均居中，如果字数过多字号可相应减小。

2. 各种标签制作

（1）设备标签　设备标签采用专用贴纸，贴纸形式如图 3-12 所示。建议将标签粘贴在机柜醒目位置。

1）设备标签内容。设备标签内容应包括本端站点名称、设备编号、用户名称及合同号等信息。站点名称宜采用与网管系统中一致的站点名称，设备编号格式为 XA，具体要求见表 3-1。

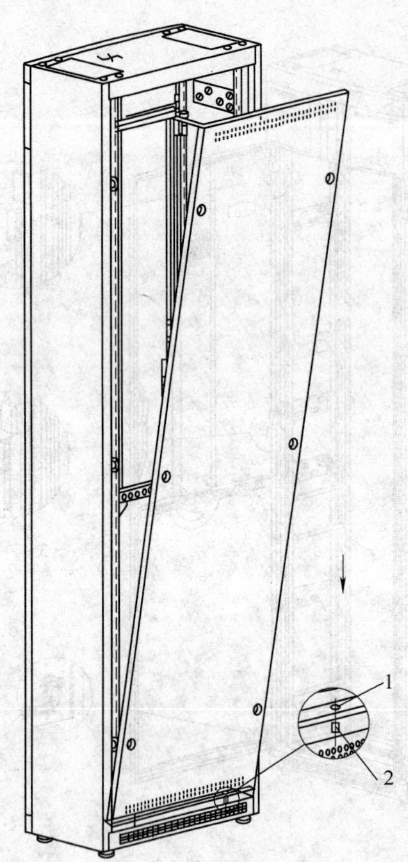

图 3-10 安装后门操作步骤 1

1—定位孔 2—定位销

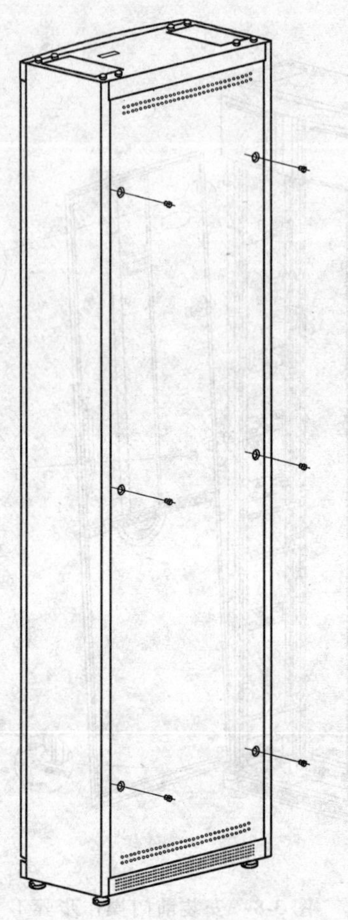

图 3-11 安装后门操作步骤 2

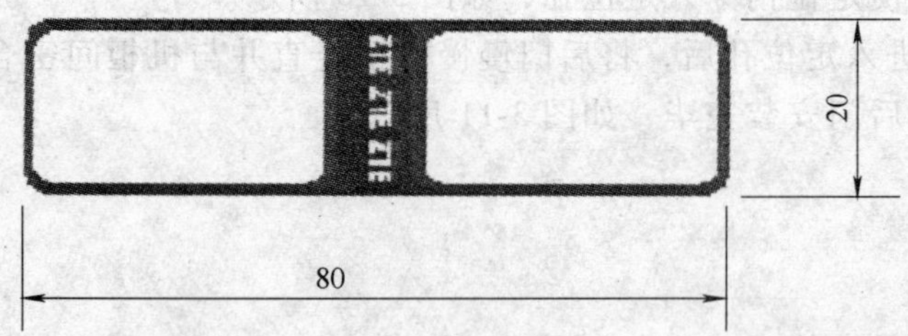

图 3-12 贴纸形式

表 3-1 设备编号格式定义

编号内容	含 义	定 义
XA	X：系统名称（字母）	WM：DWDM 设备 SM：SDH 设备 PW：电源设备等
	A：系统编号（数字）	一个站点内的设备机柜统一编号，不得重复

2）设备标签示例。XX 通信公司北京市局的 1# SDH 设备，其设备名称标签如图 3-13 所示。

图 3-13　设备名称标签示例

（2）光纤标签

1）光纤标签形式及粘贴位置。光纤的两端应当各用一张标签进行标识，标签采用专用贴纸，尾纤标签的尺寸如图 3-14a 所示。标签粘贴位置宜选择在距离光纤连接头 1～2cm 处，如图 3-14b 所示。

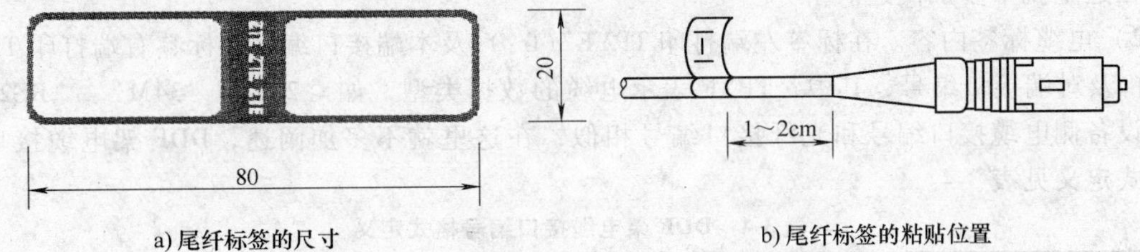

图 3-14　光纤标签的尺寸及粘贴位置

2）光纤标签内容。在标签左端打印 OPTICAL（fr:）及本端接口编号，标签右端打印 OPTICAL（to:）及对端接口编号，设备光纤接口编号格式定义见表 3-2，ODF 架光纤接口编号格式定义见表 3-3。

表 3-2　设备光纤接口编号格式定义

编号内容	含义	定义	举　例
XA-B-C-D	XA：设备编号	与设备名称标识要求相同，见表 3-1	如：SM01
	B：子架号（数字）	排序由上向下递增，独立安装的设备或机架内仅有一个子架时为 1	1
	C：板位号（数字）	根据设备板位号定义填写	子架板位号 01～15，排序由右往左
	D：端口号（数字和字母）	多光口排序左上角默认为 1，由左往右，由上往下递增。下列光口统一用字母定义 T：out（如果是 out2，则为 2T） R：in（如果是 in2，则为 2R）	OIBID 板光口由上至下分别为：1T，1R，2T，2R

表 3-3　ODF 架光纤接口编号格式定义

编号内容	含　义	定　义	举　例
XA-B-C-D	X：系统名称 A：系统编号	X：ODF A：ODF 架编号	ODF03
	B：单元模块号	接口所在 ODF 单元模块编号	3
	C：行号或列号	行号后加“R”（ROW） 列号后加“L”（LINE）	2R（或 2L）
	D：端口号	光接口编号	7

3）光纤标签举例。光纤由“SM01 机架、1#子架、07 板位、发送光口”到“3#ODF、3#模块、第 3 列、7#接口”，则设备侧的光纤标签内容如图 3-15 所示。

图 3-15　设备侧的光纤标签内容

（3）电缆标签

1）电缆标签形式及粘贴位置。电缆标签形式及粘贴位置和光纤标签形式及粘贴位置相似，在这里就不多加阐述。

2）电缆标签内容。在标签左端打印 TPYE（fr:）及本端接口编号，标签右端打印 TPYE（to:）及对端接口编号，其中，TPYE 表示电缆的数据类型，如“2M”、“34M”、“RS232”等。设备侧电缆接口编号和光纤接口编号相似，在这里就不多加阐述，DDF 架电缆接口编号格式定义见表 3-4。

表 3-4　DDF 架电缆接口编号格式定义

编号内容	含　义	定　义	举　例
XA-B-C-D	X：系统名称 A：系统编号	X：DDF A：DDF 架编号	DDF03
	B：单元模块号	接口所在 DDF 单元模块编号	3
	C：行号或列号	行号后加“R”（ROW） 列号后加“L”（LINE）	2R（2L）
	D：端口号	端口编号	7

3）电缆标签举例。由“SM01 机柜、1#子架、02 板位、10#端口”到“DDF03. 3#模块、第二列、7#端口”的 2M/bit/s 电缆，中兴通讯设备侧的电缆标签内容如图 3-16 所示。

图 3-16　中兴通讯设备侧的电缆标签内容

（4）电源标签

1）电源标签形式及粘贴位置。电源标签采用专用贴纸，贴纸形式与电缆标签相同，在这里不多加阐述。

2）电源标签内容。标签左端打印 POWER（fr:）及本端电源端口编号，右端打印 POWER（to:）及对端电源端口编号。设备侧电源端口编号格式定义见表 3-5，用户侧电源端口编号格式定义见表 3-6。

表 3-5　设备侧电源端口编号格式定义

编号内容	含　义	举　例
XA-B-D	XA：设备编号，见表 3-1	如：SM01
	B：电源线种类	如：PGND，-48V，GND
	D：端口号	如：A，B

表 3-6　用户侧电源端口编号格式定义

编号内容	含　义	举　例
XA-B-C-D	XA：设备编号，见表 3-1	如：PW03
	B：电源线种类	如：PGND，-48V，GND
	C：行号或列号	如：2R，2L
	D：端口号	如：15

3）电源标签举例。由“SM01 机柜、端口 A”到“用户侧 PW03 机柜、第二列、5#端口”的 -48V 电源线，其标签内容如图 3-17 所示。

图 3-17　电源标签内容

3. 粘贴标签

粘贴标签的具体要求如下：

1）标签粘贴前应清洁粘贴位置，保证没有灰尘和异物。

2）粘贴过程中注意不可触摸标签的粘贴面，以防标签粘贴不牢。

3）粘贴电缆和光纤的标签时，应将线缆平放在贴纸中央，然后对折贴纸两端，使粘贴面相对粘在一起，要求对折要整齐，不能露出明显的白边。

4）粘贴后注意对两个粘帖面连接的根部应左右折一下，或采用碾压的办法压紧，防止贴纸根部开叉。

3.3.3　线缆检查与布放

1. 内部线缆检查

ZXMP S320 设备为紧凑型设计，内部线缆仅包括一条从机箱后背板到风扇单元插座的风扇电源电缆，进行内部线缆检查时应对此线缆的连接情况进行检查。风扇电缆采用 4 根多股导线，规格为 RV-0.5-28/0.15，风扇电缆如图 3-18 所示。

风扇电缆的一端装有 4 芯插头，连接到 ZXMP S320 机箱后背板的风扇插座（FAN），另一端连接到风扇单元的 20 芯矩形插座。风扇电缆的长度为 0.2m。每组风扇电缆包括 4 根导线，其中 3 根蓝色、1 根黑色，风扇电缆的色谱及连接关系见表 3-7。

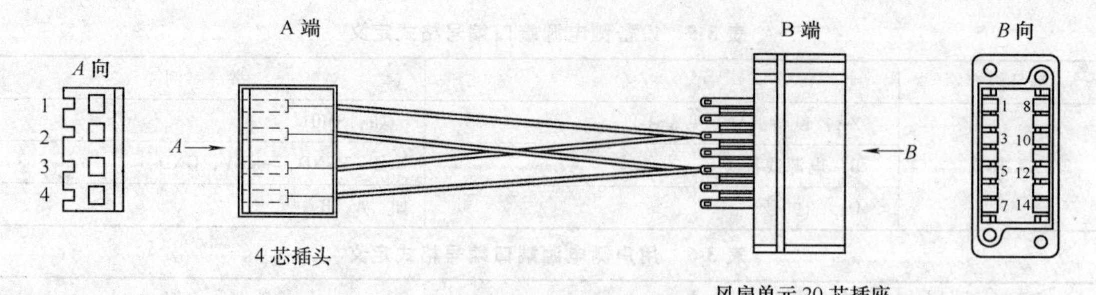

图 3-18 风扇电缆

表 3-7 风扇电缆的色谱及连接关系

导线编号	导线颜色	A端插头针脚号	B端插座针脚号	信号定义
W1	黑	1	3	-48V地（24V）
W2	蓝	2	5	-48V（24V地）
W3	蓝	3	10	FAN1
W4	蓝	4	12	FAN2

2. 线缆的布放要求

1）电缆布放的路由走向、布放位置等均应符合施工图设计要求，每条线缆的布线长度应根据实际位置而定，布放后的线缆不得有断线和中间接头。

2）布放电缆时，不得拖拉、挤压电缆，对于沿墙敷设的电缆，均应穿套管加以保护。

3）在走线槽中电缆应顺直排放整齐，拐弯均匀、圆滑，外径不大于12mm的各种电缆曲率半径应不小于60mm，外径大于12mm的电缆弯曲率半径应不小于其外径的10倍。

4）电缆在槽道中应顺直，不得越出槽道，挡住其他进出线孔，在电缆出槽道部位或电缆拐弯处应绑扎、固定。

5）光纤、电缆、电源线在同一槽道中布放时，每种线缆应分开布放、各走一边，不可交叠、混放。

6）当电缆过长时，可以在机柜顶部、底部或槽道中间进行盘留，盘留后的线缆不得堆压在其他线缆上。

3. 线缆的绑扎要求

1）插头附近的电缆应按布放顺序进行绑扎，应防止电缆互相缠绕，电缆绑扎后应保持顺直，水平电缆的扎带绑扎位置高度应相同，垂直线缆绑扎后应能保持顺直，并与地面垂直，如图3-19所示。

2）选用扎带时，应视具体情况选择合适的扎带规格，尽量避免使用多根扎带连接后并扎，以免绑扎后强度降低。扎带扎好后应将多余部分齐根平滑剪齐，在接头处不得带有尖刺，如图3-20所示。

3）电缆绑扎成束时，扎带间距应为电缆束直径的3~4倍，如图3-21所示。

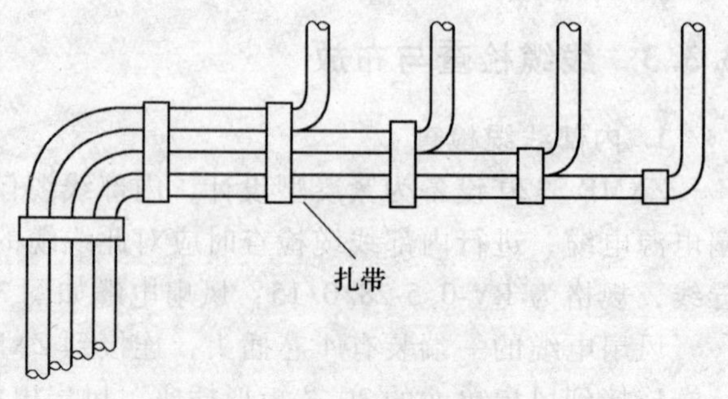

图 3-19 插头附近电缆绑扎示意图

4）绑扎成束的电缆转弯时，扎带应扎

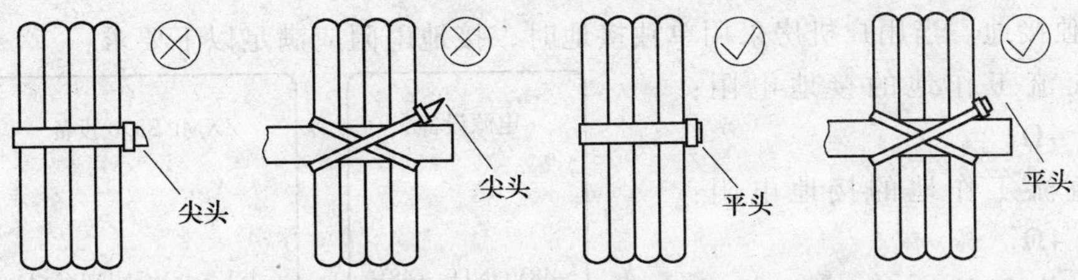

图 3-20　扎带剪切要求示意图

注：图中打“✓”的为正确的绑扎形式，打“×”的为错误的绑扎形式，后同。

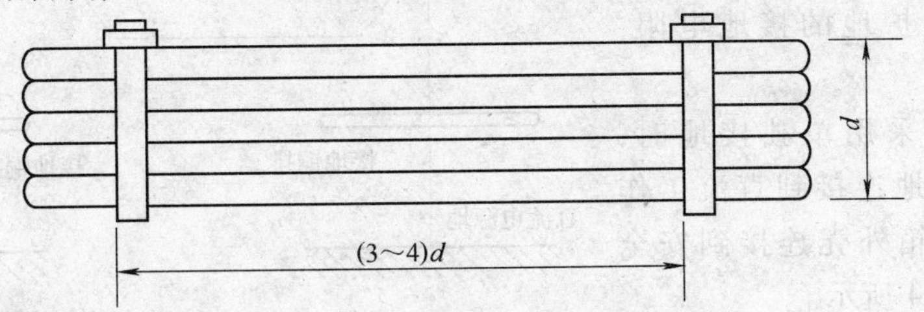

图 3-21　电缆绑扎成束时的扎带示意图

在转角两侧，以避免在电缆转弯处用力过大造成断芯的故障，如图 3-22 所示。

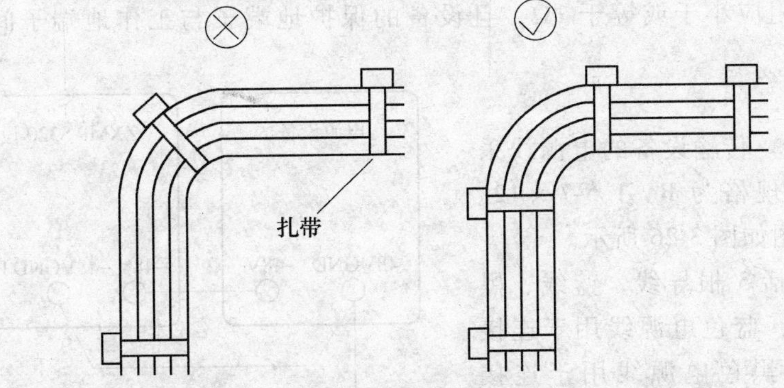

图 3-22　绑扎成束的电缆转弯时的扎带示意图

5）机柜内电缆应由远及近顺序布放，即最远端的电缆应最先布放，使其位于走线区的底层，布放时尽量避免线缆交错，如图 3-23 所示。

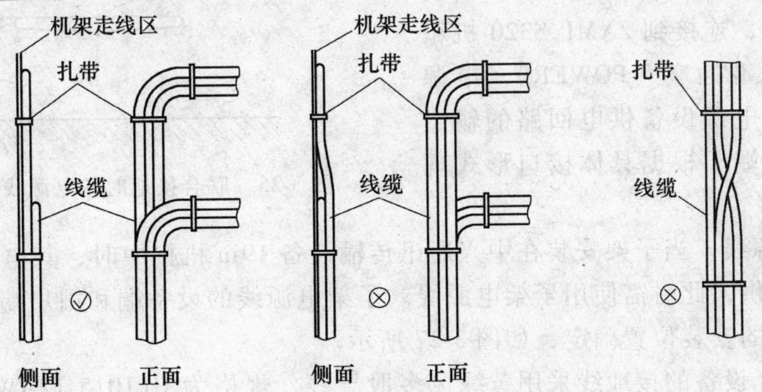

图 3-23　机柜内电缆的布放要求示意图

4. 电源线、地线的连接

（1）连接关系

1）单独接地。当用户机房采用单独接地时，接地电阻应满足以下要求：

① 交流工作地的接地电阻：小于或等于4Ω。

② 直流工作地的接地电阻：小于或等于4Ω。

③ 安全保护地的接地电阻：小于或等于4Ω。

④ 防雷保护地的接地电阻：小于或等于4Ω。

当用户机房采用单独接地时，传输设备的工作地连接到直流工作地，保护地和机箱外壳连接到安全保护地，如图3-24所示。

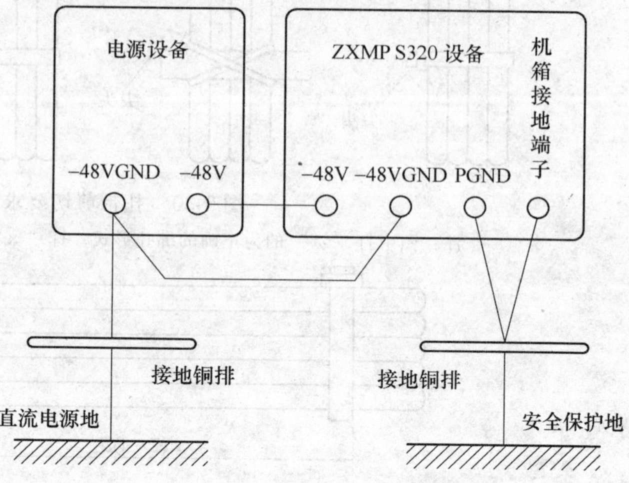

图3-24 单独接地时的电源线、地线连接

2）联合接地。当用户机房采用联合接地时，设备的工作地连接到工作地铜排，保护地和机箱外壳连接到保护地铜排，如图3-25所示。接地电阻应小于或等于1Ω，且设备的保护地端子与工作地端子间电压应小于50mV。

（2）线缆说明

1）外部电源线。传输设备的电源线采用3根多股导线，规格为RV-1.5-7×12/0.15，电源线示意图如图3-26所示。

每组电源线包括3根导线，蓝线、黑线和黄绿线各一根，蓝色电源线用于连接-48V（24V地），黑色电源线用于连接-48V地（24V），黄绿色保护地线用于连接保护地，每种颜色的导线必须按照对应关系使用，不可混用。电源线的设备端装有6芯连接插头，连接到ZXMP S320机箱后背板的6芯电源插座（POWER）。电源线的用户端连接电源设备供电回路的输出端，用户端连接端子根据具体接口形式现场加工。

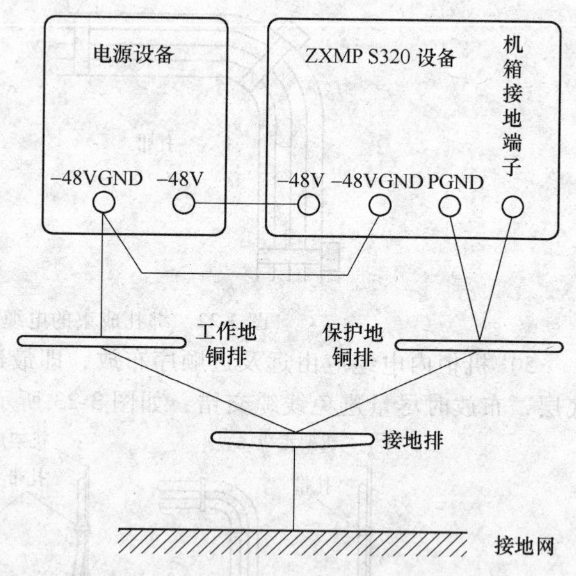

图3-25 联合接地时的电源线、地线连接

2）子架电源线。当子架安装在中兴通讯传输设备19in机柜中时，其电源可以由机柜的子架电源端口提供，此时需使用子架电源线。子架电源线的设备端和用户端装有6芯连接插头，长度按子架的安装位置确定，如图3-27所示。

3）接地线。设备的接地线采用黄绿色多股导线，规格为UL1015 12AWG，接地线示意图如图3-28所示。

地线的设备端装有RV34的线鼻子，连接到设备上的接地端子，地线的用户端连接机房保护地，用户端连接端子根据具体接口形式现场加工。

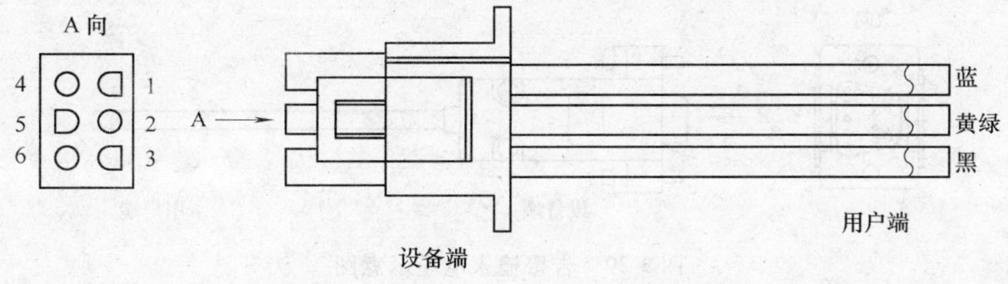

图3-26　电源线示意图

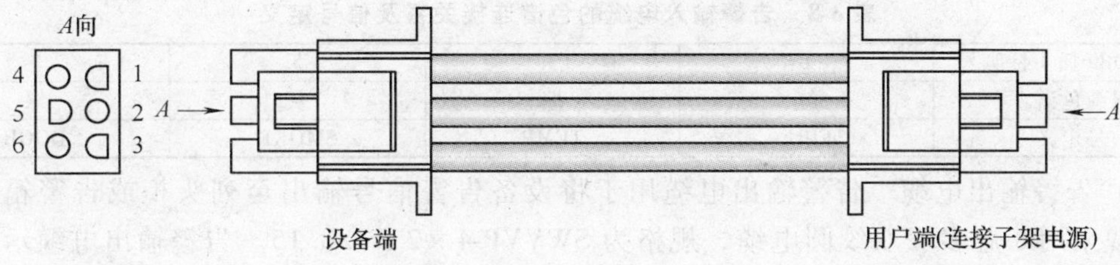

图3-27　子架电源线示意图

(3) 连接步骤

1) 根据施工图设计要求及建设单位意见，确定为传输设备供电的电源设备供电回路端口位置及接地排的接线位置。

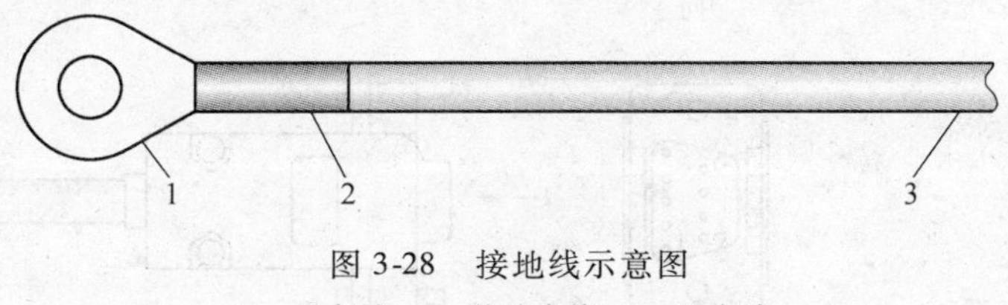

图3-28　接地线示意图

1—设备端　2—热缩套管　3—用户端

2) 根据施工图设计要求并结合现场实际情况确定线缆走线路径，按照实际路径裁剪电源线及地线，将电源线两端标识清楚，并按走线路径进行敷设。

3) 确认已切断为设备供电的回路开关及设备侧的电源开关，将电源线、地线的设备端连接到设备的电源接口和接地端子。

4) 根据供电回路端口形式及接地排接线形式现场制作电源线、地线用户端的接线端子。

(4) 布防要求

1) 在电源线及地线的敷设过程中，应事先精确测量机房直流电源设备的接线端到设备电源插座的距离，并预留足够的长度。如果在敷设的过程中发现线缆长度不够，应重新更换电缆敷设，不得在线缆中间做接头。

2) 光纤、电缆、电源线在同一槽道中布放时，每种线缆应分开布放、各走一边，不可交叠、混放。

3) 交流电源线和直流电源线一起布放时，二者至少应保持50mm的间隔。

5. 对外接告警电缆的连接

(1) 告警输入电缆　告警输入电缆用于将告警开关量信号接入设备背板的开关量输入接口。告警输入电缆采用4芯多股柔软圆电缆，规格为SBVV-2×2×7/0.15。告警输入电缆示意图如图3-29所示。

告警输入电缆的设备端装有DB9插头（带针），连接到背板的开关量输入插座（SMTH-

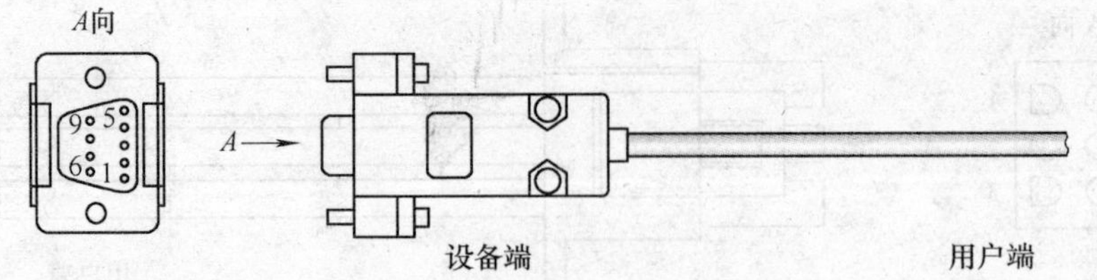

图 3-29 告警输入电缆示意图

ING INPUT)。告警输入电缆的用户端与用户监控设备相连，用户端连接端子现场制作。告警输入电缆的色谱连接关系及信号定义见表 3-8。

表 3-8 告警输入电缆的色谱连接关系及信号定义

设备端 DB9 插头针脚号	1	3	5	7
电缆色谱	红	棕	灰	绿
信号定义	FIRE	TEMP	SMOKE	DOOR

(2) 告警输出电缆 告警输出电缆用于将设备告警信号输出至列头柜或告警箱。告警输出电缆采用 8 芯多股双绞圆电缆，规格为 SWVVP-4 ×2 ×7/0.15。告警输出电缆示意图如图 3-30 所示。

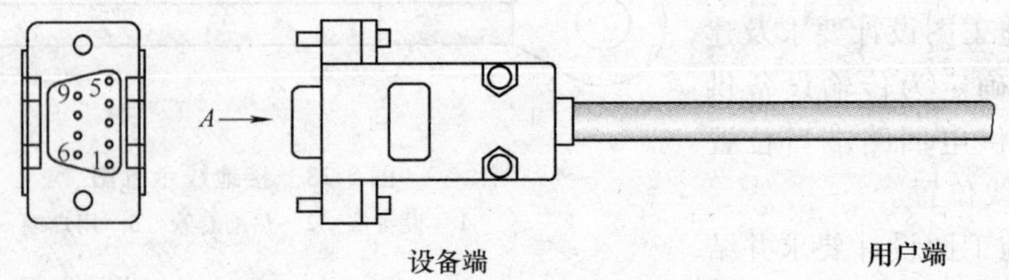

图 3-30 告警输出电缆示意图

告警输出电缆的设备端装有 DB9 插头（带针），连接到背板或前出线组件的告警输出插座（ALARM)。告警输出电缆的用户端与用户列头柜、告警箱等相连，用户端连接端子现场制作。告警输出电缆的色谱连接关系及信号定义见表 3-9。

表 3-9 告警输出电缆的色谱连接关系及信号定义

设备端 DB9 插头针脚号	1	3	4	5	6	7	8	9
电缆色谱	白	蓝	白	橙	白	绿	白	棕
信号定义	MIN1	MAJ1	CRI1	PWR -	MIN2	MAJ2	CRI2	PWR +

6. 网线的连接

网线采用 5 类网线，规格为 UTP CAT5，网线外形如图 3-31 所示。

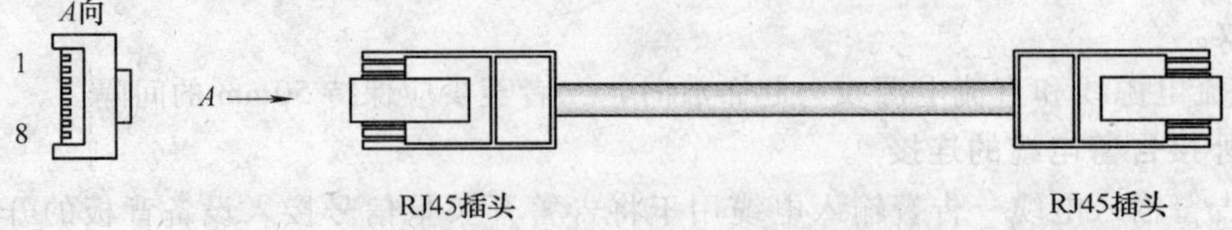

图 3-31 网线外形

根据网线制作时色谱连接关系的不同，网线分为交叉网线和直通网线。

(1) 交叉网线 交叉网线用于直接连接传输设备和网管计算机，交叉网线的两端都带有 RJ45 插头，一端连接到背板或前出线组件的网管接口插座（Q_x），另一端与网管计算机相连。交叉网线的色谱连接关系见表 3-10。

表 3-10　交叉网线的色谱连接关系

设备端 RJ45 插座针脚号	1	2	3	6	4	5	7	8
五类网线色谱	白	蓝	白	橙	白	绿	白	棕
用户端 RJ45 插座针脚号	3	6	1	2	4	5	7	8

（2）直通网线　直通网线用于通过 HUB 连接 ZXMP S320 设备和网管计算机，直通网线的两端都带有 RJ45 插头，一端连接到背板或前出线组件的网管接口插座（Q_x），一端与 HUB 网络设备（如 HUB）相连。直通网线的色谱连接关系见表 3-11。

表 3-11　直通网线的色谱连接关系

设备端 RJ45 插座针脚号	1	2	3	6	4	5	7	8
五类网线色谱	白	蓝	白	橙	白	绿	白	棕
用户端 RJ45 插座针脚号	1	2	3	6	4	5	7	8

7. 业务电缆的连接

（1）75Ω 2Mbit/s 电缆　75Ω 2Mbit/s 电缆采用 75Ω 单股同轴电缆，如图 3 32 所示，规格为 SYV-75-2-1/0. 32。

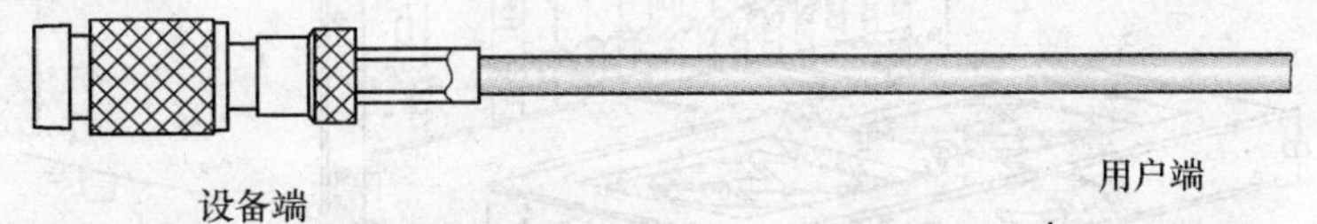

图 3-32　75Ω 2Mbit/s 电缆示意图

75Ω 2Mbit/s 电缆的设备端装有 CC4 射频连接插头，连接到前出线组件/ETB/ETC/TSA 板上的同轴插座。75Ω 2Mbit/s 电缆的用户端与 DDF 架等用户设备相连，用户端连接端子现场制作。

（2）120Ω2Mbit/s 电缆　120Ω 2Mbit/s 电缆基本连接方法同上，这里不再详述。

（3）34/45Mbit/s 电缆　34/45Mbit/s 电缆用于 TST 板 34/45Mbit/s 信号的输出。34/45Mbit/s 电缆采用 75Ω 单股同轴电缆，规格为 SYV-75-2-1/0. 32。34/45Mbit/s 电缆示意图如图 3-33 所示。

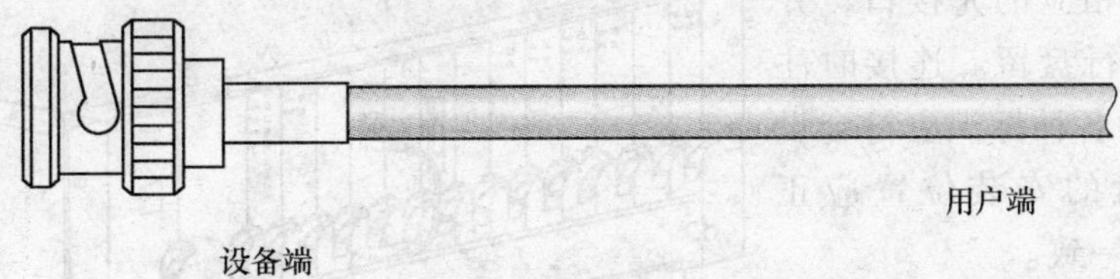

图 3-33　34/45Mbit/s 电缆示意图

34/45Mbit/s 电缆的设备端装有 BNC 插头，连接到 TST 板上的 BNC 插座。34/45Mbit/s 电缆的用户端与 DDF 等用户设备相连，用户端连接端了现场制作。

8. 光纤连接

（1）光纤布放　光纤连接分为后出纤和前出纤两种方式，两种方式的光纤布放方法是一样的。下面以后出纤方式说明光纤连接的基本步骤。

1）首先将风扇单元和光纤托板拉出，将光纤插头用防护帽盖好后，从机箱背面的光纤过孔放入机箱，如图 3-34 所示。

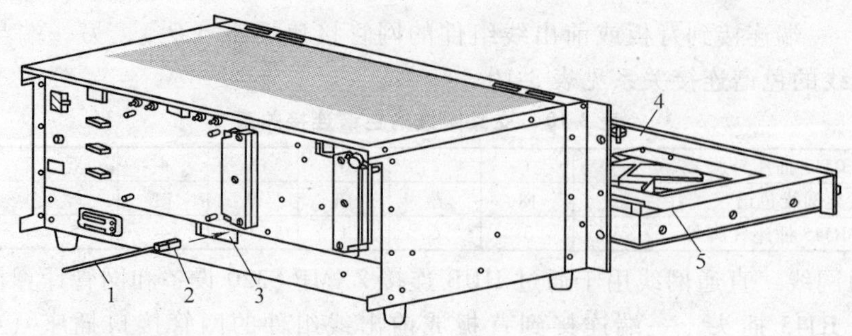

图 3-34 后出纤连接示意图 1

1—光纤 2—光纤插头（带防护帽） 3—光纤过孔 4—光纤托板 5—风扇单元

2）从机箱正面把光纤拉出后平铺到光纤托板上，将光纤放入光纤托板上的光纤固定夹，如图 3-35 所示。

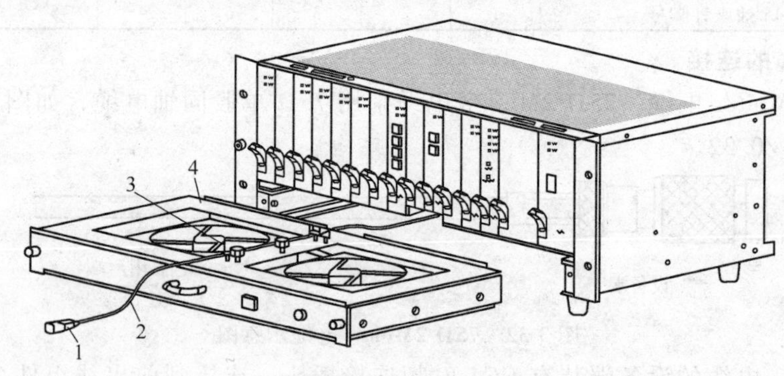

图 3-35 后出纤连接示意图 2

1—光纤插头（带防护帽） 2—光纤 3—光纤固定夹 4—光纤托板

3）把光纤托板装回原处，除去光纤插头的防护帽，将光纤连接到相应的光接口，然后从背板上的光纤过孔小心地将光纤拉出，直到光纤在机箱内顺直无堆叠，最后装上风扇插箱，如图 3-36 所示。

4）将光纤的用户端接入 ODF 架等用户设备上相应的光接口，并将剩余的光纤进行盘留。连接时注意检查 ODF 架的各种标识应符合设计要求，法兰盘的安装位置应正确、牢固、方向一致。

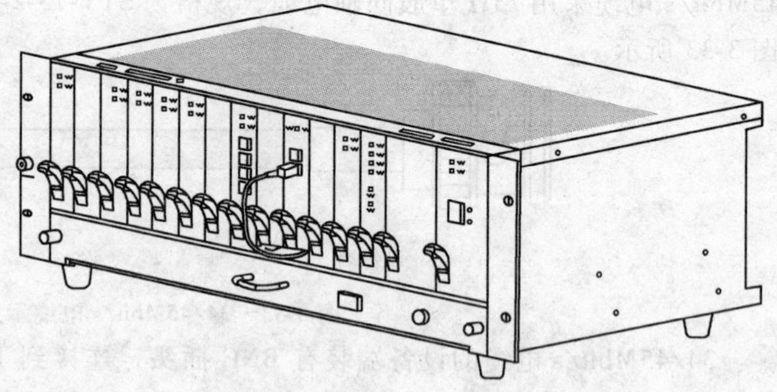

图 3-36 后出纤连接示意图 3

（2）光纤的布放要求

1）对于光纤在走线架、槽道或架顶的裸露部分，以及光纤进出设备机柜、走线架的拐弯处时，均应对光纤加以固定并穿保护软管加以保护。

2）光纤在设备和 ODF 架侧的路由走向和预留长度应符合施工图设计要求或各自的安装要求。

3）光纤布放时，应尽量减少转弯，绑扎应松紧适度，不得过紧。在走线架上布放时，应和其他线缆分开放，严禁将光纤和其他线缆混放一起，不能让其他线缆压在光纤上面。光纤一般应加套管保护，多余光纤绕圈绑扎于机柜顶部或底部不易碰到的地方，编扎后的光纤应顺直，无明显纽绞。

4）光纤极其细微，操作时要轻拿轻放，光纤的弯曲半径和受力情况应满足相关要求。

5）光纤连接应小心仔细，并注意光器件的防尘，在连接光纤前应用酒精棉将光纤头擦拭干净。

6）光纤、电缆、电源线、地线同槽布放时，光纤在走线槽内单独走一边，电缆、电源线和地线走另一边，不能交叠、混放。

7）光纤的走向路径应符合施工图设计文件的规定。

8）光板上闲置的光接口应安装防护帽。

3.3.4　硬件设备安装检查

1. 常规检查

（1）19in 机柜、设备子架安装检查

1）19in 机柜安装后，机柜稳固不动，整齐美观。

2）并排机柜安装时，间隙均匀且小于 3mm，整排机柜要求在同一平面。

3）19in 机柜的水平、垂直度偏差小于机柜高度的 1‰。

4）机箱、机柜的所有紧固件全部拧紧，各种零部件无脱落或损坏，设备标识正确、齐全、清晰。

5）设备在机柜内的安装位置不影响设备出线和维护操作。

6）机箱、机柜外壳接地良好，防静电手环已安装。

（2）线缆检查

1）线缆规格、型号正确，满足设备运行和设计要求。

2）所有线缆的连接关系正确，无错接、漏接。

3）线缆插头与插座应连接紧固，无松动现象，插座、插头无缺针、弯针。

4）线缆布放与绑扎符合要求。

（3）清理现场

1）扫除机柜内、走线槽内及架空地板下的线头、杂物，使机柜内整洁无尘。

2）清洁设备外壳、单板面板，清洁维护桌椅，网管终端摆放整齐。

3）打扫机房，清理地面杂物，使机房内整洁无尘。

2. 上、下电检查

设备断电将使设备退出运行状态，导致本网元业务全部中断。鉴于传输设备在网络中的重要性，设备一旦投入使用，为保障传送的业务不中断，应尽量避免进行断电操作。

（1）上电步骤

1）确认设备的硬件安装和线缆布放完全正确，设备的输入电源符合要求，设备内无短路现象。

2）接通供电回路开关，电源板上红色指示灯亮，但亮度较暗。

3）将风扇单元开关置于“ON”，风扇上电运转。如果风扇运转不正常应检查内部电缆的连接或更换风扇。

4）将电源板上的电源开关置于“ON”，单板上电，观察各单板运行状态是否正常。

（2）下电步骤

1）将电源板上的电源开关置于“OFF”，单板下电。

2）将风扇单元开关置于“OFF”，风扇下电。

3）切断供电回路开关，设备下电。

【扩展知识】

3.4　设备包装、运输和存储

3.4.1　设备包装

设备包装包括机柜包装件、单板包装件、电缆、随机资料等包装件。每个包装件外部都有明显标识，如型号、产品名称、放置方向及防潮、易碎、防水、堆码层数等标识。附件的包装一般是用塑料袋包装后放入通用包装箱中，间隙用泡沫板填充。产品随机资料、系统清单、合格证、保修卡和质量跟踪卡放入大纸箱中，此纸箱一般标记为1号箱。电缆均用纸箱包装。

3.4.2　设备运输及搬移

产品运输应用专门的集装箱，产品和部件在运输车上的堆放应整齐有序、紧凑、合理、安全可靠，以防止在运输过程中由于晃动而引起货物的损伤。木箱堆放层最多为3层，纤维板箱最多堆放2层，纸箱最多堆放4层。需要注意，计算机、单板类应放在运输车上部，电缆类应放在下部。

在长途运输时，设备不得装在敞篷的船或车厢内，中途转运时不得放在露天的仓库中，在运输过程中不允许与易燃、易爆、易腐蚀的物品同车装运，产品部件不允许经受雨、雪或其他液体的淋洗或遭受机械损伤；运输中远离强磁、强辐射物品。包装后的产品及部件在运输起吊时应注意不得倒置。

在搬移过程中，叉车每次最多只能叉装两个机柜包装箱，且操作上升的最大高度必须在允许的范围之内，产品部件位置必须落在叉车重心上。

3.4.3　设备存储

产品部件存储时应放在原包装内，要注意产品部件的齐全。存放产品的仓库应布放有序，有库存数量标识。环境清洁干燥，温度为 -5～45℃，相对湿度5%～95%，库内应有防潮、防尘、防震、防腐蚀等设施，建议配置空调照明设备。存储期一般不超过半年。

3.5　接地网络的基本要求

3.5.1　接入网的接地要求

1）机房的接地由水平接地汇集线引入，水平接地汇集线可靠接入联合接地体的垂直接地总汇集线上，接入设备的各个机架设备的保护接地线就近引入水平接地汇集线。

2）配线架的保护地线汇集线就近连接到接地总汇集线，当配线架与接地总汇集线距离较远时，应以截面积不小于 $25mm^2$ 的多股铜导线连接至进线接地分汇集线。

3）各种设备的机框以及机门与机架应有良好的搭接，并且接到保护地汇集线。

4）机房内地线的布置方式可以采用辐射式或平面式，机房内所有接入设备需要就近分接地汇集线上接地，但不得通过安装加固螺栓与建筑钢相碰形成的电气连接来实现接地。

3.5.2　地线要求

1. 接地材料要求

接地线要采用良导体（铜）导线，不准使用裸导线布放。汇流排采用铜排或镀锌扁钢。

2. 地线截面积、长度要求

（1）地线总汇流排（接地总汇集线）要求　宜采用不小于用 $40\times4mm^2$ 铜排或 $50\times5mm^2$ 镀锌扁钢或截面积不小于 $150mm^2$ 的多股铜导线，钢与铜的连接处应用气焊焊接。地线总汇流排应通过接地引入线就近与地网连接。

（2）接地引入线要求　材料可采用热镀锌扁钢或铜排。宜采用不小于 $40\times4mm^2$ 铜排或 $50\times5mm^2$ 镀锌扁钢或截面积不小于 $120mm^2$ 的多股铜导线，做绝缘处理。通信局（站）的接地引入线长度应不大于30m，接地引入线应避免从利用建筑物钢筋作为雷电引下线的柱子附近引入。

（3）数据线用SPD以及其他类型SPD的接地线要求　数据线用SPD截面积应不小于 $2.5mm^2$，材料为多股铜线，长度应小于1m，且应就近接地。电源用模块式SPD的接线端子与相线和中性线之间的连接线长度应小于0.5m，SPD接地线的长度应小于1m，且应就近接地。

（4）配线架保护接地线要求　配线架的保护地线用截面积不小于 $95mm^2$ 的多股铜导线，最好用截面积不小于 $3\times30mm^2$ 的铜排。

（5）机架接地线要求　用导线截面积不小于 $35mm^2$ 多股铜导线。

（6）机柜内GNDP线要求　用导线截面积不小于 $16mm^2$ 多股铜导线，具体根据最大故障电流确定。

（7）机柜内 -48V GND和GND线要求　用截面积不小于 $10mm^2$ 多股铜导线。

（8）220V保安器的保护地线要求　用截面积不小于 $50mm^2$ 多股铜导线。

3.5.3　地线连接要求

1）地线各连接处应实行可靠搭接和防锈、防腐蚀处理。

2）地线的连接要用接线鼻、螺栓及弹簧垫片紧固，严禁接地线直接用螺栓固定连接；铜与铜连接处应用气焊焊接。

3）接地铜线端子应采用铜鼻子，用螺母紧固搭接；镀锌扁钢应采用焊接方式连接，焊接长度不小于10cm；铜与铜连接处应用气焊焊接。

4）一个螺栓只能接一根地线。接地汇集线的大小和螺柱孔的数目应根据机房内设备的接地线数目而定。

3.5.4 接地电阻要求

1. 接地电阻的要求

根据站点容量、规模的不同，接地电阻要求见表3-12。

表3-12 接地电阻要求

适用范围	电阻/Ω
>10000线	<1
1500~10000线	<3
<1500线	<5

2. 地线连接电阻的要求

接地端子或接地接触件与需要接地的零部件之间的连接电阻不应超过0.1Ω。

3.6 防雷网络的要求和设计

3.6.1 防雷网络要求

接入网产品的电源输入及信号（网口）输入输出的防雷级别见表3-13。

表3-13 电源输入及信号（网口）输入输出的防雷级别

防雷端口	主要参数
直流电源	线—地：1kV
	线—线：1kV
以太网口	1kV

接入设备机房需要进行机房的防雷设计，机房防雷要求达到B级防雷，设备防雷达到C、D级防雷要求。各级防雷器的参数见表3-14。

表3-14 防雷器参数

防雷等级	主要参数	防雷电路位置
B级（初级防雷）	40kA	交流配电屏
C级（次级防雷）	20kA	直流配电柜
D级（末级防雷）	6000V	-48V电源

3.6.2 防雷网络设计

机房按照相关机房防雷设计标准设计建筑的避雷装置，并可靠接地。机房进线口加装B级防雷器，外部线缆进入机时的端口进线雷击防护。机架端口进线C、D级防雷设计，-48V端口加装20kA的一体化雷击防护器，用户线、E1线、以太网线等出机架的信号线均进线防雷设计，达到D级防雷的效果。

1. 中心机房电源防雷接地

交流电源应埋地（长度不小于15m）进入机房进线室（或电力室），B级防雷器安装在交流配电屏内，通过交流配电屏接水平接地分汇集线；C级防雷器通过直流电源柜接水平接地分汇集线；D 级防雷器通过整流器、直流电源柜接水平接地分汇集线。

2. 远端机房电源防雷接地

交流电缆应埋地（长度不小于 15m）进入远端机房。由于交流配电屏和直流电源柜均在同一机房内，因此，应注意 B 级防雷器和 C 级防雷器之间满足退耦距离要求。当保护地单独布线时，B 级防雷器与直流电源柜内的 C 级防雷器的距离应不小于 5m；当保护地与电源线并行布线时，两级防雷器的距离应不小于 15m。若条件所限不能达到，则应在 C 级防雷器前加装退耦电感（按 1.5μH/m 计算），B 级防雷器通过交流配电屏接机房保护地排，C 级防雷器通过直流电源柜接机房保护地排，D 级防雷器通过整流器，直流电源柜接机房保护地排。直流电源柜 -48V 地接机房工作地排，若机房无工作，地排则接保护地排。

【测试评估】

1. 任务引导问题单

任 务	任务3：硬件设备安装			学 时	2
所属项目	项目2：传输网组建	班 级		组 号	
1. 说明与要求					
1）本任务引导问题单是针对“硬件设备安装”这一任务编制，旨在引导学生更好地完成任务必备知识的学习，为计划决策、实施检查等后续环节做好资讯准备工作 2）要求学生以小组为单位，按照下列任务问题的引导，通过采取检索文献、查阅资料、小组讨论等方法进行预习，做好在课堂上汇报和解答的准备 3）在任务实施前完成并上交此表单，问题解答用白纸附在表单后					
2. 任务引导问题					
1）描述硬件设备安装的准备流程，对各步骤进行简要说明 2）硬件设备安装有哪些流程 3）机柜在不同环境安装的方法有何不同 4）电缆、光纤、设备、电源标签在制作、粘贴时有何异同 5）如何进行内部线缆检查 6）外部线缆布放、绑扎时应注意哪些要求 7）简要描述电源线、地线、告警电缆、业务电缆、网线、光纤的连接方法 8）硬件设备安装完成后要检查哪些内容					
任课教师签名			成绩评定		
日　期					

2. 任务实施单

任 务	任务3：硬件设备安装			学 时	2
所属项目	项目2：传输网组建	班 级		组 号	
1. 任务描述					
根据项目分解要求，项目建设 A 组要完成 M 县新建智能光城域网络硬件设备安装任务。硬件设备安装是传输网组建的重要环节，也是后面业务配置的基础。应严格根据原信息产业部《SDH 本地网光缆工程设计规范》执行，要遵守所在地的安全规范和操作规程，从而保障设备安装顺利安装到位					

（续）

2. 任务分析
通过对本任务进行分析，项目建设 A 组要完成 M 县新建智能光城域网络硬件设备安装任务，需要完成以下工作 1）机柜安装 2）标签制作 3）内部线缆检查 4）外部线缆布放 5）设备安装自检
3. 资讯准备
通过任务引导问题单和教师的引导，在前期资讯准备环节，学生对本任务必备知识进行了学习，应达到如下要求 1）掌握硬件设备安装的准备流程，熟悉各步骤具体内容 2）掌握硬件设备安装的基本流程 3）掌握机柜安装的方法和注意事项 4）掌握标签制作、粘贴的方法和注意事项，了解编号含义 5）熟悉内部线缆检查的方法 6）熟悉外部线缆布放、绑扎、连接的方法和注意事项 7）掌握硬件设备安装自检的方法
4. 计划决策
1）人员组织：请组长组织小组成员讨论，根据任务作好人员组织工作，明确分工。具体安排记录如下
2）器材准备：请组长组织小组成员讨论，确定任务实施所需器具和材料。具体清单记录如下
3）方案制订：请组长组织小组成员讨论，制订任务实施最优方案。具体方案用白纸记录附在后面
5. 实施检查
1）任务实施：按照计划决策环节制订的最优方案来实施任务。具体实施过程用白纸记录附在后面 2）能效检查：根据任务要求对实施结果的功能效果进行检查分析，找出故障和缺陷进行优化。具体检查分析和优化过程用白纸记录附在后面
6. 展示评估
1）展示汇报：请各小组选用合适的方法手段展示汇报任务实施情况 2）小组答辩：教师根据展示汇报情况对小组成员进行提问。具体教师提问及学生回答记录如下
3）成绩评定：从学生、组长、任课教师 3 个角度对学生完成本任务进行成绩评定，学生、组长、任课教师分别在学生自评表、小组评价表、教师评价表上按标准评分，并将成绩记录在个人的评价成绩汇总表上，从而可按比例核算出个人的任务过程评价总分

3. 任务评价

（1）学生自评

<table>
<tr><td colspan="5">“光传输网组建与维护”学生自评表</td></tr>
<tr><td>学生姓名</td><td></td><td>学号</td><td colspan="2"></td></tr>
<tr><td>任　务</td><td>任务3：硬件设备安装</td><td>组号</td><td colspan="2"></td></tr>
<tr><td colspan="2">评价内容</td><td>评分标准</td><td>自评分</td><td>备注</td></tr>
<tr><td rowspan="3">敬业精神</td><td>1）出勤情况</td><td rowspan="3">20</td><td rowspan="3"></td><td rowspan="3">迟到、早退一次扣2分，旷课一次扣5分，扣完为止，其他酌情评分</td></tr>
<tr><td>2）工作、学习任务参与度和积极性</td></tr>
<tr><td>3）吃苦耐劳、善于钻研的精神</td></tr>
<tr><td rowspan="7">专业能力</td><td>1）掌握硬件设备安装的准备流程，熟悉各步骤具体内容</td><td rowspan="7">60</td><td rowspan="7"></td><td rowspan="7">按全部掌握、较好掌握、基本掌握、部分掌握4档分别对应60分、48分、36分、20分评分</td></tr>
<tr><td>2）掌握硬件设备安装的基本流程</td></tr>
<tr><td>3）掌握机柜安装的方法和注意事项</td></tr>
<tr><td>4）掌握标签制作、粘贴的方法和注意事项，了解编号含义</td></tr>
<tr><td>5）熟悉内部线缆检查的方法</td></tr>
<tr><td>6）熟悉外部线缆布放、绑扎、连接的方法和注意事项</td></tr>
<tr><td>7）掌握硬件设备安装自检的方法</td></tr>
<tr><td rowspan="4">方法能力</td><td>1）收集整理信息、资料的能力</td><td rowspan="4">10</td><td rowspan="4"></td><td rowspan="4">按强、较强、一般、较差4档分别对应10分、8分、6分、3分评分</td></tr>
<tr><td>2）语言表达能力</td></tr>
<tr><td>3）提出问题、解决问题的能力</td></tr>
<tr><td>4）组织实施能力</td></tr>
<tr><td rowspan="3">社会能力</td><td>1）交流沟通能力</td><td rowspan="3">10</td><td rowspan="3"></td><td rowspan="3">按强、较强、一般、较差4档分别对应10分、8分、6分、3分评分</td></tr>
<tr><td>2）团队协作能力</td></tr>
<tr><td>3）安全、环保、责任意识</td></tr>
<tr><td colspan="3">总　分</td><td></td><td></td></tr>
</table>

（2）小组评价

“光传输网组建与维护”小组评价表								
任务	任务 3：硬件设备安装							
组号		学 号						
		学生姓名						
评价内容		评分标准	组长评分					
敬业精神	1）出勤情况	20						
	2）工作、学习任务参与度和积极性							
	3）吃苦耐劳、善于钻研的精神							
专业能力	1）掌握硬件设备安装的准备流程，熟悉各步骤具体内容	60						
	2）掌握硬件设备安装的基本流程							
	3）掌握机柜安装的方法和注意事项							
	4）掌握标签制作、粘贴的方法和注意事项，了解编号含义							
	5）熟悉内部线缆检查的方法							
	6）熟悉外部线缆布放、绑扎、连接的方法和注意事项							
	7）掌握硬件设备安装自检的方法							
方法能力	1）收集整理信息、资料的能力	10						
	2）语言表达能力							
	3）提出问题、解决问题的能力							
	4）组织实施能力							
社会能力	1）交流沟通能力	10						
	2）团队协作能力							
	3）安全、环保、责任意识							
总 分								
组长签名			日 期					

(3) 教师评价

“光传输网组建与维护”教师评价表			
班 级		组 号	
任 务	任务 3：硬件设备安装	任课教师	
评价阶段	评价内容	评分标准	教师评分
资讯准备	1）掌握硬件设备安装的准备流程，熟悉各步骤具体内容	20	
	2）掌握硬件设备安装的基本流程		
	3）掌握机柜安装的方法和注意事项		
	4）掌握标签制作、粘贴的方法和注意事项，了解编号含义		
	5）熟悉内部线缆的检查方法		
	6）熟悉外部线缆布放、绑扎、连接的方法和注意事项		
	7）掌握硬件设备安装自检的方法		
计划决策	1）人员组织安排	20	
	2）器材准备清单		
	3）任务实施方案		
实施检查	1）任务实施过程	40	
	2）任务检查优化		
展示评估	1）展示汇报	20	
	2）小组答辩		
总 分		日 期	

任务4　网管系统安装

【任务描述】

在光传输网系统硬件安装完毕后，要想实现系统的有效运行，还要进行系统网管网管软件的安装。在软件安装过程中要注意软件工作硬件平台和软件平台两个方面的因素，以保证软件系统的正常运转和将来软件的升级和改造。

【任务分析】

要完成传输网软件系统安装任务，需要完成以下工作：

1）系统运行环境确定。

2）系统软件的具体安装。

【任务教学设计】

<table>
<tr><td>任务</td><td colspan="2">任务4：网管系统安装</td><td>学时</td><td>4</td><td>所属项目</td><td>项目2：传输网组建</td></tr>
<tr><td>教学目标</td><td colspan="6">通过该任务的教学，使学生掌握光传输网网管系统安装的方法和技能，并在任务学习和实践过程中掌握网管系统安装涉及的必备知识。具体目标如下
1. 掌握SMN管理组织模型
2. 熟悉SMN管理功能，理解各功能内涵
3. 掌握E300软件系统结构
4. 掌握E300软件安装方法</td></tr>
<tr><td colspan="3">教学内容</td><td>学时</td><td colspan="2">教学环节</td><td>教学表单</td></tr>
<tr><td rowspan="3">技术必备</td><td colspan="2">1）SDH管理网（SMN）</td><td>1</td><td rowspan="3">资讯准备</td><td>引导预习</td><td rowspan="3">项目任务书、任务引导问题单</td></tr>
<tr><td colspan="2" rowspan="2">2）E300软件系统结构</td><td rowspan="2">1</td><td>汇报解答</td></tr>
<tr><td>课堂讲授</td></tr>
<tr><td rowspan="8">任务实施</td><td rowspan="8">E300软件安装</td><td rowspan="4">1）运行环境检查</td><td rowspan="8">2</td><td rowspan="3">计划决策</td><td>人员组织</td><td rowspan="3">项目任务书、任务实施单</td></tr>
<tr><td>器材准备</td></tr>
<tr><td>方案制订</td></tr>
<tr><td rowspan="2">实施检查</td><td>任务实施</td><td rowspan="2">项目任务书、任务实施单</td></tr>
<tr><td rowspan="4">2）软件系统安装</td><td>能效检查</td></tr>
<tr><td rowspan="3">展示评估</td><td>展示汇报</td><td rowspan="3">任务实施单、学生自评表、小组评价表、教师评价表、评价成绩汇总表</td></tr>
<tr><td>小组答辩</td></tr>
<tr><td>成绩评定</td></tr>
</table>

【必备知识】

4.1 电信管理网

4.1.1 电信管理网的基本概念

20世纪末以来，随着电信网络业务种类、数量和要求的急剧增加，网络变得越来越庞大和复杂，用于网络的运行、管理和维护（OAM）方面的投资也在逐年增加，有的甚至大大超出了信息网本身（传输、交换和接入）的投资。显然，传统的网络管理方法已经不能适应现代网络发展的需要了，因此，网管功能滞后和不统一的矛盾在电信网中显得越来越突出。如何保证网络能够高效、可靠、灵活地运行，保证网络的各个环节能够统一协调地工作，成为网络管理迫切需要解决的问题，电信管理网络（TMN）就是在这样的形势下产生的。

TMN是电信网的一个支撑网，是一个在概念上与被管理的电信网分离的网络。但同时它又在若干不同的点上与电信网有接口，用来向电信网发送信息或从电信网接收信息，达到管理和控制电信网运行的目的。TMN的基本概念是提供一个有组织的网络结构，以取得各种类型的操作系统之间、操作系统与电信设备之间的互连。根据ITU-T的建议，TMN是具有标准协议、接口和结构的管理网，实施对整个电信网的操作、管理和维护。TMN利用一个具备一系列标准接口（包括协议和消息规定）的统一体系结构来提供电信网管理的框架，从而使各种不同类型的操作系统（网管系统）与电信设备互连，实现电信网的自动化和标准化管理。其基本原理之一就是使管理功能与通信功能分离。集中式的管理和分布式的处理是TMN的突出特点。对于TMN，可以从不同角度和不同深度理解它：

1）从网管系统可支持持续建设的角度，TMN提出了方法论、体系结构、重用技术、管理业务和管理应用等多个层次的解决方法，可以根据实际情况选择一个或几个方法。这些方法是可以平滑过渡的。从网络管理技术综合的角度，TMN提出了一个开放的、支持综合各种技术的体系结构。

2）从网管系统互操作性的角度，TMN提供了一系列支持网管系统操作的标准接口。这一系列接口可以支持网管系统的水平互操作性、垂直互操作性。

3）从提高网管质量的角度，TMN在低层采用面向对象的方法和技术，使用了一系列用于提高网管系统质量的管理对象，可以支持各种动态的管理操作。

4）从标准和体制的角度，TMN可以是一系列标准，广义的标准多达200多个，在某一管理域来讲也有几十个。该系列的标准覆盖了基本概念、管理功能、管理模式、管理接口、体系结构、管理业务、使用方式、方法论、支撑工具（如描述语言和一致性测试）等规划、开发、使用、维护各个角度所需要的标准。

5）从网管系统结构的角度，TMN是一种支持网管系统各种使用方式的平滑过渡的网络结构。

由于TMN的建立，使整个电信网始终能够处于统一的操作和管理下，充分发挥了电信网的潜在能力，提高了网络的运行效率，降低了网络OAM（运行、维护管理）的成本，促进了网络技术和业务的发展。

TMN的基本目标是为电信管理提供一种框架，引入通用网管模型后，利用通用信息模型和标准接口可以实现多种不同设备的统一管理。TMN由操作系统（OS）、工作站（WS）、数据通信网（DCN）、网元（NE）组成。其中，操作系统和工作站组成网络管理（简称网管）中心，对整个电信网进行管理；网元是指网络中的设备，可以是交换设备、传输设备、交叉连接设备、复用设备和信令设备等；数据通信网则提供传输网管数据的通道。

TMN 与电信网的关系如图 4-1 所示。TMN 通过标准的接口协议实现不同的运营系统之间、运营系统与电信网的各部分之间以及不同的 TMN 之间的通信，交换管理信息，提供各种管理应用功能。同时，TMN 也常常利用电信网的部分设施（如 SDH 网络中基于 STM-*N* 的 DCC 字节所构成的通道）来提供通信联络，因而两者可以有部分重叠。

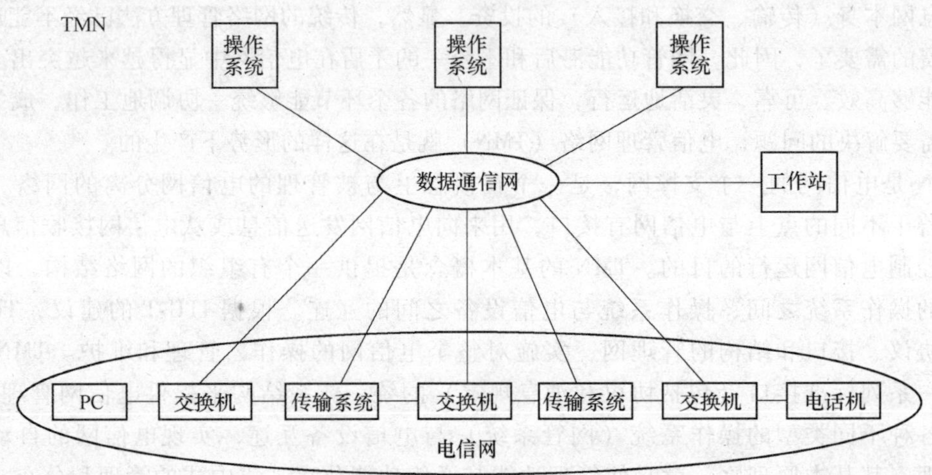

图 4-1 TMN 与电信网的关系

4.1.2 电信管理网的功能结构

TMN 的功能是对电信网的管理信息进行采集、传送和处理，为电信网的运行、管理和维护提供一系列的管理应用功能。TMN 的功能体系结构从逻辑上描述了 TMN 内部的功能分布，其基础是 TMN 功能块，把一个管理网络所能实现的功能分解为不同的功能块，每个功能块还可进一步分解为若干功能元件。功能块之间利用数据通信功能（DCF）传递信息，并由参考点隔开。TMN 功能块与参考点的关系如图 4-2 所示。

1. TMN 功能模块

TMN 的基本功能块有操作系统功能（OSF）、协调功能（MF）、网络单元功能（NEF）、Q 适配功能（QAF）和工作站功能（WSF）。

（1）操作系统功能（OSF） OSF 用来处理与电信网管理相关的信息，对电信网的通信功能和管理功能进行监控和协调，支持电信网管理应用功能的实现。OSF 的实现，依赖于大量的管理信息，因此 OSF 的具体任务是处理管理信息。

（2）协调功能（MF） 当两个功能块所支持的信息模型不同时，需要用 MF 进行中介，MF 块主要对 OSF 和 NEF 或 QAF 之间的信息进行传送处理，提供符合各功能模块接口信息要求的信息通道，使其满足通信双方的要求。MF 块典型的功能有协议变换、消息变换、信号变换、地址映射变换、路由选择、集线以及对传输信息进行存储、适配、过滤、压缩等功能。

（3）Q 适配功能（QAF） QAF 用于将那些不具备标准 TMN 接口的 NEF 和 OSF 连接至 TMN，完成 TMN 参考点与非 TMN 参考点之间的信息转换。

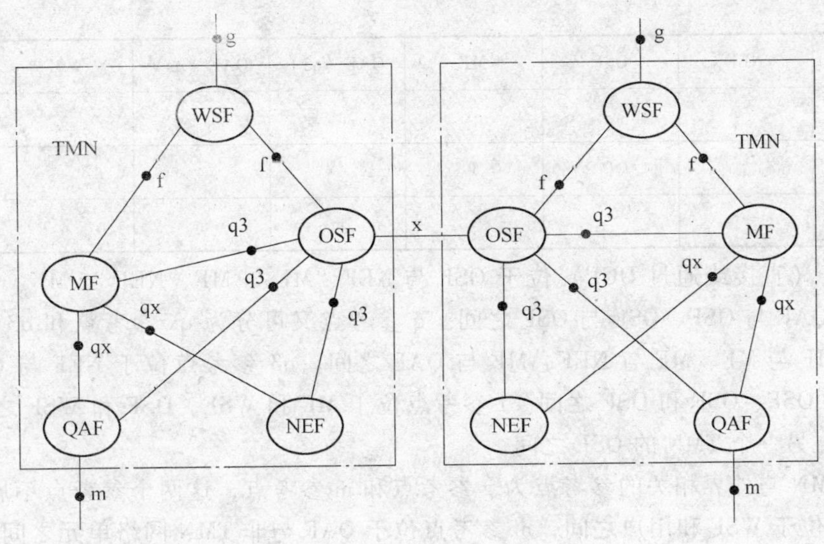

图 4-2　TMN 功能块与参考点的关系

（4）网络单元功能（NEF）　NEF 块能够与 TMN 进行通信，配置 NEF 的 NE 可以通过数据通信网与 TMN 的其他模块进行通信，以便接受其监视和控制。它主要提供电信网管理所需要的通信和支持功能，网络管理 Agent 和相关的管理信息库（MIB）是 NEF 的部分。虽然电信设备本身具备通信的能力，但这种通信能力并不属 TMN，TMN 的通信功能是通过 NEF 来提供的，只有在 NEF 中用于支持 TMN 功能的那部分才属于 TMN。

（5）工作站功能（WSF）　WSF 块提供了 TMN 与网管操作人员之间交互的功能，包括网管信息的显示和操作员控制命令的输入，完成 TMN 内部信息格式与用户界面信息格式之间的相互转换，即提供机器可读信息（F 接口形式）和操作人员可读信息（G 接口形式）之间的转换功能。图形用户接口（GUI）和人机接口包含在 WSF 之中。

DCF 不属于功能块的范畴。它的主要作用是提供各功能块之间数据通信的方法，包括路由选择、中继、互通等功能。DCF 提供 OSI 参考模型中的第 1 层至第 3 层的通信功能。

2. 参考点

参考点是两个不重叠的管理功能块之间在概念上的信息交换点，位于两个管理功能块之间的业务分界点，通过它可以识别在不同功能模块之间交换的信息类型。当互连的功能块分别嵌入不同的设备时，这些参考点就成为具体的接口。TMN 参考点分为 3 类：q 参考点、f 参考点和 x 参考点。表 4-1 对 TMN 环境下所有可能的功能块之间的参考点进行了定义。

表 4-1　TMN 功能块之间的参考点

	NEF	OSF	MF	QAF（q3）	QAF（qx）	WSF	Non-TMN
NEF		q3	qx				
OSF	q3	q3	q3	q3		f	
MF	qx	q3	qx		qx	f	
QAF（q3）		q3					m

（续）

	NEF	OSF	MF	QAF（q3）	QAF（qx）	WSF	Non-TMN
QAF（qx）			qx				m
WSF		f	f				g
Non-TMN				m	m	g	

q 参考点（直接或通过 DCF）位于 OSF 与 NEF、MF 与 MF、NEF 与 MF、QAF 与 MF、MF 与 OSF、QAF 与 OSF、OSF 与 OSF 之间。q 参考点又可分为 qx 参考点和 q3 参考点。qx 参考点位于 MF 与 MF、MF 与 NEF、MF 与 QAF 之间。q3 参考点位于 NEF 与 OSF、MF 与 OSF、QAF 与 OSF、OSF 和 OSF 之间。f 参考点位于 MF 和 WSF、OSF 和 WSF 之间。x 参考点位于 OSF 与另一个 TMN 的 OSF 之间。

另外，TMN 与外界相关的参考点为 g 参考点和 m 参考点，这两个参考点不属于 TMN 范畴。g 参考点位于 WSF 和用户之间，m 参考点位于 QAF 与非 TMN 网络单元之间，其中用户和非 TMN 网络单元都不属于 TMN 范畴。

4.1.3 电信管理网的物理结构

TMN 的物理结构主要描述 TMN 内的物理实体及其接口。TMN 的物理结构是实现其功能结构的具体体现，由若干物理块组成，物理块之间通过接口相连接。图 4-3 给出了 TMN 的物理结构图。

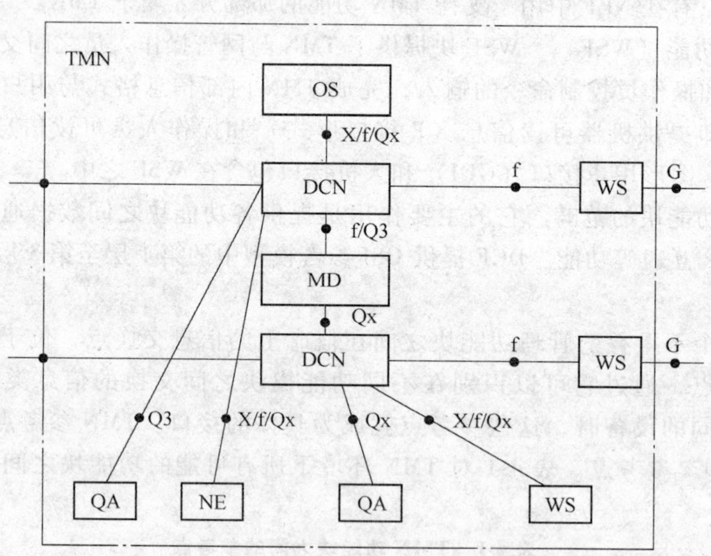

图 4-3 TMN 的物理结构图

在图 4-3 中，OS 是操作系统，执行 OSF 功能。它实际上是大型的管理网络资源的系统程序。MD 是协调装置，是执行 MF 的设备，主要完成 OS 与 NE 间的协调功能，也能提供 QAF 和 WSF，有时甚至提供 OSF。QA 表示 Q 适配器，是将具有非 TMN 标准接口的 NE 或 OS 连接到 Q 接口的装置。DCN 是 TMN 内支持 DCF 的通信网，主要实现 OSI 参考模型的下三层功能。DCN 可由不同类型的子网（如 X. 25、DCC 等）互连构成。网元 NE 由执行 NEF

的电信设备和支持设备组成，可包含TMN功能块，例如MF功能块。通常NE有一个或多个Q接口，也可以有F接口接工作站（WS）。WS是执行WSF的设备，主要完成F接口信息与G接口信息显示格式间的转换。简单的WS由键盘、显示器等组成，复杂的WS可以是一个由智能控制处理器控制的大屏幕显示终端。除网络运营者外，用户也能通过WS参与部分网络管理。

管理系统之间、管理系统与网元之间的交互方式受到接口的制约，功能模块和参考点只是概念上的抽象，其内部不受标准化的约束。只有通过标准化的接口和协议，才能使各节点的互连互通具有可能性，管理应用才可以进行互操作。TMN标准接口包括Q接口、F接口和X接口。

Q接口对应于q参考点，分为Q3接口和Qx接口，前者对应于q3参考点，后者对应于qx参考点，Q3接口用于OS与MD、NE、QA或其他OS的连接，可以处理复杂的被管对象，实现强大的管理功能，Q3接口利用OSI参考模型第1层到第7层协议实现OAM功能。Qx接口用于MD与NE或QA的连接，采用简单协议栈进行通信，用于处理单纯的被管对象，实现简单的管理功能，即最低限度的OAM功能。

f接口对应于f参考点，用于实现工作站通过数据通信网与包含OSF、MF的物理元素连接的功能。

X接口对应于x参考点，用于实现两个TMN互连，或者实现TMN与其他具有类似TMN接口的网络或系统相互连接。因此，X接口对安全性提出了较高的要求，在各个联系建立之前需要进行安全检查，并在X接口处能够行使对TMN外部接入的控制，如口令、访问能力。

4.1.4 电信管理网的逻辑分层结构

对TMN功能体系结构的扩展就是逻辑分层体系结构，如图4-4所示。

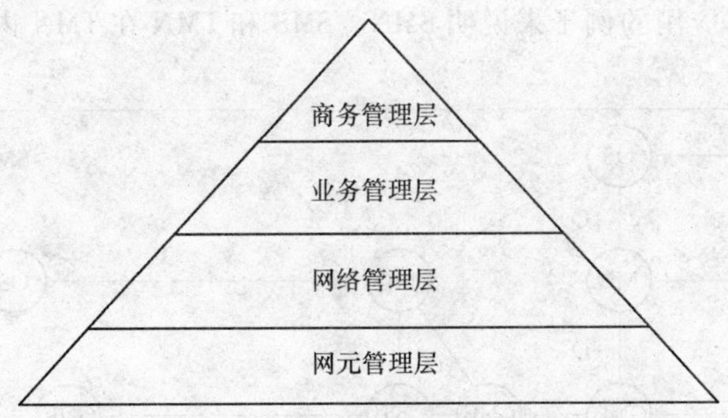

图4-4 TMN的逻辑分层结构

（1）网元管理层 网元管理层是直接管理通信设备的，它管理若干个NE的组合，关心的往往是与具体网元相关的状态和操作等，提供最基本的非集中式的底层管理功能，如性能数据的收集、筛选和分析、告警收集及协议。其作用是为高层提供获取系统资源的手段。因此网元管理层常常与特定的设备提供厂商相关。

（2）网络管理层 它管理的是整个网络，从范围上讲，它涉及整个网络中所有的网元以及网元之间的连接，例如交换设备和传输设备；从内容上讲，它关心的是独立于具体厂商的带有普遍意义的指标和信息。它还提供对网络中各种业务的支持。由于网络管理层不直接与设备相连，其管理功能需通过网元管理层实现。

（3）业务管理层　它管理的是对用户提供的各种业务，例如处理各种业务定单、投诉、故障单计费和 QoS 测量等。同网元管理和网络管理相比较，它对网络上具体应用技术的依赖较小。

（4）商务管理层　这是网络管理的最高层次，它管理的往往是一个电信运营公司的决策者所关心的事务。它应该支持电信企业对资金投入的决策过程，包括需重点提供的业务，主要的市场范畴及资金效率；它也应该支持企业发展目标的确定过程，如成本、利润、增长率等，甚至包括人力资源协调等功能。

4.2　SDH 管理网

4.2.1　SMN、SMS 和 TMN 的关系

SDH 管理网（SMN）是 TMN 的一个子网，专门负责管理 SDH 的网元（NE）。根据管理地域或范围的不同 SMN 又可细分为一系列 SDH 管理子网（SMS）。图 4-5 表示了 SMN、SMS 与 TMN 之间的关系。

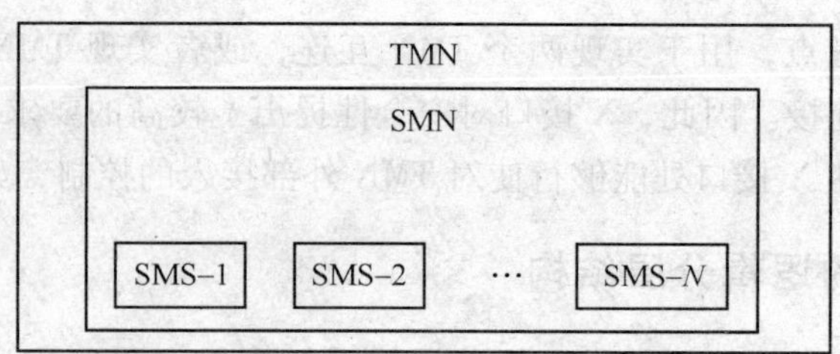

图 4-5　SMN、SMS 与 TMN 之间的关系

下面通过一个具体应用的例子来说明 SMN、SMS 和 TMN 在 TMN 内的连接关系，如图 4-6 所示。

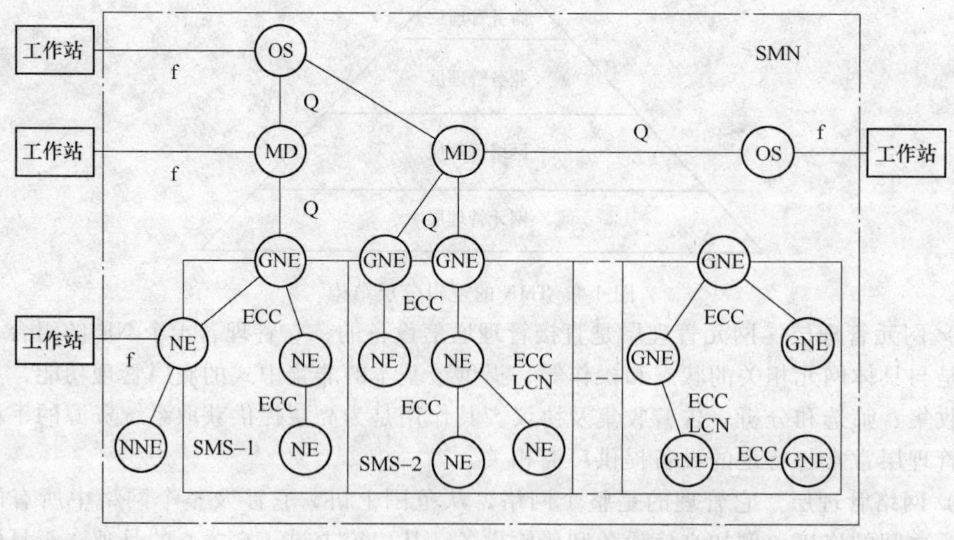

图 4-6　SMN、SMS 与 TMN 实例模型

图中，NNE 表示非 SDHNE，GNE 表示网间接口单元，GNE 经由 Q 接口与 OS 或 MD 相连。SMS 内部的各个 NE 是以数据通信通路（DOC）为物理层的嵌入控制通路（ECC）互连的若干网元（NE），其中至少应有一个网元具有 Q 接口，并可以通过此接口与上一级管理层互通。接入 SMS 总是通过 SDHNE 功能块来实现的，SDHNE 可以通过标准接口与 TMN 的其他部分相连接，如通过 f 接口与工作站相连接，通过 Q 接口与 OS 或 MD 设备相连接。

4.2.2 SMN 的分层结构

为了对 SDH 网络进行有效的管理，SMN 参照了 TMN 的逻辑分层结构。一个典型的 SMN 为 3 层，即网络管理层（Network Management Layer，NML）、网元管理层（Element Management Layer，EML）和网元层（Network Element Layer，NEL）。如果从服务商和商务的角度看，上面还应该有业务管理层（Services Managerment Layer，SML）和事物管理层（Business Managerment Layer，BML），如图 4-7 所示。

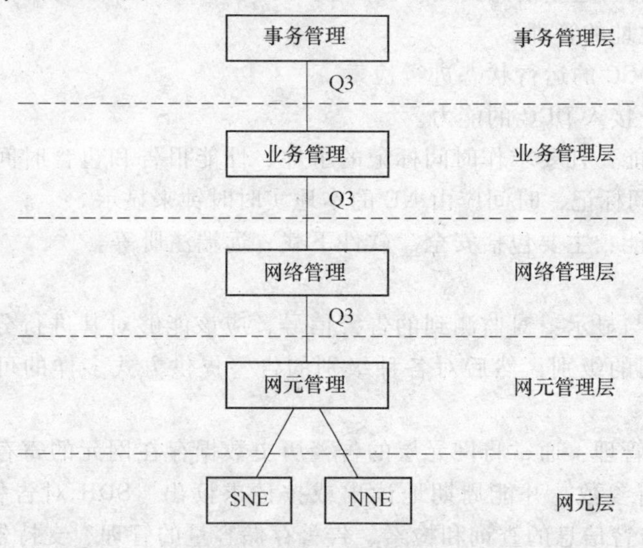

图 4-7 SMN 的分层结构

（1）事物管理层 事物管理层是网管系统的高级管理层次，对整个网络的经济问题、目标、协议执行以及总体事物进行管理。

（2）业务管理层 业务管理层只关心合同方面，在提供和终止服务、计费、服务质量、故障报告方面提供与用户的基本联系点，与服务提供者交互，与 NML 交互，与 BML 交互，保持统计数据。

（3）网络管理层 网络管理层负责对所辖管理区域进行监视和控制，应具备 TMN 所要求的主要应用管理功能，完成对若干个网元管理系统（EM）或子网管理系统的管理和集中监控，并要求网络管理层能与来自一定范围的不同厂商的网元管理系统通信。这些网元管理系统可包含通过协调设备提供监视现存准同步设备（PDH）的系统。

（4）网元管理层 网元管理层除提供配置管理、故障管理、性能管理、安全管理等功能外，还应提供一些附加的管理软件包以支持进行资源及维护分析等功能。通常是在某些操作系统（如工作站）上开发一些系列软件（包括界面显示）来完成该层的功能。这些操作系统被称之为网元管理系统或网元管理器（EM），也可利用子网管理系统管理多个 EM，以便在更大的范围内实现网元管理层的功能。

（5）网元层　网元层由代表物理资源或逻辑资源的单元对象组成，其基本功能应包括单个网元的配置、故障、性能等管理功能。网元层是物理设备的代理，一方面负责与上层管理者交互，接受上层管理者发来的管理命令；另一方面与网络资源交互，传送管理命令。

4.2.3　SMN 的管理功能

根据 ITU-T 建议，SMN 基本的管理功能如下：

（1）一般功能

1）嵌入式控制通路（ECC）的管理功能包括以下方面：

①　对网络参数的检索，如数据分组规格、时限、服务质量、窗口规格等的检索要确保能兼容工作。

②　在 DCC 节点间建立消息路由。

③　进行网络地址的管理。

④　对某节点 DCC 的运行状态进行检索。

⑤　允许和禁止接入 DCC 的能力。

2）时间标记功能：凡要求作时间标记的事件、性能报告和包含时间计数的寄存器应具有分辨率为 1s 的时间标记，时间应由 NE 的本地实时时钟来显示。

3）其他一般功能：主要包括安全、软件下载、远端注册等。

（2）故障管理

1）告警的监视与显示：对监测到的告警信号，应该能够对其进行分类、按告警信号的严重程度划分为不同的级别，然后对各种级别的告警提供方式多样的可视、可闻的告警指示。

2）告警历史的管理：通常将网元层的告警历史数据存在网元的寄存器内，每个寄存器包含告警消息的所有参数，并能周期地读出或按请求读出。SDH 对告警记录的功能包括：告警日志的控制、告警信息的查询和检索、告警存储容量的管理、支持告警统计和告警报告的打印功能等。

3）故障的相关和过滤：考虑到一个网络节点的故障可能会在其他多个节点上表现出来，SMN 通过层层过滤机制，使上层管理系统对下层管理系统上报的告警信息进行相关性和过滤分析，以减少告警信息的冗余度，尽可能缩小故障原因的范围，以便对故障进行精确定位。

4）测试管理：测试包括测试接入、诊断和环回。测试接入是指管理者能够通过网元提供的光、电接口完成测试功能。网元要具备自我诊断的能力，并能提供设备和内部端口的环回功能。

（3）性能管理

1）性能数据的采集和存储：性能数据的采集是对指定的性能事件进行计数。它通过监测 SDH 的开销字节（SOH 和 POH）来实现对包括物理媒质层、再生段层、复用段层、高阶/低阶通道层的误码性能数据进行收集，如果发现性能异常则产生性能告警事件。

2）性能门限的管理：管理系统可以为各种性能事件设置门限值并检测性能事件是否越限，一旦性能事件突破门限值，应该产生有关再生段、复用段、通道性能越限的告警信号。

门限值可以在零到最大值之间设定、修改。

3）性能数据报告：管理系统可以将存放在网元中的性能数据收集起来并提供报告。包括：要求网元定期上报指定端口的性能数据，以支持趋势分析、预测未来可能发生的失效和劣化；当管理系统发出请求，要求网元上报指定端口的所有性能参数；禁止/允许网元上报数据。

4）性能的显示和分析：管理系统应能将收集到的性能数据以文本、报表和图形的方式显示出来，并能支持性能报表的打印功能或以ASCII码形式输出到外围设备。管理系统还应对各种性能数据进行分析，从而确定传输网络的性能。

（4）配置管理　配置管理负责监控网络及网元设备的配置信息。ITU-T建议G.784明确规定了配置管理功能，主要包括：指配功能，涉及网元的初始化、接口、保护、同步定时和通道的配置；网元状态的监视和控制，涉及请求网元报告当前的状态信息及控制MS-SPRING的保护倒换功能；网络实体的安装功能等。

（5）安全管理　安全管理涉及注册、口令和安全等级等方面。关键是防止操作人员在未经许可的情况下与SDH网元的通信，并允许安全地接入网元的数据库，主要包括操作者级别和权限的管理、访问控制、数据安全性和操作日志管理。

4.3　E300软件系统结构

本系统软件采用的是中兴E300软件，该系统结构主要包括用户界面、管理者、数据库和网元4部分，E300软件系统结构如图4-8所示。其中，管理者（Manager）也称为服务器（Server）；用户界面（GUI）也称为客户端（Client），GUI基本上不保存动态的网管数据，这些数据在GUI使用时通过管理者从数据库中提取；数据库（Database，DB）主要完成界面和管理功能模块的信息查询，配置、告警等信息的存储，数据一致性的处理；网元（Agent）位于网元层。

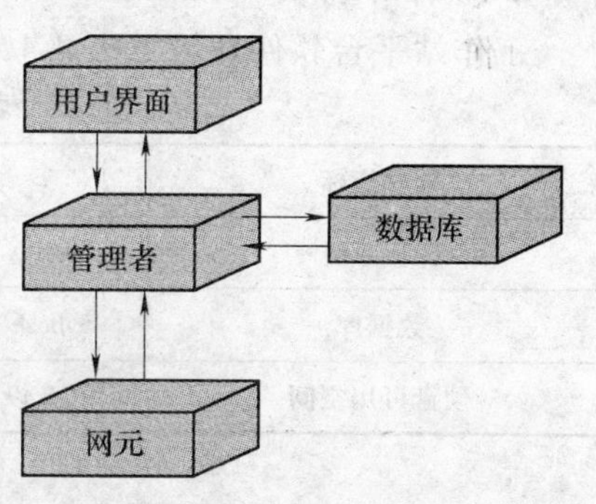

图4-8　E300软件系统结构

系统采用GUI/Manager-DB/Agent三层Client/Server方式实现，各个模块之间是Client/Server的关系。其中，用户界面（GUI）和管理者（Manager）之间，用户界面（GUI）是客户端，管理者（Manager）是服务端；管理者（Manager）和数据库（DB）之间，管理者（Manager）是客户端，数据库（DB）是服务端；管理者（Manager）和网元（Agent）之间，管理者（Manager）是客户端，网元（Agent）是服务端。

【任务实施】

4.4　E300软件安装

4.4.1　系统运行环境

1. 硬件环境

工作站平台（以 HP 平台为例）硬件环境见表 4-2，PC 平台硬件环境见表 4-3。

表 4-2 工作站平台硬件环境

硬件指标	硬件要求	
主机	HP C3600/552MHz/1GB 内存/18GB 硬盘/CDROM/21in 彩色显示器	工作站
	HP J6000（2×CPU）/2GB 内存/18GB 硬盘/CDROM/21in 彩色显示器	工作站
	HP L2000（4×CPU）/6GB 内存/18GB 硬盘/CDROM/21in 彩色显示器	服务器
	HP N4000（8×CPU）/16GB 内存/18GB 硬盘/CDROM/21in 彩色显示器	服务器
	Sun Blade 2000 工作站	

表 4-3 PC 平台硬件环境

硬件指标	硬件要求
主机	PⅢ800 或更高（配置网卡、光驱）
内存	512MB 以上
硬盘	20GB 以上
显示器	17in 以上

2. 软件环境

工作站平台软件环境见表 4-4，PC 平台软件环境见表 4-5。

表 4-4 工作站平台软件环境

软件指标	要 求
操作系统	HP-UX 11.00/ Solaris 8（SunOS 5.8）
数据库	Sybase
硬盘可用空间	9GB 以上

表 4-5 PC 平台软件环境

软件指标	要 求
操作系统	Windows 2000（GUI、Manager 和数据库装在同一台计算机）以上
数据库	Sybase
硬盘可用空间	建议 9GB 以上

4.4.2 系统安装步骤

1）将 ZXONM E300 安装光盘放入光驱。

2）运行 setup.exe 文件，进入语言选择对话框，如图 4-9 所示。

3）单击“取消”按钮，退出安装；单击“确定”按钮，弹出安装设置提示框，弹出安装设置提示框，如图 4-10 所示。

4）在图 4-10 中，单击“取消”按钮，退出安装。当进度条进行到 100% 后，系统直接进入 ZXONM E300 的安装初始窗口，如图 4-11 所示。

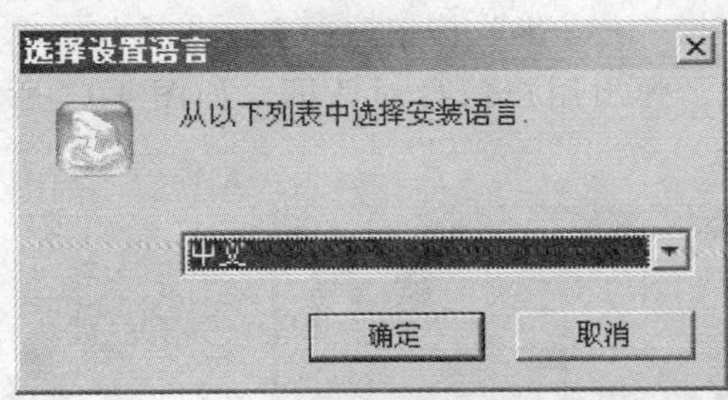

图 4-9　语言选择对话框

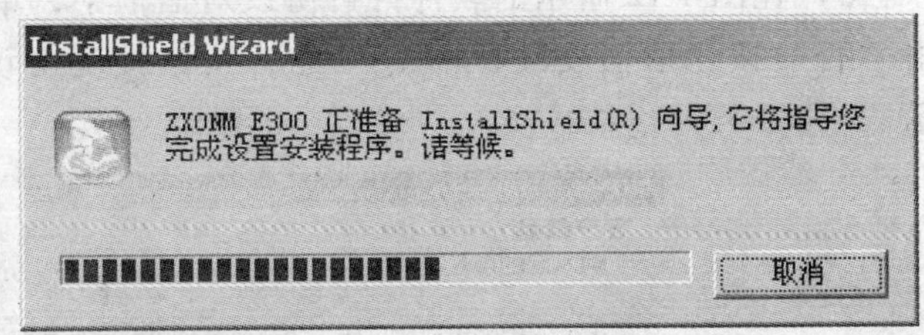

图 4-10　安装设置提示框

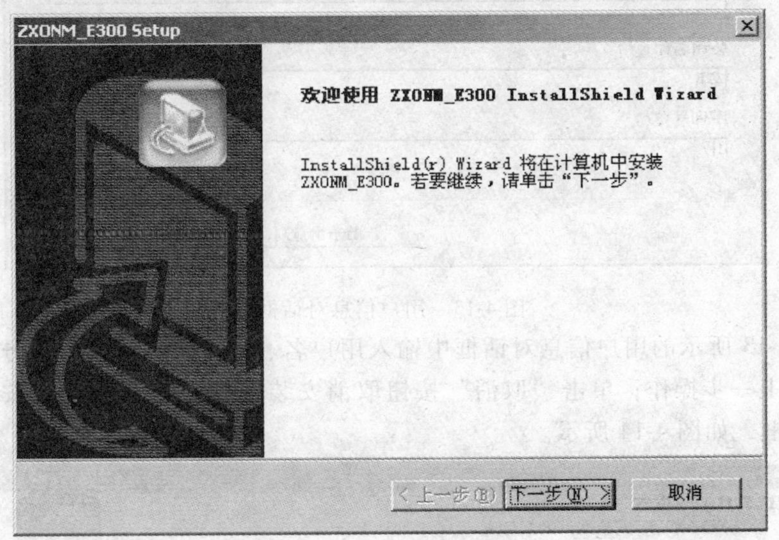

图 4-11　安装初始窗口

5）在图 4-11 所示的安装初始窗口中，单击“取消”按钮取消安装；单击“下一步”按钮，进入选择软件许可协议对话框，如图 4-12 所示。

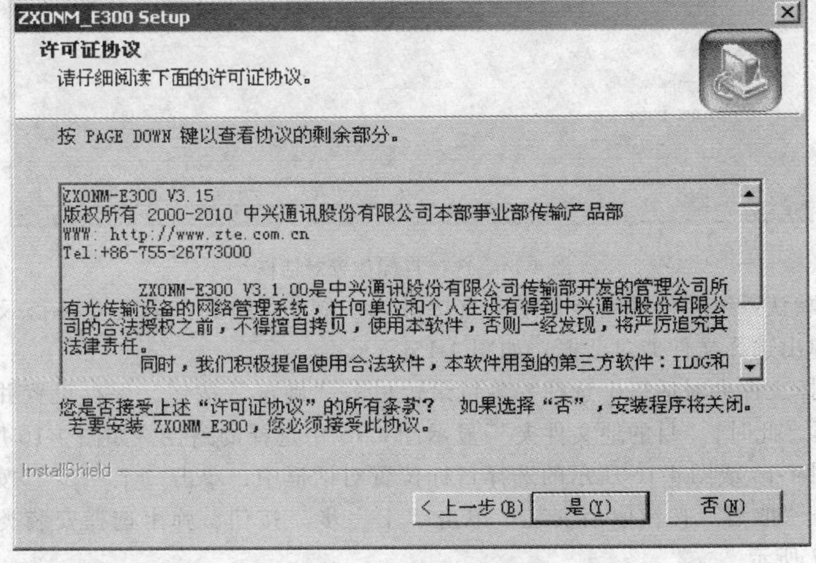

图 4-12　选择软件许可协议对话框

6）在图 4-12 所示的软件许可协议对话框中，单击“上一步”按钮返回上一步操作；单击“否”按钮取消安装；单击“是”按钮接受协议，弹出用户信息对话框，如图 4-13 所示。

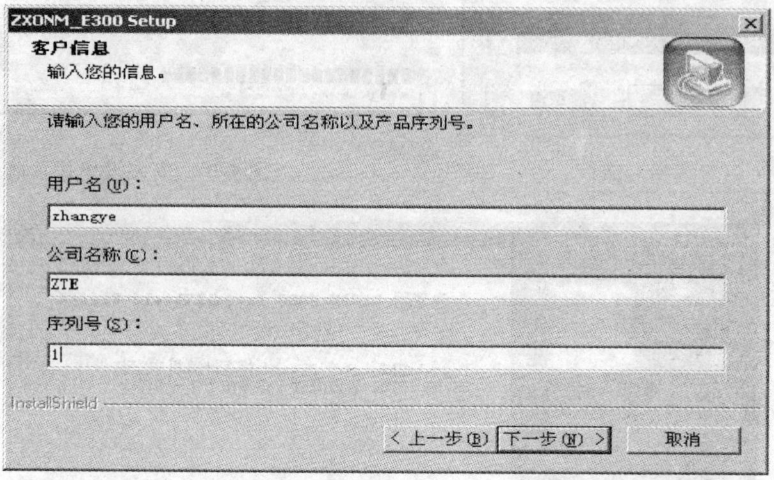

图 4-13　用户信息对话框

7）在图 4-13 所示的用户信息对话框中输入用户名、公司名称以及序列号，单击“上一步”按钮返回上一步操作；单击“取消”按钮取消安装；单击“下一步”按钮，弹出选择目标位置对话框，如图 4-14 所示。

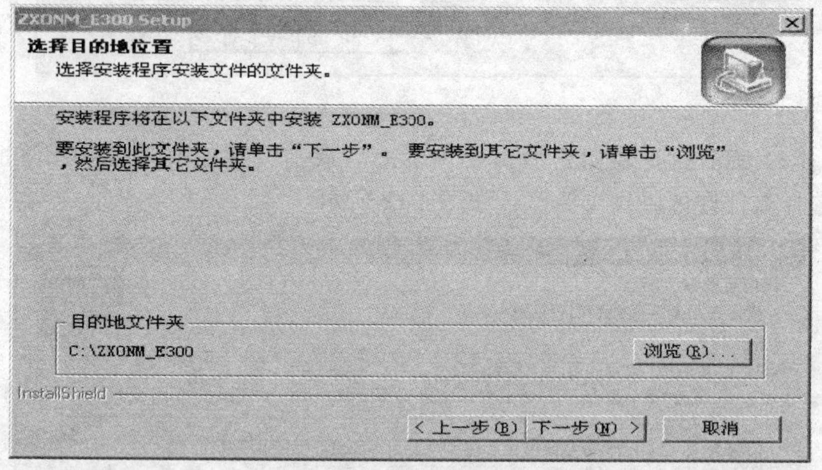

图 4-14　选择目标位置对话框

8）如果默认系统提供的安装目录，直接进入步骤 9；如果自定义安装目录，单击“浏览”按钮，弹出选择文件夹对话框，如图 4-15 所示。

9）在选择文件夹对话框中选择安装目录，单击“确定”按钮，保存设置并返回选择目标位置对话框，此时，“目的地文件夹”显示图 4-15 中选择的路径，如图 4-16 所示。

10）在图 4-14 或图 4-16 所示的选择目标位置对话框中，单击“上一步”按钮返回上一步操作；单击“取消”按钮取消安装；单击“下一步”按钮，弹出选择安装类型选择对话框，如图 4-17 所示。

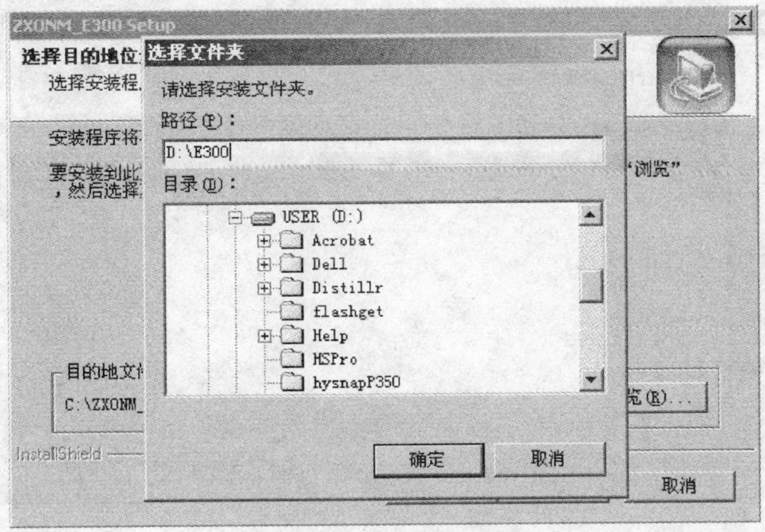

图 4-15　选择文件夹对话框

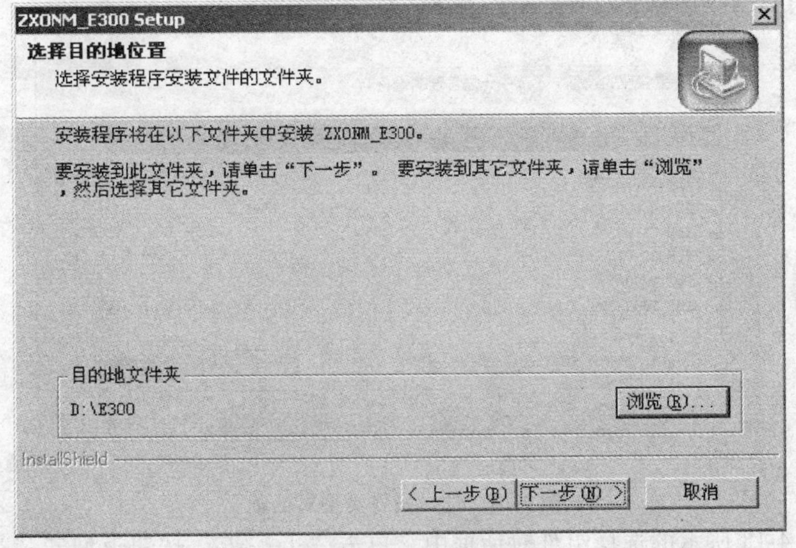

图 4-16　选择目标位置对话框

在图 4-17 所示的对话框中，列出 3 种安装类型：典型、客户端和自定义。典型安装表示完全安装 ZXONM E300 网管；客户端安装表示安装客户端和报表服务器；自定义安装用于计算机只安装部分网管组件的情况。

11）在图 4-17 所示的安装类型选择对话框中，选择“典型”，单击“上一步”按钮返回选择目标位置对话框；单击“取消”按钮，取消安装；单击“下一步”按钮，弹出选择设备类型对话框，如图 4-18 所示。

选择设备类型对话框列出 ZXONM E300 可管理的子 manager（设备类型）列表。子 manager 前有符号“✓”表示管理此类型设备，空表示不管理此类型设备。

单击“全选”按钮，选择安装子 manager，单击“全部消除”按钮，清除所有已选项，鼠标单击某个选项，也可单独对此子 manager 进行选择。

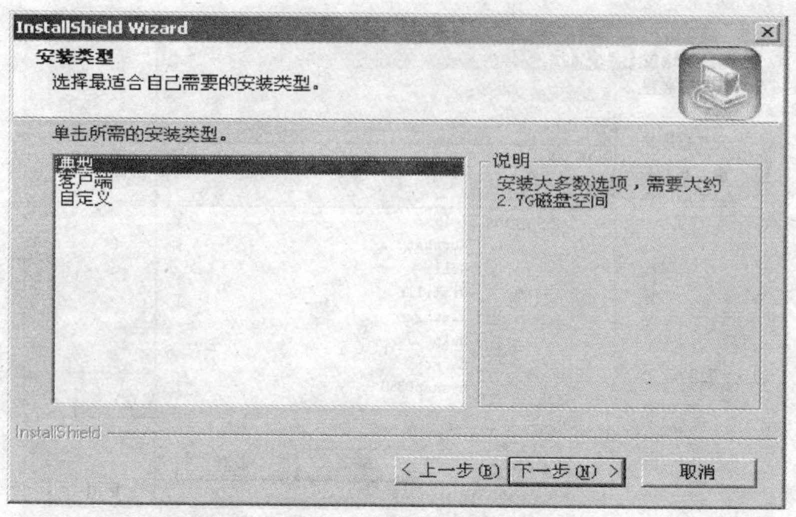

图 4-17 安装类型选择对话框

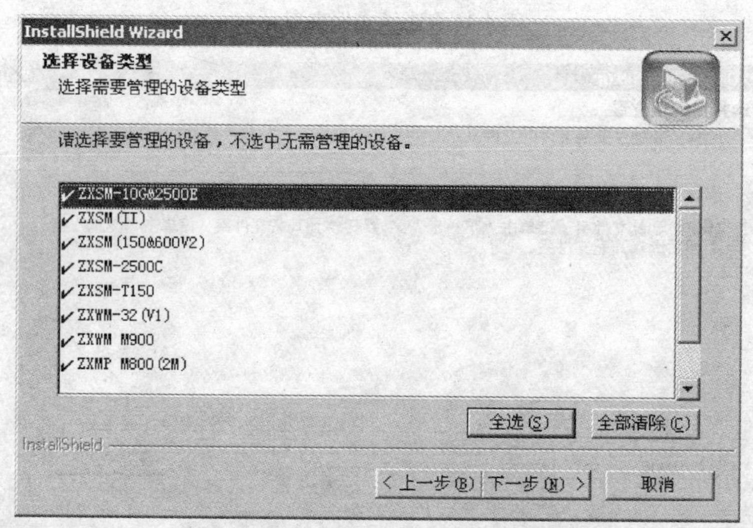

图 4-18 选择设备类型对话框

12）在图 4-18 所示的选择组件对话框中，单击“上一步”按钮返回安装类型选择对话框；单击“取消”按钮，取消安装；单击“下一步”按钮，弹出建立网管文件夹对话框，如图 4-19 所示。

13）在图 4-19 中，文件夹名称默认为 ZXONM_E300，用户可根据实际需要更改文件夹名称。单击“上一步”按钮返回上一步操作；单击“取消”按钮取消安装；单击“下一步”按钮，弹出复制窗口，如图 4-20 所示。

14）系统复制文件完毕后，弹出设置完成对话框，如图 4-21 所示。

15）在图 4-21 所示的设置完成对话框中，单击“完成”按钮，完成设置并弹出系统重启选择对话框，如图 4-22 所示。

16）在图 4-22 中，如果选择“是，立即重新启动计算机。”单击“完成”按钮，完成 ZXONM E300 安装，系统自动重启计算机；如果选择“不，稍后再重新启动计算机。”单击“完成”按钮，完成网管安装，并人工重启计算机。

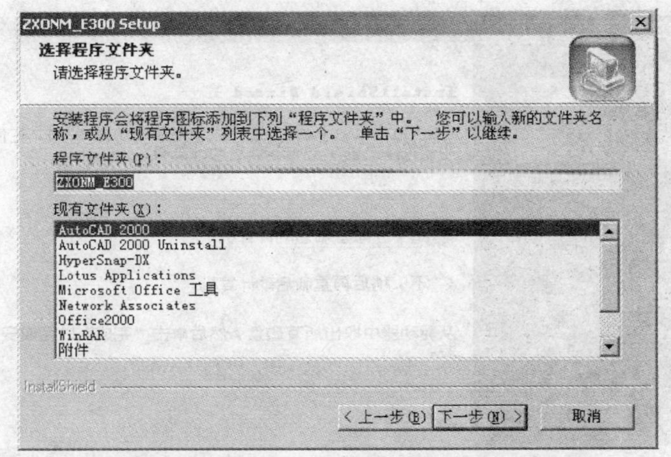

图 4-19　建立网管文件夹对话框

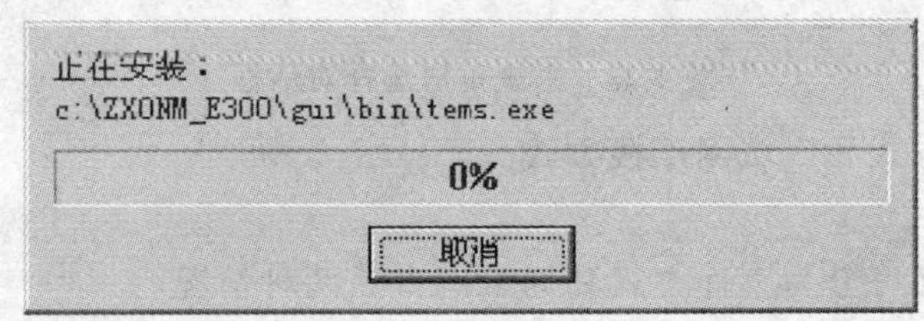

图 4-20　复制窗口

图 4-21　设置完成对话框

【扩展知识】

4.5　网管计算机的连接方式

网管计算机内安装 ZXONM E300 网管系统，计算机侧接口为网卡上的 RJ45 接口。ZXMP S320 设备侧的接口为背板或前出线组件上的 Qx 接口。网管计算机与设备的连接有两

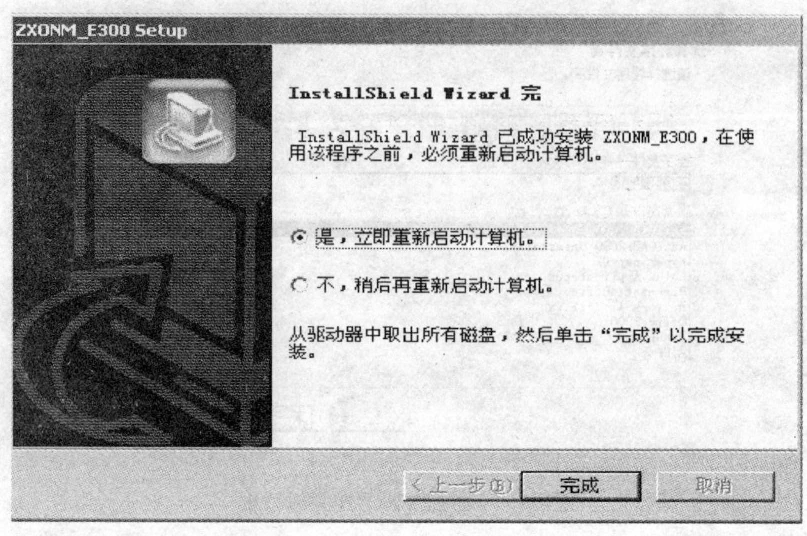

图 4-22　系统重启选择对话框

种方式即局域网连接方式和广域网连接方式。

1. 局域网连接方式

局域网连接方式又可分为直连方式和局域网方式两种情况。

（1）直连方式　直连方式采用交叉网线将网管系统与设备的 Qx 接口直接相连，实现对本地子网的管理。采用直连方式时，网管系统只能连接一个网关网元，如图 4-23 所示。

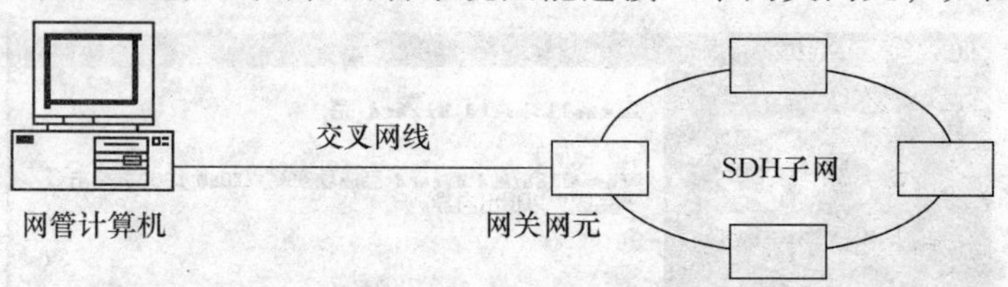

图 4-23　直连方式

（2）局域网方式　局域网方式通过构建一个局域网来实现网管系统与多个网关网元的连接，可以管理多个 SDH 子网，如图 4-24 所示。

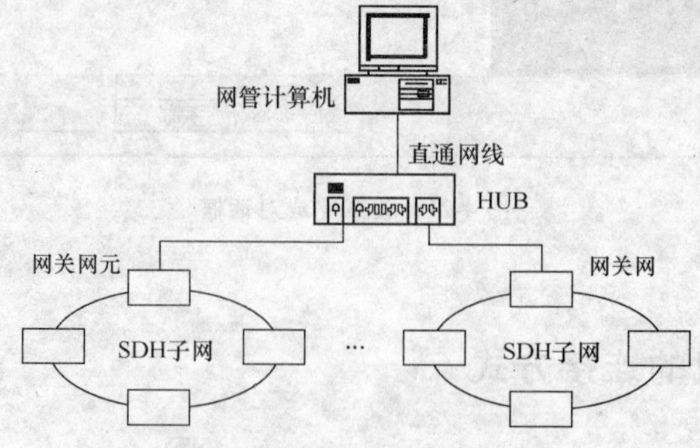

图 4-24　局域网方式

2. 广域网连接方式

采用广域网连接方式可以实现远程网络管理，常用的连接方式有 DDN 专线方式、2M 专线方式、PSTN 拨号方式。

（1）DDN 专线方式　利用 DDN 专线，通过路由器和 DDN 专线 MODEM 接入 DDN 专线，DDN 专线 MODEM 通过 V. 35 标准接口与路由器的串口连接，如图 4-25 所示。

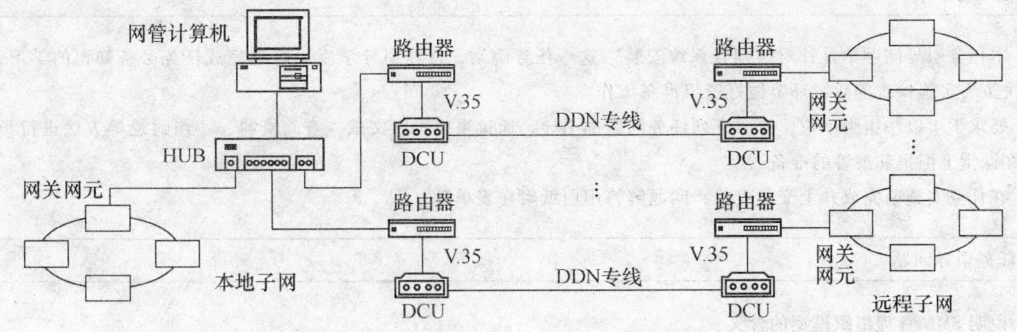

图 4-25　DDN 专线方式

（2）2Mbit/s 专线方式　2Mbit/s 专线方式是通过路由器和 2Mbit/s 专线 MODEM 接入 2Mbit/s 专线，2Mbit/s 专线 MODEM 通过 V. 35 标准接口与路由器的串口连接，如图 4-26 所示。

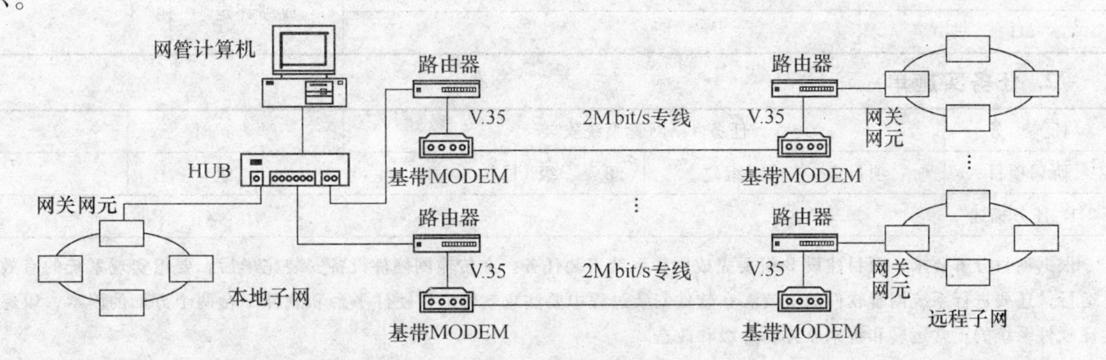

图 4-26　2M 专线方式

（3）PSTN 拨号方式　PSTN 拨号方式利用普通调制解调器，将数字信号变成模拟信号，通过电话网进行传输。路由器和调制解调器之间通过串口连接，如图 4-27 所示。

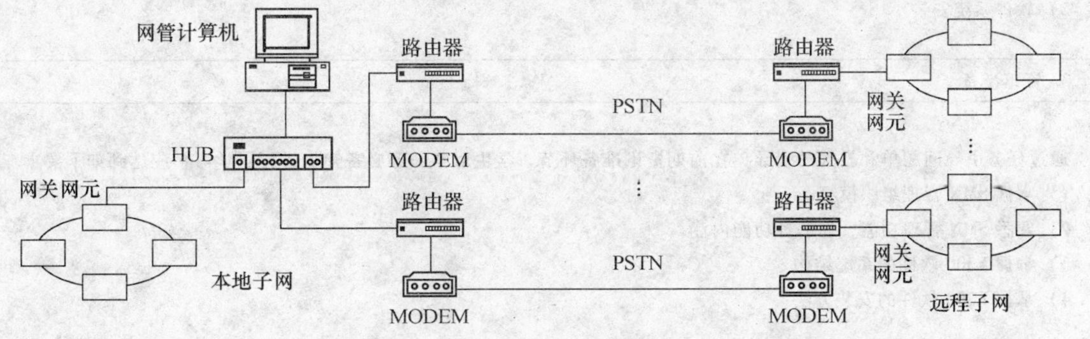

图 4-27　PSTN 拨号方式

【测试评估】

1. 任务引导问题单

<table>
<tr><td>任　　务</td><td colspan="3">任务4：网管系统安装</td><td>学　　时</td><td>2</td></tr>
<tr><td>所属项目</td><td>项目2：传输网组建</td><td>班　　级</td><td></td><td>组　　号</td><td></td></tr>
<tr><td colspan="6">1. 说明与要求</td></tr>
<tr><td colspan="6">1）本任务引导问题单是针对“网管系统安装”这一任务编制，旨在引导学生更好地完成任务必备知识的学习，为计划决策、实施检查等后续环节做好资讯准备工作
2）要求学生以小组为单位，按照下列任务问题的引导，通过采取检索文献、查阅资料、小组讨论等方法进行预习，做好在课堂上汇报和解答的准备
3）在任务实施前完成并上交此表单，问题解答用白纸附在表单后</td></tr>
<tr><td colspan="6">2. 任务引导问题</td></tr>
<tr><td colspan="6">1）说明SMN管理组织模型的含义
2）说明SMN的管理功能及各功能内涵
3）说明E300软件系统结构及各部分之间的关系
4）简要描述E300软件的安装步骤</td></tr>
<tr><td>任课教师签名</td><td colspan="2"></td><td rowspan="2">成绩评定</td><td colspan="2" rowspan="2"></td></tr>
<tr><td>日　　期</td><td colspan="2"></td></tr>
</table>

2. 任务实施单

<table>
<tr><td>任　　务</td><td colspan="3">任务4：网管系统安装</td><td>学　　时</td><td>2</td></tr>
<tr><td>所属项目</td><td>项目2：传输网组建</td><td>班　　级</td><td></td><td>组　　号</td><td></td></tr>
<tr><td colspan="6">1. 任务描述</td></tr>
<tr><td colspan="6">根据项目分解要求，项目建设B组要完成网管系统安装任务。在传输网硬件设备安装完毕后，要想实现系统的有效运行，还要进行系统网管软件的安装。在软件安装过程中要注意软件工作硬件平台和软件平台两个方面的因素，以保证软件系统的正常运转和将来软件的升级和改造</td></tr>
<tr><td colspan="6">2. 任务分析</td></tr>
<tr><td colspan="6">通过对本任务进行分析，项目建设B组要完成M县新建智能光城域网络网管系统安装任务，需要完成以下工作
1）运行环境检查
2）软件系统安装</td></tr>
<tr><td colspan="6">3. 资讯准备</td></tr>
<tr><td colspan="6">通过任务引导问题单和教师的引导，在前期资讯准备环节，学生对本任务必备知识进行了学习，应达到如下要求
1）掌握SMN管理组织模型
2）熟悉SMN管理功能，理解各功能内涵
3）掌握E300软件的系统结构
4）掌握E300软件的安装方法</td></tr>
<tr><td colspan="6">4. 计划决策</td></tr>
</table>

（续）

<table>
<tr><td>1）人员组织：请组长组织小组成员讨论，根据任务做好人员组织工作，明确分工。具体安排记录如下

2）器材准备：请组长组织小组成员讨论，确定任务实施所需器具和材料。具体清单记录如下

3）方案制订：请组长组织小组成员讨论，制订任务实施最优方案。具体方案用白纸记录附在后面</td></tr>
<tr><td>5. 实施检查</td></tr>
<tr><td>1）任务实施：按照计划决策环节制订的最优方案来实施任务。具体实施过程用白纸记录附在后面
2）能效检查：根据任务要求对实施结果的功能效果进行检查分析，找出故障和缺陷进行优化。具体检查分析和优化过程用白纸记录附在后面</td></tr>
<tr><td>6. 展示评估</td></tr>
<tr><td>1）展示汇报：请各小组选用合适的方法手段展示汇报任务实施情况
2）小组答辩：教师根据展示汇报情况对小组成员进行提问。具体教师提问及学生回答记录如下

3）成绩评定：从学生、组长、任课教师3个角度对学生完成本任务进行成绩评定，学生、组长、任课教师分别在学生自评表、小组评价表、教师评价表上按标准评分，并将成绩记录在个人的评价成绩汇总表上，从而可按比例核算出个人的任务过程评价总分</td></tr>
</table>

3. 任务评价

（1）学生自评

<table>
<tr><td colspan="5">“光传输网组建与维护”学生自评表</td></tr>
<tr><td>学生姓名</td><td></td><td>学　号</td><td colspan="2"></td></tr>
<tr><td>任　　务</td><td>任务4：网管系统安装</td><td>组　号</td><td colspan="2"></td></tr>
<tr><td colspan="2">评价内容</td><td>评分标准</td><td>自评分</td><td>备　注</td></tr>
<tr><td rowspan="3">敬业精神</td><td>1）出勤情况</td><td rowspan="3">20</td><td rowspan="3"></td><td rowspan="3">迟到、早退一次扣2分，旷课一次扣5分，扣完为止，其他酌情评分</td></tr>
<tr><td>2）工作、学习任务参与度和积极性</td></tr>
<tr><td>3）吃苦耐劳、善于钻研的精神</td></tr>
</table>

（续）

<table>
<tr><th colspan="2">评价内容</th><th>评分标准</th><th>自评分</th><th>备　注</th></tr>
<tr><td rowspan="4">专业能力</td><td>1）掌握 SMN 管理组织模型</td><td rowspan="4">60</td><td rowspan="4"></td><td rowspan="4">按全部掌握、较好掌握、基本掌握、部分掌握4档分别对应 60 分、48 分、36 分、20 分评分</td></tr>
<tr><td>2）熟悉 SMN 管理功能，理解各功能内涵</td></tr>
<tr><td>3）掌握 E300 软件的系统结构</td></tr>
<tr><td>4）掌握 E300 软件的安装方法</td></tr>
<tr><td rowspan="4">方法能力</td><td>1）收集整理信息、资料的能力</td><td rowspan="4">10</td><td rowspan="4"></td><td rowspan="4">按强、较强、一般、较差 4 档分别对应 10 分、8 分、6 分、3 分评分</td></tr>
<tr><td>2）语言表达能力</td></tr>
<tr><td>3）提出问题、解决问题的能力</td></tr>
<tr><td>4）组织实施能力</td></tr>
<tr><td rowspan="3">社会能力</td><td>1）交流沟通能力</td><td rowspan="3">10</td><td rowspan="3"></td><td rowspan="3">按强、较强、一般、较差4档分别对应10分、8分、6分、3分评分</td></tr>
<tr><td>2）团队协作能力</td></tr>
<tr><td>3）安全、环保、责任意识</td></tr>
<tr><td colspan="2">总　　分</td><td></td><td></td><td></td></tr>
</table>

（2）小组评价

<table>
<tr><th colspan="9">“光传输网组建与维护”小组评价表</th></tr>
<tr><td>任　务</td><td colspan="8">任务 4：网管系统安装</td></tr>
<tr><td rowspan="2">组　号</td><td rowspan="2"></td><td>学　　号</td><td></td><td></td><td></td><td></td><td></td><td></td></tr>
<tr><td>学生姓名</td><td></td><td></td><td></td><td></td><td></td><td></td></tr>
<tr><td colspan="2">评价内容</td><td>评分标准</td><td colspan="6">组长评分</td></tr>
<tr><td rowspan="3">敬业精神</td><td>1）出勤情况</td><td rowspan="3">20</td><td rowspan="3"></td><td rowspan="3"></td><td rowspan="3"></td><td rowspan="3"></td><td rowspan="3"></td><td rowspan="3"></td></tr>
<tr><td>2）工作、学习任务参与度和积极性</td></tr>
<tr><td>3）吃苦耐劳、善于钻研的精神</td></tr>
<tr><td rowspan="4">专业能力</td><td>1）掌握 SMN 管理组织模型</td><td rowspan="4">60</td><td rowspan="4"></td><td rowspan="4"></td><td rowspan="4"></td><td rowspan="4"></td><td rowspan="4"></td><td rowspan="4"></td></tr>
<tr><td>2）熟悉 SMN 管理功能，理解各功能内涵</td></tr>
<tr><td>3）掌握 E300 软件的系统结构</td></tr>
<tr><td>4）掌握 E300 软件的安装方法</td></tr>
<tr><td rowspan="4">方法能力</td><td>1）收集整理信息、资料的能力</td><td rowspan="4">10</td><td rowspan="4"></td><td rowspan="4"></td><td rowspan="4"></td><td rowspan="4"></td><td rowspan="4"></td><td rowspan="4"></td></tr>
<tr><td>2）语言表达能力</td></tr>
<tr><td>3）提出问题、解决问题的能力</td></tr>
<tr><td>4）组织实施能力</td></tr>
<tr><td rowspan="3">社会能力</td><td>1）交流沟通能力</td><td rowspan="3">10</td><td rowspan="3"></td><td rowspan="3"></td><td rowspan="3"></td><td rowspan="3"></td><td rowspan="3"></td><td rowspan="3"></td></tr>
<tr><td>2）团队协作能力</td></tr>
<tr><td>3）安全、环保、责任意识</td></tr>
<tr><td colspan="2">总　　分</td><td></td><td></td><td></td><td></td><td></td><td></td><td></td></tr>
<tr><td colspan="2">组长签名</td><td colspan="2"></td><td colspan="2">日　期</td><td colspan="3"></td></tr>
</table>

(3) 教师评价

"光传输网组建与维护" 教师评价表			
班　级		组　号	
任　务	任务4：网管系统安装	任课教师	
评价阶段	评价内容	评分标准	教师评分
资讯准备	1）掌握SMN管理组织模型	20	
	2）熟悉SMN管理功能，理解各功能内涵		
	3）掌握E300软件的系统结构		
	4）掌握E300软件的安装方法		
计划决策	1）人员组织安排	20	
	2）器材准备清单		
	3）任务实施方案		
实施检查	1）任务实施过程	40	
	2）任务检查优化		
展示评估	1）展示汇报	20	
	2）小组答辩		
总　分		日　期	

项目3　传输网业务配置

【项目描述】

在项目1、项目2完成的基础上，要进行时钟、公务、电路、以太网业务的配置，包括核心层、汇聚层以及接入层的业务。这里仅以接入层B区环3-6（来源于任务1图1-28）业务配置为例加以说明，其他层的业务配置与此类似。具体要求如下：

1）主环速率STM-4，链路速率STM-1。

2）网元210为接入网元和网头网元，及在网元210接入网管并提供全网时钟。

3）网元210与网元214间有30个2Mbit/s双向电路业务，网元210与网元212间一个34Mbit/s双向电路业务，网元211分别与网元210、网元212间有10Mbit/s带宽的以太网业务，且网元211与网元210、网元211与网元212可以通信，但网元210与网元212不可以通信。

4）所有网元之间可以通公务电话。

5）核心网元和具体业务要具备保护功能。

【项目分解】

在项目实施过程中，可将该项目分解成3个任务完成，具体如下：

1）基本业务配置（包括时钟、公务、电路业务配置）。

2）以太网业务配置。

3）保护业务配置

【项目教学设计】

项　目	项目3：传输网业务配置	学　时	70
教学目标	通过该项目的教学，使学生掌握光传输网业务配置的基本流程和技能，并在项目学习和实践过程中掌握光传输网业务配置涉及的必备知识	教学内容	任务5：基本业务配置（30学时） 任务6：以太网业务配置（10学时） 任务7：保护业务配置（18学时） 业务配置综合练习（8学时） 项目3考核（4学时）
教学资料	1）教师用表单：项目教学设计（项目3）、任务教学设计（任务5、任务6、任务7） 2）学生用表单：项目任务书（项目3）、任务引导问题单（任务5、任务6、任务7）、任务实施单（任务5、任务6、任务7） 3）评价用表单：学生自评表（任务5、任务6、任务7）、小组评价表（任务5、任务6、任务7）、教师评价表（任务5、任务6、任务7）、评价成绩汇总表 4）教材、课程标准、授课计划、教案及备课笔记、辅助课件、学生名册	教学器具	ZXMP S320设备、E300软件、计算机
		教学环境	多媒体教室 现代通信综合实训中心
		教学方法	1. 必备知识：分组教学法、引导教学法、讲授教学法、讨论教学法、现场教学法 2. 任务实施过程：分组教学法、现场教学法、演示教学法、讨论教学法、实践教学法

（续）

学生知识能力要求	1）具备数字通信技术、数据通信、程控交换技术及光传输基本理论基础 2）具有良好的实践操作能力和计算机操作能力 3）具备一定的自主学习、分析问题、解决问题的能力 4）具备一定的团队协作、沟通表达能力
教师知识能力要求	1）具备较高的数据通信、光传输技术理论和实践水平 2）具备较高的光传输网各种业务配置的能力 3）具备运用各种教学方法实施教学的组织和控制能力
教学策略	1）分组教学。将班级学生5~6人分为一组，每组设置一名组长，组长全面负责项目实施的各项事宜，鼓励学生团结协作，共同完成任务 2）四环节教学。按资讯准备、计划决策、实施检查及展示评估4个环节分阶段完成教学。资讯准备阶段要求各小组根据任务引导问题单中的引导问题检索文献、查阅资料、小组讨论，在教师的引导下完成任务必备知识的学习，为后续环节做好准备；计划决策阶段要求各小组通过讨论制订任务实施计划，确定任务实施最优方案；实施检查阶段要求各小组根据计划方案来完成任务的实施和检查优化；展示评估阶段要求各小组展示汇报任务实施情况，并采用学生自评、小组评价、教师评价3种方式对每个任务按标准评分，从而按比例核算出各小组成员的任务过程评价总分。项目完成后，进行必备知识和任务实施的考核，结合每个任务的得分，按比例核算出各小组成员本项目的总评分 3）引导教学。教师提前给学生发放项目任务书、任务引导问题单等学习表单和资源，引导学生自主学习，使学生在学习过程中一直处于积极主动的主体地位。教师在整个过程中只起到解惑、组织好课堂的指导作用，锻炼学生的自学能力、创新能力、职业能力
考核评价	项目总评=任务过程评价×70%+项目考核×30% 任务过程评价=学生自评×10%+小组评价×40%+教师评价×50% 学生自评=敬业精神×20%+专业能力×60%+方法能力×10%+社会能力×10% 小组评价=敬业精神×20%+专业能力×60%+方法能力×10%+社会能力×10% 教师评价=资讯准备×20%+计划决策×20%+实施检查×40%+展示评估×20% 项目考核=技术考核×50%+任务实施考核×50%

任务5　基本业务配置

【任务描述】

根据项目分解要求，项目软调A组要完成基本业务配置任务。任务需要在接入层B区环3-6（来源于任务1图1-28）所在的环带链结构内各网元上配置相关基本业务。

具体配置要求如下所示：

1）环速率STM-4，链路速率STM-1。

2）网元210为接入网元和网头网元，在网元210接入网管并提供全网时钟。

3）网元210与网元214间有30个2Mbit/s双向电路业务，网元210与网元212间1个34Mbit/s双向电路业务。

4）所有网元之间可以通公务电话。

【任务分析】

要完成基本业务配置，需要完成以下工作：

1）创建网元。

2）配置单板。

3）网元连线。

4）公务、时钟配置。

5）电路业务配置。

【任务教学设计】

任　务	任务5：基本业务配置	学时	30	所属项目	项目3：传输网业务配置
教学目标	通过该任务的教学，使学生掌握光传输网基本业务配置的流程和技能，并在任务学习和实践过程中掌握光传输网基本业务配置涉及的必备知识。具体目标如下 1）掌握SDH帧结构及各组成部分内涵 2）掌握我国SDH复用映射结构 3）掌握PDH支路信号复用进STM-*N*信号的过程 4）掌握STM-1信号复用进STM-*N*信号的过程 5）掌握段开销、通道开销的位置功能，熟悉各开销字节的用途 6）掌握SDH指针AU-PTR、TU-PTR的位置功能及调整机理 7）掌握SDH网同步的同步方式及局间、局内应用结构 8）掌握SDH网时钟源类型 9）掌握SDH网同步的要求 10）了解时钟种类及工作方式 11）了解同步状态标志定义 12）理解网元地址定义及路由设置方法 13）掌握ZXMP S320设备各单板功能 14）掌握光传输网基本业务配置的流程和方法				

（续）

<table>
<tr><th colspan="3">教 学 内 容</th><th>学时</th><th colspan="2">教学环节</th><th>教学表单</th></tr>
<tr><td rowspan="4">必备知识</td><td colspan="2">1）SDH 工作原理</td><td>8</td><td rowspan="4">资讯准备</td><td>引导预习</td><td rowspan="4">项目任务书、任务引导问题单</td></tr>
<tr><td colspan="2">2）SDH 网同步</td><td>1</td><td rowspan="2">汇报解答</td></tr>
<tr><td colspan="2">3）网元地址定义及路由设置</td><td>1</td></tr>
<tr><td colspan="2">4）ZXMP S320 设备介绍</td><td>4</td><td>课堂讲授</td></tr>
<tr><td rowspan="8">任务实施</td><td rowspan="3">环带链基本配置</td><td>1）创建网元</td><td rowspan="3">2</td><td rowspan="3">计划决策</td><td>人员组织</td><td rowspan="3">项目任务书、任务实施单</td></tr>
<tr><td>2）配置单板</td><td>器材准备</td></tr>
<tr><td>3）连接网元</td><td>方案制订</td></tr>
<tr><td rowspan="2">环带链公务时钟配置</td><td>1）公务配置</td><td rowspan="2">2</td><td rowspan="2">实施检查</td><td>任务实施</td><td rowspan="2">项目任务书、任务实施单</td></tr>
<tr><td>2）时钟配置</td><td>能效检查</td></tr>
<tr><td colspan="2">环带链电路业务配置</td><td>4</td><td rowspan="3">展示评估</td><td>展示汇报</td><td>任务实施单、学生自评表</td></tr>
<tr><td colspan="2">两环电路业务配置</td><td>4</td><td>小组答辩</td><td rowspan="2">小组评价表、教师评价表、评价成绩汇总表</td></tr>
<tr><td colspan="2">基本业务配置强化练习</td><td>4</td><td>成绩评定</td></tr>
</table>

【必备知识】

5.1　SDH 的工作原理

5.1.1　SDH 帧结构

ITU-T 规定了 STM-*N* 的帧是以字节（8bit）为单位的矩形块状帧结构，如图 5-1 所示。

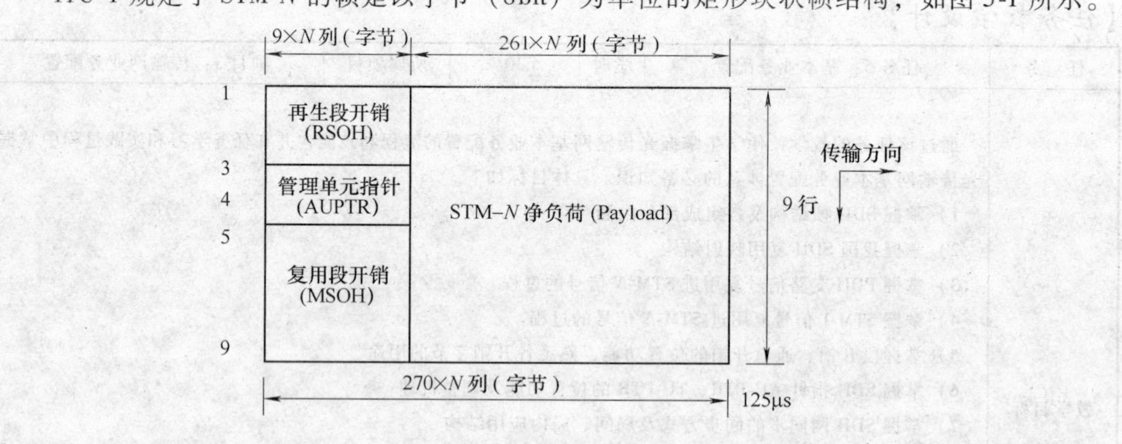

图 5-1　STM-*N* 的帧结构

由图 5-1 可见，STM-*N* 的信号是 9 行 ×270 × *N* 列的帧结构。此处的 *N* 与 STM-*N* 的 *N* 相一致，取值范围为 1、4、16、64，表示此信号由 *N* 个 STM-1 信号通过字节间插复用而成。由此可知，STM-1 信号的帧结构是 9 行 ×270 列的块状帧。并且，当 *N* 个 STM-1 信号通过字节间插复用成 STM-*N* 信号时，仅仅是将 STM-1 信号的列按字节间插复用，行数恒定为 9 行不变。

人们知道，信号在线路上串行传输时是逐个比特（bit）地进行的，那么这个块状帧是怎样在线路上进行传输的呢？STM-N 信号的传输也遵循按比特的传输方式，SDH 信号帧传输的原则是：按帧结构的顺序从左到右，从上到下逐个字节，并且逐个比特地传输，传完一行再传下一行，传完一帧再传下一帧。

STM-N 信号帧的重复频率（也就是每秒传送的帧数）是多少呢？ITU-T 规定对于任何级别的 STM-N 帧，帧频都是 8000 帧/s，也就是帧的周期为恒定的 125μs。正好 PDH 的 E1 信号也是 8000 帧/s。

STM-1 的传送速率为：270（每帧 270 列）×9（共 9 行）×8bit（每个字节 8bit）×8000 帧/s = 155520kbit/s = 155.520Mbit/s。

由于帧周期的恒定使 STM-N 信号的速率有其规律性。例如 STM-4 的传输数速恒定的等于 STM-1 信号传输数速的 4 倍，STM-16 恒定等于 STM-1 的 16 倍。而 PDH 中的 E2 信号速率≠E1 信号速率的 4 倍。SDH 信号的这种规律性所带来的好处是可以便捷地从高速 STM-N 码流中直接分/插出低速支路信号，这就是 SDH 按字节同步复用的优越性。SDH 速率等级见表 5-1。

表 5-1　SDH 速率等级

	STM-1	STM-4	STM-16	STM-64
速率/$\mathrm{Mbit\cdot s^{-1}}$	155.520	622.080	2488.320	9953.280

由图 5-1 可见，STM-N 的帧结构由 3 部分组成：信息净负荷（payload）、段开销和管理单元指针（AU-PTR），其中，段开销包括再生段开销（RSOH）和复用段开销（MSOH）。下面分别讲述这 3 大部分的作用。

（1）信息净负荷（payload）　信息净负荷是 STM-N 帧中放置各种业务信息的地方。2Mbit/s、34Mbit/s、140Mbit/s 信号打包成信息包后，放于其中，然后由 STM-N 信号承载，在 SDH 网上传输。若将 STM-N 信号帧比作一辆货车，其净负荷区即为该货车的车厢。

（2）段开销　开销是开销字节或比特的统称，是指 STM-N 帧结构中除了承载业务信息（净荷）以外的其他字节。开销用于支持传输网的运行管理维护（OAM），其功能是实现 SDH 的分层监控管理，而 SDH 的 OAM 可分为段层和通道层监控。段层的监控又分为再生段层和复用段层的监控；通道层监控可分为高阶通道层和低阶通道层的监控，由此实现了对 STM-N 分层的监控。例如对 2.5Gbit/s 系统的监控，再生段开销对整个 STM-16 帧信号监控，复用段开销则可对其中 16 个 STM-1 的任一个进行监控。高阶通道开销再将其细化成对每个 STM-1 中 VC-4 的监控，低阶通道开销又将对 VC-4 的监控细化为对其中 63 个 VC-12 中的任一个 VC-12 进行监控，由此实现了从对 2.5Gbit/s 级别到 2Mbit/s 级别的多级监控和管理。

（3）指针　指针的作用就是定位，通过定位使收端能准确地从 STM-N 码流中拆离出相应的 VC，进而通过拆 VC 的包封分离出 PDH 低速信号，即能实现从 STM-N 信号中直接分支出低速支路信号的功能。指针有两种：AU-PTR 和 TU-PTR，分别进行高阶 VC（这里指 VC-4）和低阶 VC（这里指 VC-12）在 AU-4 和 TU-12 中的定位。

5.1.2　SDH 的复用步骤

SDH 的复用包括两种情况：一种是由 STM-1 信号复用成 STM-N 信号；另一种是由 PDH 支路信号（如 2Mbit/s、34Mbit/s、140Mbit/s）复用成 SDH 信号 STM-N。

第一种情况在前面已提及，复用的方法主要通过字节间插的同步复用方式来完成的，复用的基数是4，即 4 × STM-1→STM-4，4 × STM-4→STM-16。在复用过程中保持帧频不变(8000 帧/秒)，这就意味着高一级的 STM-*N* 信号是低一级的 STM-*N* 信号速率的 4 倍。在进行字节间插复用过程中，各帧的信息净负荷和指针字节按原值进行字节间插复用，而段开销则另有规范，并不是所有低阶 STM-*N* 帧中的段开销间插复用而成，而是舍弃了某些低阶帧中的段开销。关于各级 STM-*N* 帧中段开销细节将在后面讲述。

第二种情况就是将各级 PDH 支路信号复用进 STM-*N* 信号中去，其基本过程要经历映射(相当于信号打包)、定位（伴随与指针调整）、复用（相当于字节间插复用）3 个步骤。

ITU-T 规定了一整套完整的映射复用结构（也就是映射复用路线），通过这些路线可将 PDH 的 3 个系列的数字信号以多种方法复用成 STM-*N* 信号。ITU-T 规定的复用路线如图 5-2 所示。

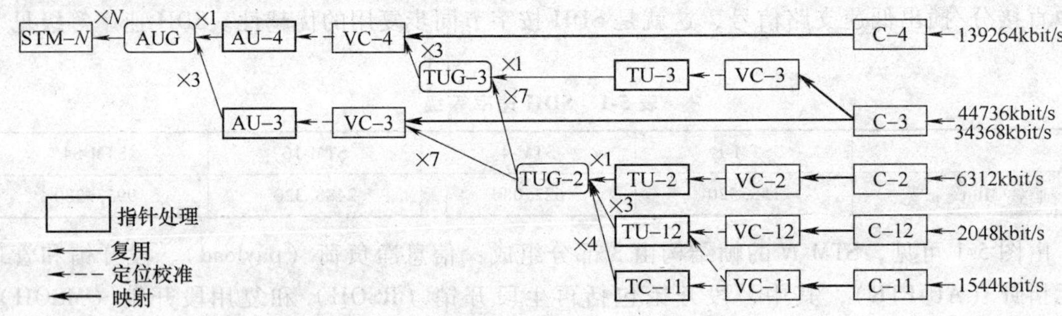

图 5-2 ITU-T 规定的复用路线

从图 5-2 中可以看到此复用结构包括了一些基本的复用单元：C（容器）、VC（虚容器）、TU（支路单元）、TUG（支路单元组）、AU（管理单元）和 AUG（管理单元组），这些复用单元的下标表示与此复用单元相应的信号级别。在图中从一个有效负荷到 STM-*N* 的复用路线不是唯一的，有多条路线（也就是说有多种复用方法）。例如：2Mbit/s 的信号有两条复用路线，也就是说可用两种方法复用成 STM-*N* 信号。

需要注意的是，8Mbit/s 的 PDH 支路信号是无法复用成 STM-*N* 信号的。

尽管一种信号复用成 SDH 的 STM-*N* 信号的路线有多种，但我国的光同步传输网技术体制规定了以 2Mbit/s 信号为基础的 PDH 系列作为 SDH 的有效负荷，并选用 AU-4 的复用路线，其结构如图 5-3 所示。

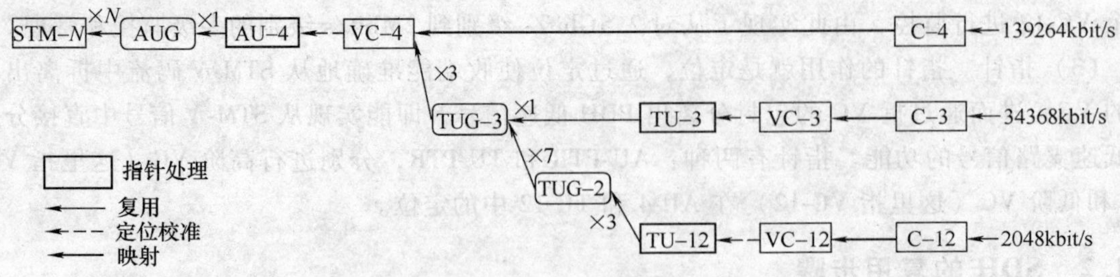

图 5-3 我国的 SDH 基本复用映射结构

下面分别讲述 2Mbit/s、34Mbit/s、140Mbit/s 的 PDH 信号是如何复用进 STM-*N* 信号中

的。

1. 140Mbit/s 信号复用进 STM-*N* 信号

1）经 SDH 复用的各种速率的业务信号都应首先通过码速调整适配装进一个与信号速率级别相对应的标准容器：2Mbit/s 对应 C-12，34Mbit/s 对应 C-3，140Mbit/s 对应 C-4。容器的主要作用就是进行速率调整。将 140Mbit/s 的 PDH 信号经过正码速调整（比特塞入法）适配进 C-4，C-4 是用来装载 140Mbit/s 的 PDH 信号的标准信息结构，C-4 的帧结构如图 5-4 所示。

由图 5-4 可以看出，C-4 信号的帧有 260 列 ×9 行（PDH 信号在复用进 STM-*N* 中时，其块状帧总是保持是 9 行），那么 E4 信号适配速率后的信号速率（也就是 C-4 信号的速率）为：8000 帧/秒 ×9 行 ×260 列 ×8bit = 149. 760Mbit/s。所谓对异步信号进行速率适配，其实际含义就是指当异步信号的速率在一定范围内变动时，通过码速调整可将其速率转换为标准速率。在这里，E4 信号的速率范围是 139. 264 $(1 \pm 1.5 \times 10^{-5})$ Mbit/s（G. 703 规范标准）=（139. 261 ~ 139. 266）Mbit/s，那么通过速率适配可将这个速率范围的 E4 信号，调整成标准的 C-4 速率 149. 760Mbit/s，也就是说能够装入 C-4 容器。

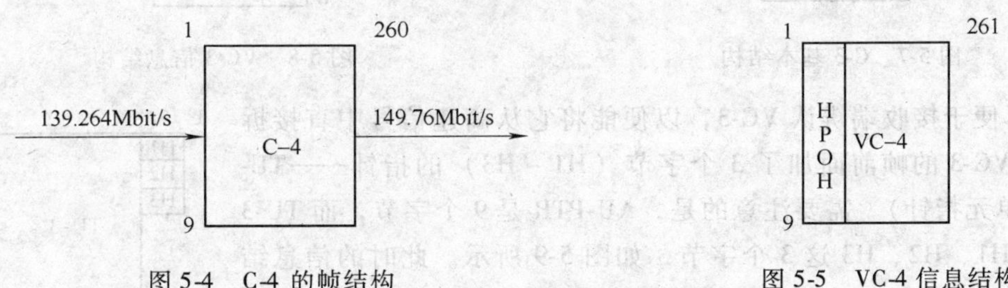

图 5-4　C-4 的帧结构　　图 5-5　VC-4 信息结构

2）为了能够对 140Mbit/s 的通道信号进行监控，在复用过程中要在 C-4 的块状帧前加上一列通道开销字节（高阶通道开销 VC-4 HPOH），此时信号构成 VC-4 信息结构，如图 5-5 所示。

VC-4 是与 140Mbit/s PDH 信号相对应的标准虚容器，此过程相当于对 C-4 信号又打一个包封，将对通道进行监控管理的开销（POH）打入包封中去，以实现对通道信号的实时监控和管理。其实，从高速信号中直接定位上、下的是相应信号的 VC 信息包，然后通过打包，拆包来上、下低速支路（PDH）信号。

在将 C-4 打包成 VC-4 时，要加入 9 个开销字节，它们位于 VC-4 帧的第一列，这时 VC-4 的帧结构就成了 9 行 ×261 列。STM-*N* 的帧结构中，信息净负荷为 9 行 ×261 × *N* 列，当为 STM-1 时，即为 9 行 ×261 列，VC-4 其实就是 STM-1 帧的信息净负荷。将 PDH 信号经打包形成 C（容器），再加上相应的通道开销而形成 VC（虚容器）这种信息结构的过程就叫"映射"。

3）信息被"映射"进入 VC 之后，就可以往 STM-*N* 帧中装载了。装载的位置是其信息净负荷区。在装载 VC 的时候会出现这样一个问题：当被装载的 VC-4 速率和装载它的载体 STM-1 帧的速率不一致时，就会使 VC-4 在 STM-1 帧净荷区内的位置"浮动"。那么在接收端怎样才能正确分离出 VC-4 信息包呢？SDH 采用在 VC-4 前附加一个管理单元指针（AU-PTR）来解决这个问题。此时信号包由 VC-4 变成了管理单元 AU-4 信息结构，如图 5-6 所示。

AU-4 信息结构与 STM-1 帧结构相比，只不过缺少段开销（SOH）而已。因此，AU-4 再加上段开销就形成 STM-1 帧结构。

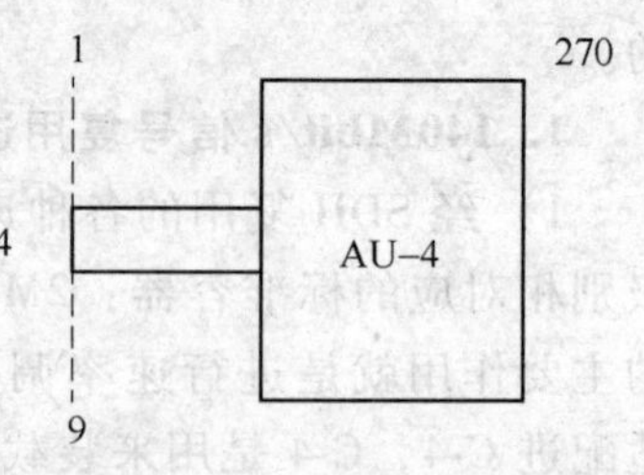

图 5-6 AU-4 信息结构

2. 34Mbit/s 信号复用进 STM-*N* 信号

1）PDH 的 34Mbit/s 的支路信号先经过码速调整将其适配到标准容器 C-3 中，C-3 是用来装载 140Mbit/s 的 PDH 信号的标准信息结构，其基本结构如图 5-7 所示。

2）为了能够对 140Mbit/s 的通道信号进行监控，在复用过程中要在 C-4 的块状帧前加上一列相应的通道开销（低阶通道开销 LPOH），形成 VC-3，如图 5-8 所示。

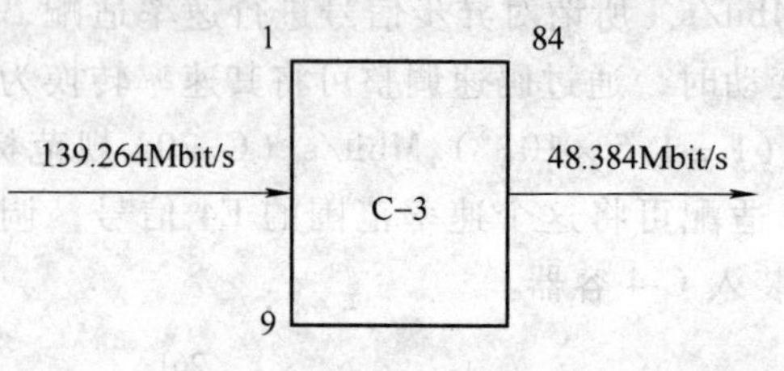

图 5-7 C-3 基本结构

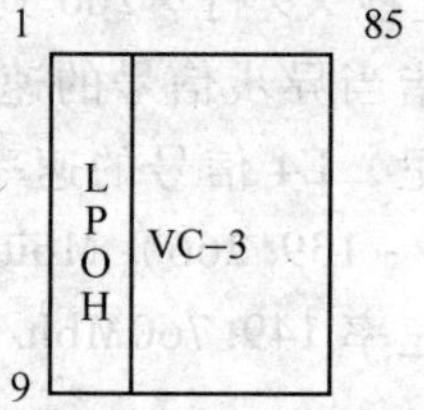

图 5-8 VC-3 信息结构

3）为了便于接收端辨认 VC-3，以便能将它从高速信号中直接拆离出来，在 VC-3 的帧前面加了 3 个字节（H1 ~ H3）的指针——TU-PTR（支路单元指针）。需要注意的是，AU-PTR 是 9 个字节，而 TU-3 的指针仅占 H1、H2、H3 这 3 个字节，如图 5-9 所示。此时的信息结构是支路单元 TU-3（与 VC-3 相应的信息结构），它提供低阶通道层（如 VC3）和高阶通道层之间的桥梁，也就是说，它是高阶通道（高阶 VC）拆分成低阶通道（低阶 VC），或低阶通道复用成高阶通道的中间过渡信息结构。

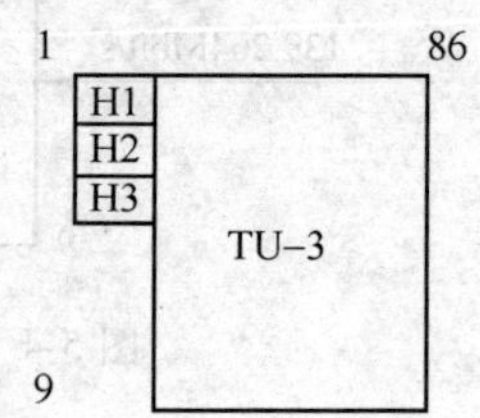

图 5-9 TU-3 结构图

4）图 5-9 中的 TU-3 的帧结构有点残缺，应将其缺口部分补上。将其第 1 列中 H1 ~ H3 余下的 6 个字节都填充哑信息（R），即形成如图 5-10 所示的帧结构，它就是 TUG-3—支路单元组。

5）3 个 TUG-3 通过字节间插复用方式，复合成 C-4 信号结构，复合的结果如图 5-11 所示。

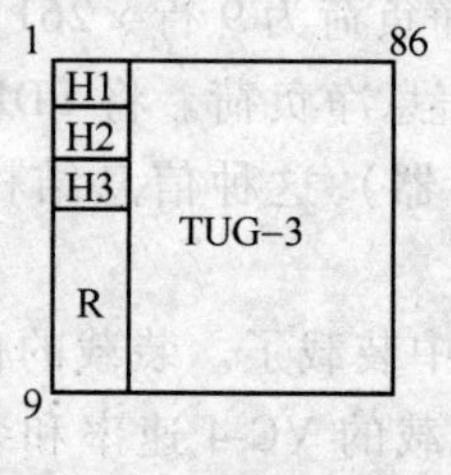

图 5-10 TUG-3 帧结构

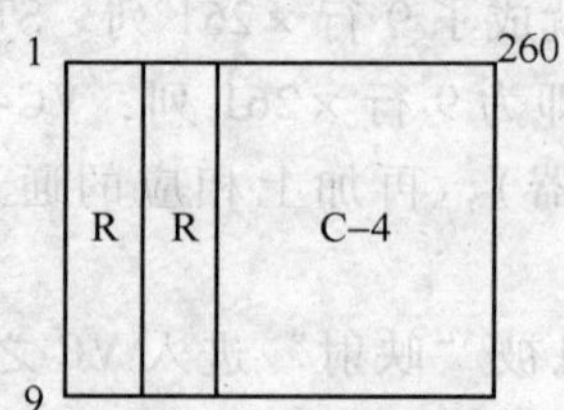

图 5-11 C-4 信号结构

因为 TUG-3 是 9 行 ×86 列的信息结构，所以 3 个 TUG-3 通过字节间插复用方式复合后的信息结构是 9 行 ×258 列的块状帧结构，而 C-4 是 9 行 ×260 列的块状帧结构。于是在 3 × TUG3 的合成结构前面加 2 列塞入比特，使其成为 C-4 的信息结构。

6）这时剩下的工作就是将 C-4 装入 STM-*N* 中去了，过程和前面介绍的将 140Mbit/s 信号复用进 STM-*N* 信号的过程类似：C-4→VC-4→AU-4→AUG→STM-*N*，在此就不再复述了。

3. 2Mbit/s 信号复用进 STM-*N* 信号

1）将异步的 2Mbit/s PDH 信号经过正/零/负速率调整装载到标准容器 C-12 中，其基本结构如图 5-12 所示。

2）为了在 SDH 网的传输中能实时监测任意一个 2Mbit/s 通道信号的性能，需将 C-12 再加上相应的通道开销（低阶），使其成为 VC-12（虚容器）的信息结构，如图 5-13 所示。

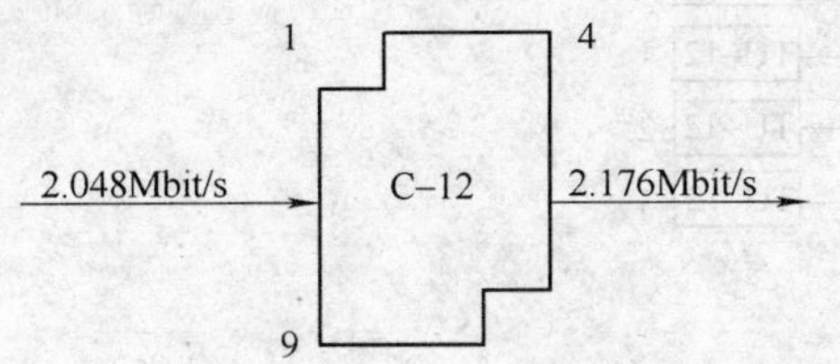

图 5-12　C12 基本结构

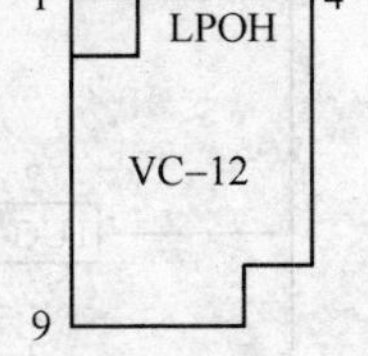

图 5-13　VC12 信息结构

3）为了使接收端能正确定位 VC-12 的帧，再加上 1 个字节（V1 ~ V4）的开销，这就形成了 TU-12 信息结构（完整的为 9 行 ×4 列），如图 5-14 所示。

4）3 个 TU-12 经过字节间插复用合成 TUG-2，如图 5-15 所示。

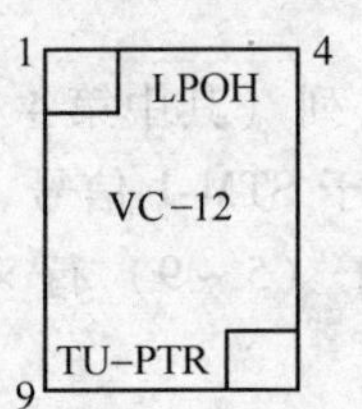

图 5-14　TU-12 信息结构

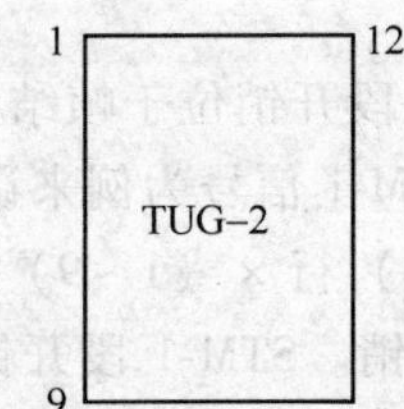

图 5-15　TUG-2 结构图

5）7 个 TUG-2 经过字节间插复用合成 TUG-3 的信息结构，如图 5-16 所示。需要注意的是，7 个 TUG-2 合成的信息结构是 9 行 ×84 列，为满足 TUG-3 9 行 ×86 列的信息结构，则需在 7 个 TUG-2 合成的信息结构前加入 2 列固定塞入位。

6）TUG-3 信息结构再复用进 STM-*N* 中的步骤与前面所讲的一样。此处不再复述。

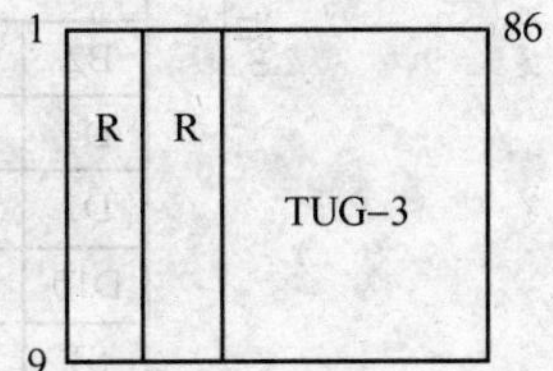

图 5-16　TUG-3 信息结构

从 2Mbit/s 复用进 STM-*N* 信号的复用步骤可以看出，3 个 TU-12 复用成一个 TUG-2，7 个 TUG-2 复用成 1 个 TUG-3，3 个 TUG-3 复用进 1 个 VC-4，1 个 VC-4 复用进 1 个 STM-1，也就是说，2Mbit/s 的复用结构是 3 ×7 ×3 结构。由于复用的方式是按字节间插，所以在一个 VC-4 中的 63 个 VC-12 的排列方式不是顺序排列的。第一个 TU-12 的序号和紧跟其后的 TU-12 的序号相差 21。计算同一个 VC-4 中不同位置 TU-12 的序号的公式如下：

VC-12 序号 = TUG-3 编号 +（TUG-2 编号-1）×3 +（TU-12 编号-1）×21

注：此处指的编号是指 VC-4 帧中的位置编号，TUG-3 的编号范围为 1 ~3；TUG-2 的编号范围为 1 ~7；TU12 编号范围为 1 ~3。TU-12 序号是指本 TU-12 是 VC-4 帧 63 个 TU-12 的

按复用先后顺序的第几个 TU-12。VC4 中 TUG-3、TUG-2 和 TU-12 的排放结构如图 5-17 所示。

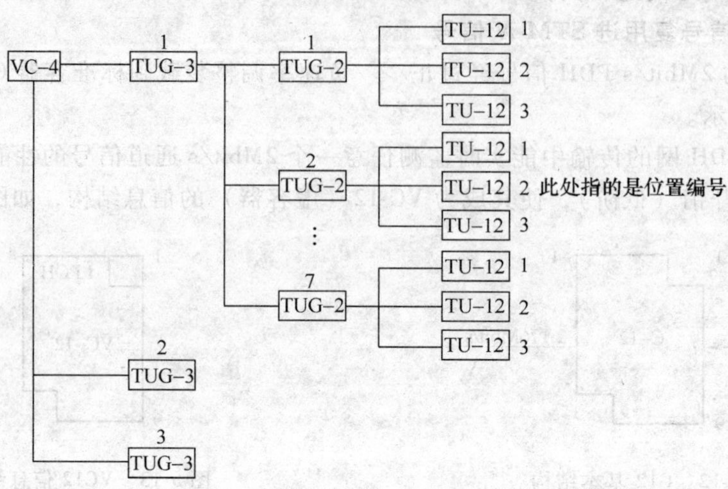

图 5-17　VC-4 中 TUG-3、TUG-2 和 TU-12 的排放结构

5.1.3　SDH 开销字节

1. 段开销

STM-*N* 帧的段开销位于帧结构的（1~9）行×（1~9*N*）列（其中第 4 行为 AU-PTR 除外）。下面以 STM-1 信号为例来讲述段开销各字节的用途。对于 STM-1 信号，段开销包括位于帧中的（1~3）行×（1~9）列的 RSOH 再生段开销和位于（5~9）行×（1~9）列的 MSOH 复用段开销。STM-1 段开销字节安排如图 5-18 所示。

9B（9 行）

A1	A1	A1	A2	A2	A2	J0	×*	×*	
B1	△	△	E1	△		F1	×	×	RSOH
D1	△	△	D2	△		D3			
管理单元指针									
B2	B2	B2	K1			K2			
D4			D5			D6			
D7			D8			D9			MSOH
D10			D11			D12			
S1					M1	E2	×	×	

△为与传输媒质有关的特征字节（暂用）

×为国内使用保留字节

*为不扰码国内使用字节

所有未标记字节待将来国际标准确定（与介质有关的应用，附加国内使用和其他用途）

图 5-18　STM-1 段开销字节安排

（1）定帧字节 A1 和 A2　定帧字节的作用是识别帧的起始点，以便接收端能与发送端保持帧同步。接收端是怎样通过 A1、A2 字节定位帧的呢？A1、A2 有固定的值，也就是有固定的比特图案，即 A1：11110110（F6H），A2：00101000（28H）。接收端检测信号流中的各个字节，当发现连续出现 3*N* 个 A1（F6H），又紧跟着出现 3*N* 个 A2（28H）字节时（在 STM-1 帧中 A1 和 A2 字节各有 3 个），就断定现在开始收到一个 STM-*N* 帧，接收端通过定位每个 STM-*N* 帧的起点，来区分不同的 STM-*N* 帧，以达到分离不同帧的目的。

（2）数据通信通路（DCC）字节：D1～D12　SDH 的特点之一就是具有自动的 OAM 功能，可通过网管终端对网元进行命令的下发、数据的查询，完成 PDH 系统无法完成的业务实时调配、告警故障定位、性能在线测试等功能。用于 OAM 功能的所有数据信息都是通过 STM-*N* 帧中的 D1～D12 字节所提供的 DCC 信道传送的。其中，D1～D3 字节是再生段数据通路（DCCR），速率为 3×64kbit/s＝192kbit/s，用于再生段终端间传送 OAM 信息；D4～D12 字节是复用段数据通路（DCCM），其速率为 9×64kbit/s＝576kbit/s，用于在复用段终端间传送 OAM 信息。DCC 通道速率总共 768kbit/s，它们为 SDH 网络管理提供了强大的专用数据通信通路。

（3）再生段踪迹字节：J0　J0 字节被用来重复地发送段接入点标识符，以便接收端能据此确认与指定的发送端处于持续连接状态。在同一个运营者的网络内，该字节可为任意字符，而在不同两个运营者的网络边界处要使设备收、发两端的 J0 字节相同才能匹配。通过 J0 字节可使运营者提前发现和解决故障，缩短网络恢复时间。

（4）公务联络字节：E1 和 E2　E1 和 E2 可分别提供一个 64kbit/s 的公务联络语声通道，语音信息放在这两个字节中传输。E1 属于 RSOH，用于再生段的公务联络；E2 属于 MSOH，用于复用段终端间直达公务联络。

例如，网络如图 5-19 所示，若仅使用 E1 字节作为公务联络字节，A、B、C、D4 个网元均可互通公务，为什么？因为终端复用器的作用是将低速支路信号分/插到 SDH 信号中，所以要处理 RSOH 和 MSOH，因此用 E1、E2 字节均可通公务。再生器的作用是信号的再生，只需处理 RSOH，所以用 E1 字节也可通公务。

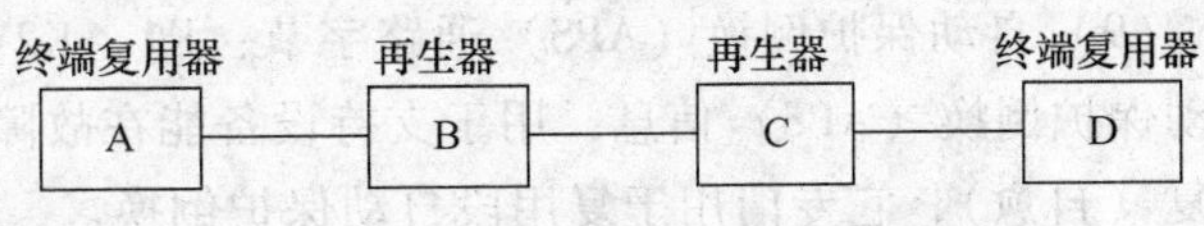

图 5-19　网络示意图

若仅使用 E2 字节作为公务联络字节，那么就仅有 A、D 网元间可以通公务电话了，因为 B、C 网元不处理 MSOH，也就不会处理 E2 字节。

（5）使用者通路字节：F1　F1 提供速率为 64kbit/s 数据/语音通路，保留给使用者（通常指网络提供者）用于特定维护目的公务联络，或可通 64kbit/s 专用数据。

（6）比特间插奇偶校验 8 位码 BIP-8：B1　B1 字节就是用于再生段层误码监测的（B1 位于再生段开销中第 2 行第 1 列）。下面先介绍 BIP-8 奇偶校验机理。

假设某信号帧由 4 个字节 A1＝00110011、A2＝11001100、A3＝10101010、A4＝00001111 组成，那么将这个帧进行 BIP-8 奇偶校验的方法是以 8bit 为一个校验单位（1 个字节），将此帧分成 4 组（每字节为一组，因 1 个字节为 8bit，正好是一个校验单元），按图 5-20 方式摆放整齐。

依次计算每一列中 1 的个数，若为奇数，则在得数（B）的相应位填 1，否则填 0，也就是 B 的相应位的值使 A1A2A3A4 摆放的块的相应列的 1 的个数为偶数。这种校验方法就是 BIP-8 奇偶校验，实际上是偶校验，因为保证的是 1 的个数为偶数。

	A1	00110011
	A2	11001100
BIP–8	A3	10101010
	A4	00001111
	B	01011010

图 5-20　BIP-8 奇偶校验示意图

B 的值就是将 A1A2A3A4 进行 BIP-8 校验所得的结果。B1 字节的工作机理如图 5-21 所示。

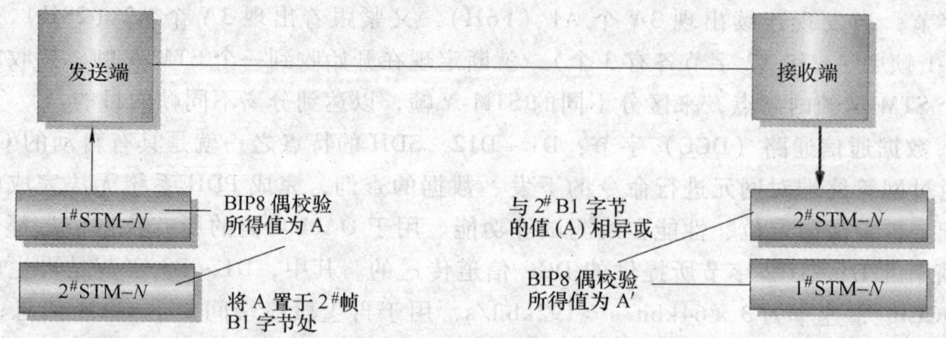

图 5-21　B1 字节的工作机理

发送端对上一个已扰码帧（1#STM-*N*）进行 BIP8 偶校验，所得值放于本帧（2#STM-*N*）的 B1 字节处。接收端对所收当前未解扰帧（1#STM-*N*）进行 BIP8 偶校验，所得值 A′与所收下一帧解扰后（2#STM-*N*）的 B1 字节相异或。异或的值为零表示传输无误码块，有多少个 1 表示出现多少个误码块。

（7）比特间插奇偶校验 $N\times24$ 位的（BIP-$N\times24$）字节：B2　B2 字节的工作机理与 B1 类似，只不过它检测的是复用段层的误码情况。

（8）复用段远端误码块指示字节：M1　M1 字节由接收端回送给发送端，用来传送接收端由 B2 所检出的误块数，以便发送端据此了解接收端的收信误码情况。

（9）自动保护倒换（APS）通路字节：K1、K2（b1 ~ b5）K1、K2（b1 ~ b5）用于传送自动保护倒换（APS）信息，用于支持设备能在故障时进行自动切换，使网络业务得以自动恢复（自愈），它专门用于复用段自动保护倒换。

（10）复用段远端失效指示字节：K2（b6 ~ b8）这 3 个比特用于表示复用段远端告警的反馈信息，表示收信端检测到接收方向的故障或正收到复用段告警指示信号。若收到的 K2 的 b6 ~ b8 为 110 码，则表示对端检测到缺陷的告警（MS-RDI）；若收到的 K2 的 b6 ~ b8 为 111 码，则表示本端收到告警指示信号（MS-AIS）。

（11）同步状态字节：S1（b5 ~ b8）SDH 复用段开销利用 S1 字节的第 5 ~ 8 比特表示 ITU-T 的不同时钟质量级别，使设备能据此判定接收的时钟信号的质量，以此决定是否切换时钟源，即切换到较高质量的时钟源上。S1（b5 ~ b8）的值越小，表示相应的时钟质量级别越高。S1 具体取值见表 5-2。

表 5-2　同步状态消息编码列表

S1(b5 ~ b8)	SDH 同步质量等级描述	S1(b5 ~ b8)	SDH 同步质量等级描述
0000	同步质量不可知（现存同步网）	1000	G. 812 本地局时钟信号
0001	保留	1001	保留
0010	G. 811 时钟信号	1010	保留
0011	保留	1011	同步设备定时源（SETS）
0100	G. 812 转接局时钟信号	1100	保留
0101	保留	1101	保留
0110	保留	1110	保留
0111	保留	1111	不应用做同步

（12）STM-N 的段开销　N 个 STM-1 帧通过字节间插复用成 STM-N 帧，段开销究竟是怎样进行复用的呢？按字节间插复用时各 STM-1 帧的 AU-4 中的所有字节原封不动地按字节间插复用方式复用，而段开销的复用虽说类似，却另有专门规定。也就是说，段开销的复用并非是简单的交错间插，除段开销中的 A1、A2、B2 字节是按字节交错间插复用进入 STM-4 外，其他开销字节要经过终结处理，再重新插入 STM-4 相应的开销字节中。图 5-22 是 STM-4 帧的段开销结构图。STM-16、STM-64 帧的段开销结构这里不再详述。

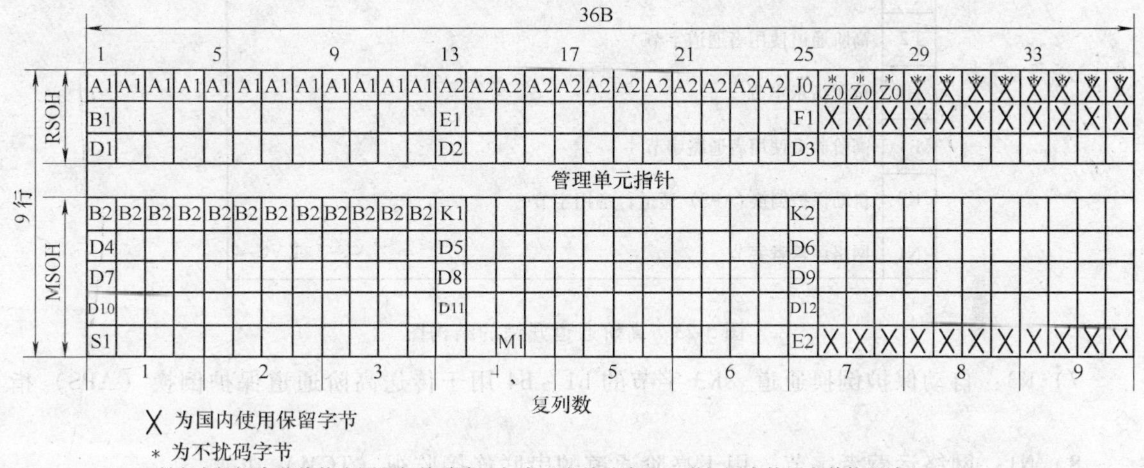

图 5-22　STM-4 帧的段开销结构图

2. 通道开销

通道开销分为高阶通道开销和低阶通道开销。高阶通道开销是对 VC-4 级别的通道进行监测，可对 140Mbit/s 的信号在 STM-N 帧中的传输情况进行监测；低阶通道开销是完成 VC-12 通道级别的 OAM 功能，也就是监测 2Mbit/s 的信号在 STM-N 帧中的传输性能。

（1）高阶通道开销（HP-POH）　高阶通道开销的位置在 VC-4 帧中的第一列，共 9 个字节，如图 5-23 所示。

1）J1：通道踪迹字节。J1 是 VC-4 的首字节，而 AU-PTR 所指向的正是 J1 字节的位置，以使收信端能据此 AU-PTR 的值，准确地在 AU-4 中分离出 VC-4。

2）B3：高阶通道误码监视字节（BIP-8）。利用 BIP-8 原理，B3 字节负责监测 VC-4 在传输中的误码性能，也就监测 140Mbit/s 的信号在传输中的误码性能。监测机理与 B1、B2 类似，只不过 B3 是对 VC-4 帧进行 BIP-8 校验。

3）C2：信号标记字节。C2 用来指示 VC 帧的复接结构和信息净负荷的性质，例如通道是否已装载、所载业务种类和它们的映射方式。

4）G1：通道状态字节。G1 字节实际上传送对告信息，即由接收端发往发送端的回传信息，使发端能据此了解收端接收相应 VC-4 通道信号的情况。

5）F2、F3：使用者通路字节。这两个字节提供通道单元间的公务通信（与净负荷有关），目前很少使用。

6）H4：TU 位置指示字节。H4 字节指示有效负荷的复帧类别和净负荷的位置。例如作为 TU-12 复帧指示字节或 ATM 净负荷进入一个 VC-4 时的信元边界指示器。

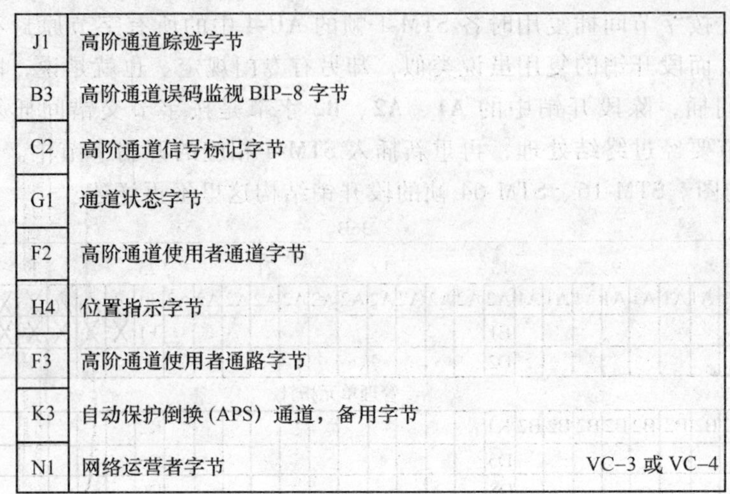

图 5-23　高阶通道开销的结构图

7）K3：自动保护倒换通道。K3 字节的 b1 ~ b4 用于传送高阶通道保护倒换（APS）指令。

8）N1：网络运营者字节。用于高阶通道的串联连接监视（TCM）功能。

（2）低阶通道开销（LP-POH）　低阶通道开销放在 VC-12 的什么位置上呢？图 5-24 显示了一个 VC-12 的复帧结构，由 4 个 VC-12 基帧组成，低阶 POH 就位于每个 VC-12 基帧的首字节，一组低阶通道开销共有 4 个字节：V5、J2、N2、K4。

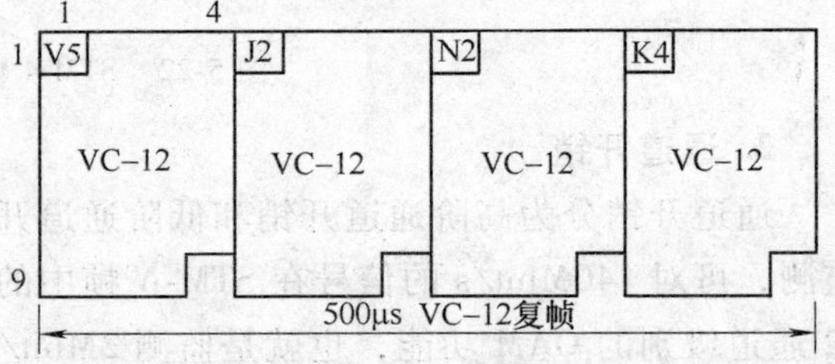

图 5-24　VC-12 的复帧结构

1）V5：通道状态和信号标记字节。V5 是 TU-12 复帧的第一个字节，TU-PTR 指示的是 VC-12 复帧的起点在 TU-12 复帧中的具体位置，也就是 V5 字节在 TU-12 复帧中的具体位置。V5 字节具有高阶通道开销 G1 字节类似的功能。

2）J2：VC-12 通道踪迹字节。J2 的作用类似于 J0、J1，使接收端能据此确认与发送端在此通道上处于持续连接状态。

3）N2：网络运营者字节。用于低阶通道的串联连接监视（TCM）功能。

4）K4：自动保护倒换通道。b1 ~ b4 比特用于通道保护，b5 ~ b7 比特是增强型低阶通道远端缺陷指示。

5.1.4　SDH 指针

1. 管理单元指针（AU-PTR）

（1）AU-PTR 的位置　AU-PTR 的位置在 STM-1 帧的第 4 行，1 ~ 9 列共 9 个字节，用以指示 VC-4 的首字节 J1 在 AU-4 净负荷的具体位置，以便接收端能据此准确分离 VC-4，如图 5-25 所示。

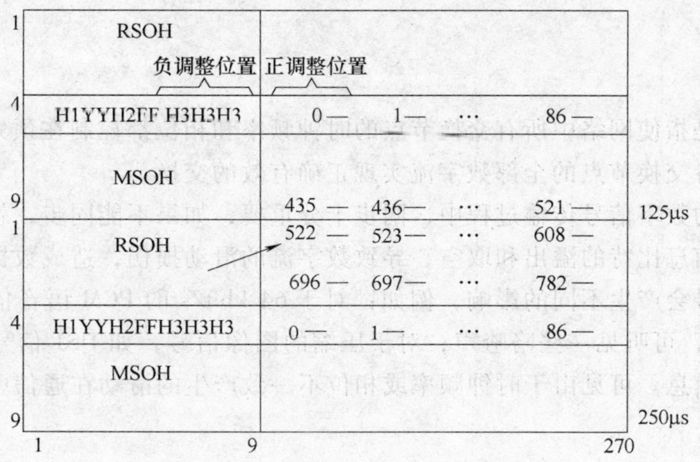

图 5-25　AU-PTR 在 STM-1 帧中的位置

从图中可看到，AU-PTR 由 H1YYH2FFH3H3H3 共 9 个字节组成，Y = 1001SS11，其中，S 比特未规定具体的值，F = 11111111。指针的值放在 H1、H2 两字节的后 10 个比特中。AU-4 的指针调整，每调整 1 步为 3 个字节，它表示每当指针值改变 1，VC-4 在净荷区中的位置就向前或往后跃变了 3 个字节。为了便于定位 VC-4 在 AU-4 净负荷中的位置，给每个调整单位赋予一个位置值，规定将紧跟 H3 字节的那个 3 字节单位设为 0 位置，然后依次后推。这样一个 AU-4 净负荷区就有 261 ×9/3 = 783 个位置，而 AU-PTR 指的就是 J1 字节所在 AU-4 净负荷的某一个位置的值。显然，AU-PTR 的范围是 0 ~782。

（2）指针调整

1）当 VC-4 的速率（帧频）高于 AU-4 的速率（帧频）时，此时将 3 个 H3 字节（一个调整步长）的位置用来存放信息；紧跟着 FF 两字节的 3 个 H3 字节所占的位置叫做负调整位置。这 3 个 H3 字节就像货车临时加挂的一个备份车箱，可以缓冲一下运送能力不足的矛盾。那么，这时下一个 VC-4 在下一个 AU-4 净荷中的位置就向前跳动了 1 步（3B），随着指针值就减少 1，这就实现了 1 次指针负调整。当指针值等于 0 时，再减 1 即为 782。

2）当 VC-4 的速率低于 AU-4 速率时，可在净荷区内靠着 3 个 H3 字节处再插入 3 个字节的塞入比特，填充伪随机信息。这可插入 3 个字节塞入比特的位置叫做正调整位置。这时 VC-4 的首字节就要向后串 1 个步长（3B），于是下一个 VC-4 在下一个 AU-4 净荷中的位置就往后跳动了 1 步（3B）。随着指针值就增加 1，这就实现了一次指针正调整。当指针值等于 782 时，再加 1 即为 0。

3）不管是正调整和负调整都会使 VC-4 在 AU-4 的净负荷中的位置发生了改变，也就是说 VC-4 首字节在 AU-4 净负荷中的位置发生了改变。这时 AU 指针值也会作出相应的正、负调整。

2. 支路单元指针（TU-PTR）

TU-12 指针用以指示 VC-12 的首字节（V5）在 TU-12 净负荷中的具体位置，以便接收端能准确分离出 VC-12。TU-PTR 的指针调整和指针解读方式类似于 AU-PTR，这里不再详细阐述。

5.2　网同步

所谓网同步是指使网络中所有交换节点的时钟频率和相位都控制在预先确定的容差范围内，以便使网内各交换节点的全部数字流实现正确有效的交换。

在固定速率的数字信号传输过程中，同步十分重要，如果不能同步，就会在数字交换机的缓存器中产生信息比特的溢出和取空，导致数字流的滑动损伤，造成数据出错。滑动损伤对各种不同的信号会产生不同的影响，例如：对于 64 kbit/s 的 PCM 语音信号，当滑动速率达到 255 帧/小时，可听见一些咯喳声；对于压缩的图像信号，如 DS1 信号，每滑动一帧将丢失一行或多行信息。可见由于时钟频率或相位不一致产生的滑动在通信中影响很大，必须有效地控制。

5.2.1　网同步原理

1. 同步方式

（1）主从同步　主从同步定义一系列分级的时钟，每级时钟都与其上一级时钟同步，网络中最高一级时钟称为基准主时钟（PRC）。它是一个高准确度（也称精度）、高稳定度的时钟。经树状结构进行同步分配，如图 5-26 所示，将定时基准信号送至网内各级节点时钟，然后通过锁相环使本地时钟的相位锁定到收到的定时基准上，从而使网内各节点时钟都与 PRC 同步。

根据 ITU-T 的规定，目前将各级时钟划分为 4 类：

1）基准主时钟 PRC，由 G.811 规范。

2）二级转接局从时钟 SSU_T，由 G.812 规范。

3）三级端局从时钟 SSU_L，由 G.812 规范。

4）SDH 网元时钟 SEC，由 G.813 规范。

（2）相互同步　相互同步不设主时钟，由网内各节点时钟相互控制，最后都调整到一个稳定的、统一的系统频率上，从而实现全网的同步工作，如图 5-27 所示。

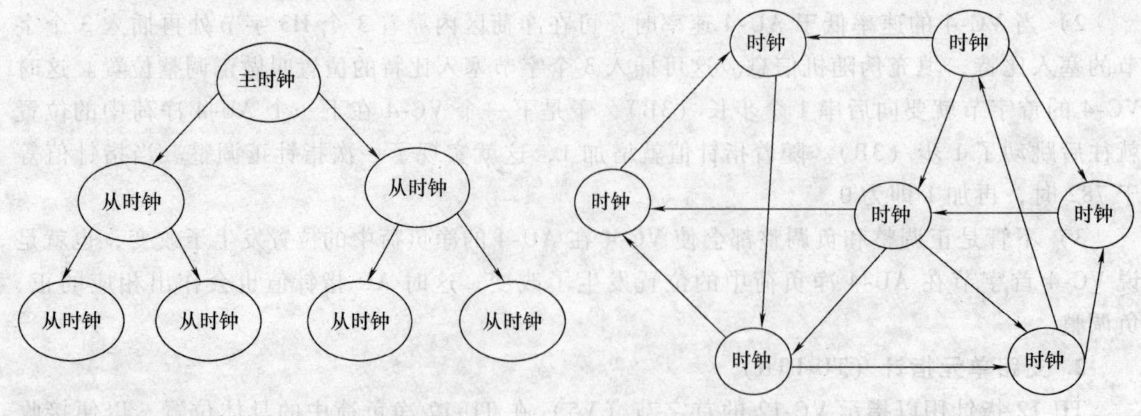

图 5-26　主从同步树状分配结构　　　　图 5-27　相互同步方式

如果采用相互同步方式，一个同步设备的故障会影响网内的所有设备，同时还存在故障隔离困难等运用方面的问题。与此相比，主从同步方式是能均匀保持频率的最实用方式。因此在实际网络应用中，一般使用主从同步方式来实现网同步，即让整个网络同步于一个高精度的主时钟。

2. 时钟种类

常见时钟种类如下：

（1）铯原子钟　长期频率稳定度为 $10^{-13} \sim 10^{-14}$，即约300万年误差1s，价格昂贵，短期稳定度差，可作为最高级基准时钟。

（2）铷原子钟　体积小，预热时间短，短期稳定度高，价格便宜，但长期稳定性低于铯原子钟，可作为地区级基准时钟。

（3）GPS（全球定位系统）　与大楼综合定时源（BITS）内部时钟和GPS接收机内部时钟综合，才能得到长期和短期都能满足要求的定时信号。

（4）石英晶体振荡器　可靠性高，寿命长，价格低，频率稳定度范围很宽，但长期频率稳定度不好。

3. 时钟源种类

定时参考信号可以有以下4种来源：

（1）外部时钟源　由SETPI功能模块提供输入接口。

（2）线路时钟源　由SPI功能块从STM-*N*线路信号中提取。

（3）支路时钟源　由PPI功能块从PDH支路信号中提取，一般不用。

（4）设备内置时钟源　由SETS功能块提供。

4. 时钟工作方式

对于SDH时钟（SEC），共有以下3种工作模式：

（1）锁定模式　即正常工作模式，指网元内部时钟锁定工作于某外部参考时钟源。

（2）保持模式　指系统在外部参考定时基准失效时，内部时钟利用失效前存储的最后的频率信号为基准工作。在保持模式下，当外部同步参考信号恢复后，系统将倒换回锁定模式工作。如果外同步参考定时信号长时间未被修复，系统将继续工作在保持模式下。但由于系统内部时钟的准确度较低，该系统的定时信号将渐渐与参考定时信号之间产生偏差，最后趋于自由运行状态。一般至少应保证24h之内的频率准确度满足一定的要求。

（3）自由振荡运行模式　指系统工作于内部时钟自由振荡，与外部参考时钟无关。

5.2.2 SDH网同步原理

1. SDH网同步结构

SDH网同步通常采用主从同步方式，主要分为局间应用和局内应用两种情况。

1）局间应用。局间同步时钟分配采用树形结构，使SDH网内所有节点都能同步。各级时钟间关系如图5-28所示。

2）局内同步分配一般采用逻辑上的星形结构。所有网元时钟都直接从本局内最高质量的时钟——综合定时供给系统（BITS）获取。局内同步分配结构如图5-29所示。

2. SDH网同步的要求

为了提高网同步的可靠性，对SDH网同步提出如下要求：

1）整个网路都同步于一个主时钟。

2）所有节点时钟都至少可以从两条同步路径获取定时（即应配置传送时钟的备用路径），这样，原有路径出故障时，从时钟可重新配置从备用路径获取定时。

3）不同的同步路径最好由不同的路由提供。

4）一定要避免形成定时环路。

3. 同步状态标志（SSM）

为了实现对网同步的状态与精度进行监测，并帮助进行同步网的保护倒换，引入了同步状态标志（SSM）。SDH 段开销中的 S1 字节后 4bit 是同步信号质量等级（QL）的标志，可按 ITU-TG. 707 建议定义 S1 字节，详见表 5-3。

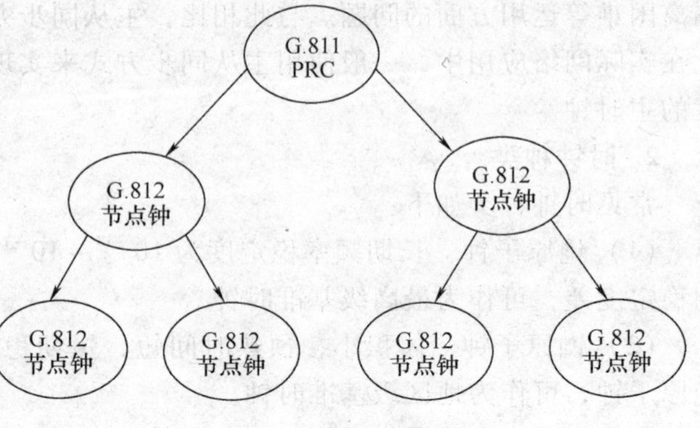

图 5-28 各级时钟间关系

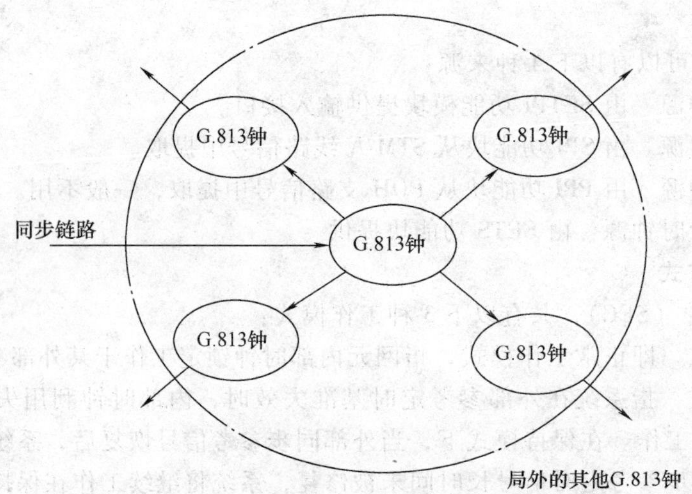

图 5-29 局内同步分配结构

表 5-3 S1 字节的 SSM 定义

S1 字节（b5 ~ b8）	QL 值	同步质量等级（QL）描述
0000	0	等级未知
0010	2	G. 811 主时钟
0100	4	G. 812 转接局从时钟
1000	8	G. 812 终端局从时钟
1011	11	网元时钟
1111	15	不能用于同步

注：S1 字节的其他值未定义。

4. 同步方案实例

下面通过一个简单的例子来说明同步方案设计的具体实现以及 SSM 字节在同步网自愈倒换中的作用。正常情况下网络定时方案图如图 5-30 所示，网络中有 A、B、C、D、E 和

F6 个网元，它们组成环状网。A 站有两个外部参考时钟，即同步网节点时钟 1 和时钟 2，其 QL 等级分别为 2 和 4（十进制表示）。其他网元采用来自 A 站的信号提取时钟，即线路定时。各站都设有工作、保护两个方向的定时参考，分别为线路 A（LA）与线路 B（LB）。

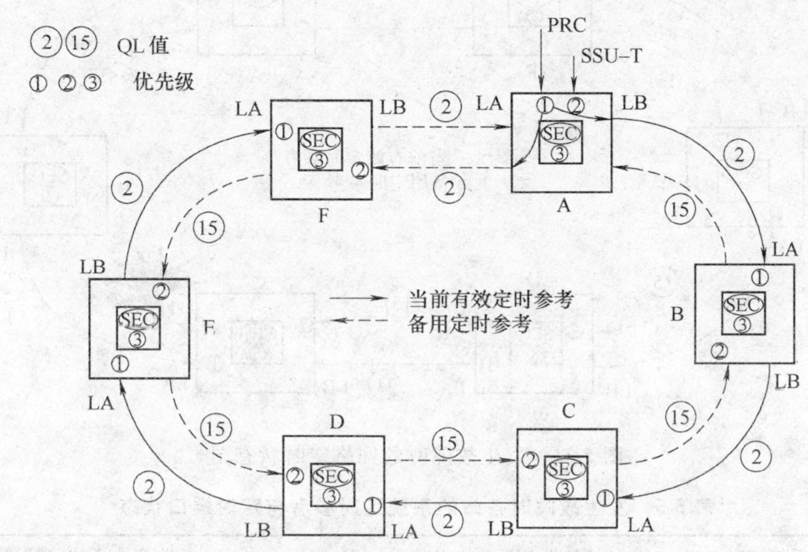

图 5-30　正常情况下网络定时方案图

正常工作时，各站的系统定时参考与定时端口状态见表 5-4。

表 5-4　正常工作时各站的系统定时参考与定时端口状态

站　名	系统定时参考	优先级为 1 的定时源及 QL 值	优先级为 2 的定时源及 QL 值
A	锁定参考时钟 1	参考时钟 1，2	参考时钟 2，4
B	锁定线路 A	线路 A，2	线路 B，15
C	锁定线路 A	线路 A，2	线路 B，15
D	锁定线路 A	线路 A，2	线路 B，15
E	锁定线路 A	线路 A，2	线路 B，15
F	锁定线路 A	线路 A，2	线路 B，2

一旦 B 与 C 之间的光纤断裂（见图 5-31），C 站将无法提取来自 B 站的线路时钟信号，定时信号失效，C 站进入保持模式，由内部时钟提供 SEC 等级的定时，通过 C 站向下游发送的线路信号中 S1 字节后 4 位值为 11。从 D 站至 F 站的各站将收到该 S1 字节。在 F 站，人们发现线路 A 方向收到的 S1 字节值比线路 B 方向收到的 S1 字节的值大，即线路 A 方向定时信号的质量等级低于线路 B 方向，因而在 F 站首先发生了定时源的倒换，提取来自线路 B 方向信号中的定时信号作为系统定时源，同时把线路 B 方向发送的 S1 字节设置为 15。

发生故障时，各站的系统定时参考与定时端口状态见表 5-5。

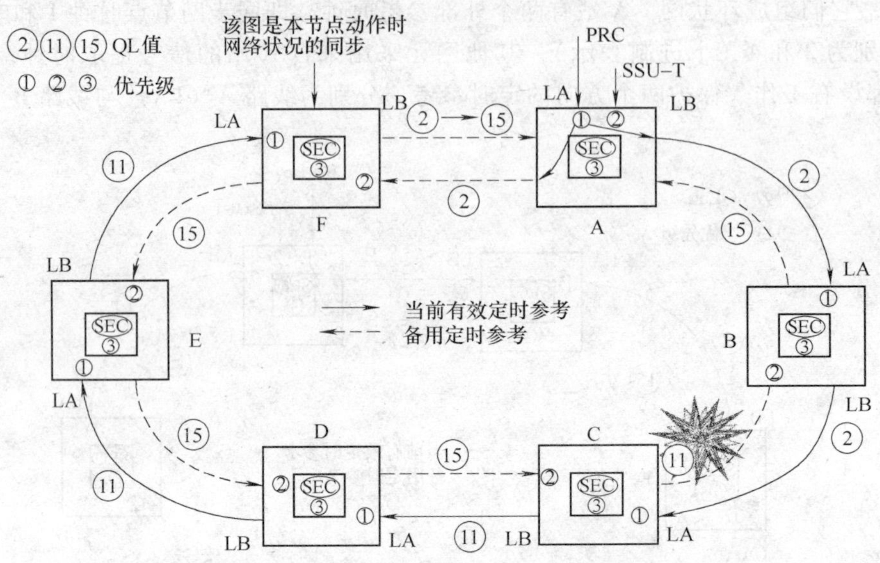

图 5-31 发生故障时的网络定时状态图

表 5-5 发生故障时各站的系统定时参考与定时端口状态

站 名	系统定时参考	优先级为 1 的定时源及 QL 值	优先级为 2 的定时源及 QL 值
A	锁定参考时钟 1	参考时钟 1，2	参考时钟 2，4
B	锁定线路 A	线路 A，2	线路 B，15
C	保持模式	线路 A，无	线路 B，15
D	锁定线路 A	线路 A，11	线路 B，15
E	锁定线路 A	线路 A，11	线路 B，15
F 倒换前	锁定线路 A	线路 A，11	线路 B，2

当 F 站完成倒换后，F 站线路 A 方向发送 S1 字节的 QL 为 2。当 E 站接受到该字节后也将发生倒换。在 E、D 和 C 站都将发生同样的倒换。最终形成的定时状态如图 5-32 所示，整个网络的定时得到了恢复。

定时倒换后，各站的系统定时参考与定时端口状态见表 5-6。

表 5-6 定时恢复后各站的系统定时参考与定时端口状态

站 名	系统定时参考	优先级为 1 的定时源及 QL 值	优先级为 2 的定时源及 QL 值
A	锁定参考时钟 1	参考时钟 1，2	参考时钟 2，4
B	锁定线路 A	线路 A，2	线路 B，15
C	锁定线路 B	线路 A，无	线路 B，2
D	锁定线路 B	线路 A，15	线路 B，2
E	锁定线路 B	线路 A，15	线路 B，2
F	锁定线路 B	线路 A，15	线路 B，2

可见，各 SDH 网元可以利用定时模块的端口属性与 SSM 字节功能实现网络定时的自动恢复。利用以上特点，完全可以设计出有效可靠的同步方案。

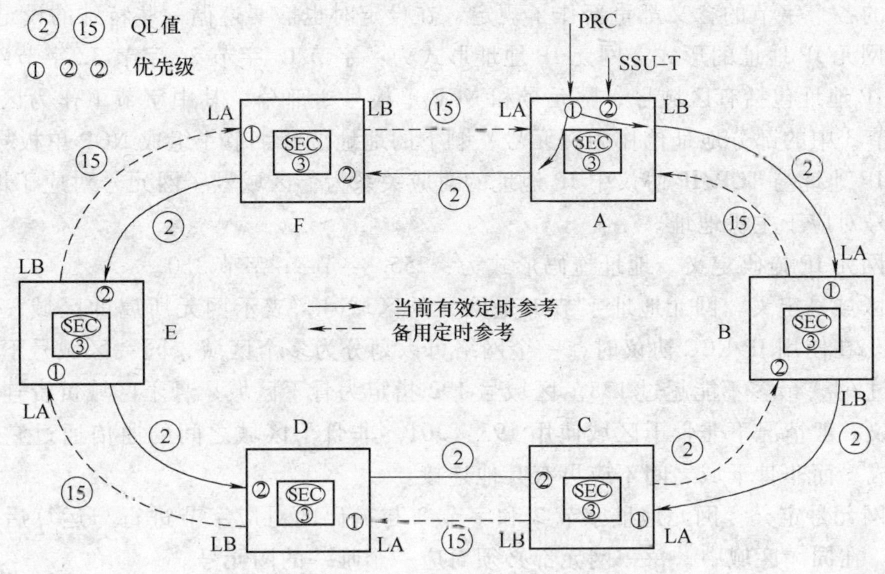

图5-32　定时恢复后的网络定时状态图

5.3　网元IP地址定义

5.3.1　采用私有ECC协议栈的网元IP地址设置

在使用私有ECC协议栈进行组网设置时，一个子网中所有网元的IP地址和网管主机的IP地址必须设置在同一网段内，不同子网中的网元可以使用同一网段的IP地址，IP地址和子网掩码的值应当满足标准TCP/IP协议的规定。在使用私有ECC协议栈进行组网设置时，建议将网络地址选为192.192.192.0，子网掩码为255.255.255.0，网管主机IP设置为192.192.192.250。例如，一个子网中有5个网元，则该子网中各个网元和网管主机的IP地址、子网掩码设置见表5-7。

表5-7　网元和网管主机IP地址、子网掩码设置

设　备	IP地址	子网掩码
网元A	192.192.192.1	255.255.255.0
网元B	192.192.192.2	255.255.255.0
网元C	192.192.192.3	255.255.255.0
网元D	192.192.192.4	255.255.255.0
网元E	192.192.192.5	255.255.255.0
网管主机	192.192.192.250	255.255.255.0

5.3.2　采用IP ECC协议栈的网元IP地址设置

1. 网元IP地址的定义

对于采用IP ECC协议栈时网元IP地址的定义，仍然采用了IP地址的定义方法，但是

IP 地址中的各个字节的含义都重新作了规定，在设定时也需要遵循一些特殊的设定原则。

（1）网元 IP 地址的形式　网元 IP 地址形式为：字节 1. 字节 2. 字节 3. 字节 4。

网元 IP 地址包括有区域号、网元号和 NCP 单板号 3 部分，其中字节 1 作为区域号，字节 2 和字节 3 中的部分地址位作为网元号，剩下的地址位和字节 4 组成 NCP 单板号。

网元 IP 地址与 TCP/IP 协议中 IP 地址的对应关系为：区域号 + 网元号对应于网络地址，NCP 单板号对应于主机地址。

（2）网元 IP 掩码定义　地址掩码形式为：255. 字节 2. 字节 3. 0。

（3）区域号定义　网元地址字节 1 是网元的区域号，表示网元所属的区域，取值范围为 1 ~ 223。在使用 IP ECC 协议时，一个网络可以划分为多个区域，同一区域号下的网元数建议不超过 64，最多不能超过 128。区域号 192 指定为骨干区域，骨干区域负责连接其他的区域，建议一般情况下非骨干区域使用 193 ~ 201。非骨干区域之间的通信通过它们之间的骨干网完成，而非骨干域之间不应再有其他连接。

（4）网元号定义　网元地址字节 2 和字节 3 与掩码的对应字节进行与运算后的结果作为网元号。在同一区域中，每一网元都必须对应一个唯一的网元号。

（5）单板号定义　网元地址字节 2、字节 3 和字节 4 与掩码的对应字节的反码进行与运算后的结果作为 NCP 单板号。NCP 单板号即代表该网元的主机号，为显式定义。NCP 板号必须大于 9，小于 100，建议统一采用 18。网元中其他单板的单板号根据 NCP 的单板号自动分配，同一网元内的单板号不能重复，不同网元的单板号可以重复。

2. 网元网络地址编码举例

网络结构如 5-32 所示，网元 192、193、194、198、199、200、201、202 相对比较集中，网元间关连较多，并组成一个网状结构，因此将这些网元划分为一个区域 193；而网元 195、196、197、203 比较集中，组成环状结构，因此将这组网元划分为另一个区域 194；区域 193 和区域 194 之间只通过网元 202 和 203 有单一的连接，因此将网元 202 和 203 抽出来作为连接其他区域的骨干域（区域 192）。

详细区域以及网元的网络地址规划如下：

网管主机地址为：193. 1. 192. 1，网络掩码为：255. 255. 255. 0。

区域 193 包括：网关网元 192（193. 1. 192. 18），网元 193（193. 1. 193. 18），网元 194（193. 1. 194. 18），网元 198（193. 1. 198. 18），网元 199（193. 1. 199. 18），网元 200（193. 1. 200. 18），网元 201（193. 1. 201. 18）。

区域 194 包括：网元 195（194. 1. 195. 18），网元 196（194. 1. 196. 18），网元 197（194. 1. 197. 18）。

骨干域（区域 192）包括：网元 202（192. 1. 202. 18），网元 203（192. 1. 203. 18）。

当然，也可以简单地将所有这些网元都划分在一个区域中，这样就不需要骨干域了。这种将所有网元都放在一个区域的划分方法虽然简单，但当网元数量较多时会影响 ECC 路由算法的效率，因此只适合于网元数量不多的情况，一般一个区域的网元数最多不要超过 120 个。

3. 网管主机的地址和路由设置

如果要使网管能正确地管理所有的网元，必须在网管主机上正确设置可到达全网的 IP 路由。首先必须在网管主机的网卡上绑定一个与网关网元属于同一网段的 IP 地址，即网管主机与网关网元具有相同的网络号。而主机号应当小于网关网元的主机号（即 NCP 单板号）。建议网管的主机号范围为 1～9。

以图 5-33 的组网为例，可以在网管主机的网卡上绑定一个与网关网元 192 属于同一网段的 IP 地址 193.1.192.1. 由此可以保证网管主机到接入网元有路由可达，然后再设置可到达其他网元的路由。

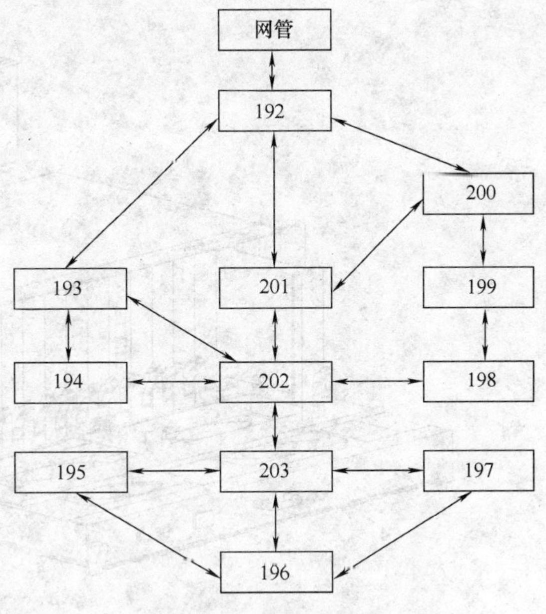

图 5-33　网络结构示意图

在网管上设置路由有以下两种方法：

1）在网管主机侧运行 OSPF 动态路由协议。用此方法无需设置任何路由。但是使用动态路由一定要谨慎，不要将一些无效或可能重复的路由传播到网络上去，以免引起某些网元无法到达或路由表的过分庞大。另外，使用动态路由还会增加网管主机的运行负担，因此应尽量使用设置静态路由或默认路由的办法，这样就可以过滤掉很多与网络无关的 IP 包，提高网管运行效率。

2）设置默认路由或静态路由，此默认路由或静态路由应指向与网管主机直接相接的网元，并要删除其他可能重复配置的路由。

5.4　ZXMP S320 设备介绍

5.4.1　ZXMP S320 设备组成

ZXMP S320 设备结构组成如图 5-34 所示。

5.4.2　ZXMP S320 设备单板介绍

1. 背板（MB1）

背板作为 ZXMP S320 设备机箱的后背板，固定在机箱中，是连接各个单板的载体，同时也是 ZXMP S320 设备同外部信号的连接界面。在背板上分布有 38Mbit/s 的数据总线、19Mbit/s 和 38Mbit/s 时钟信号线、8kHz 帧信号线，64kbit/s 开销时钟信号线以及板在位线、电源线等，通过遍布背板的插座将各个单板之间、设备和外部信号之间联系起来。

2. 电源板（PWA，PWB）

电源板主要提供各单板的工作电源即二次电源，一块电源板相当于一个小功率的 DC/DC 变换器，能为 ZXMP S320 设备内的各个单板提供其运行所需的 +3.3V、+5V、-5V 和 -48V 直流电源。为满足不同的供电环境，ZXMP S320 提供了 PWA 和 PWB 两种电源板，分别适用于一次电源为 -48V 和 +24V 的情况。为提高系统供电的可靠性，ZXMP S320 设备支持电源板的热备份工作方式。

3. 网元控制处理板（NCP）

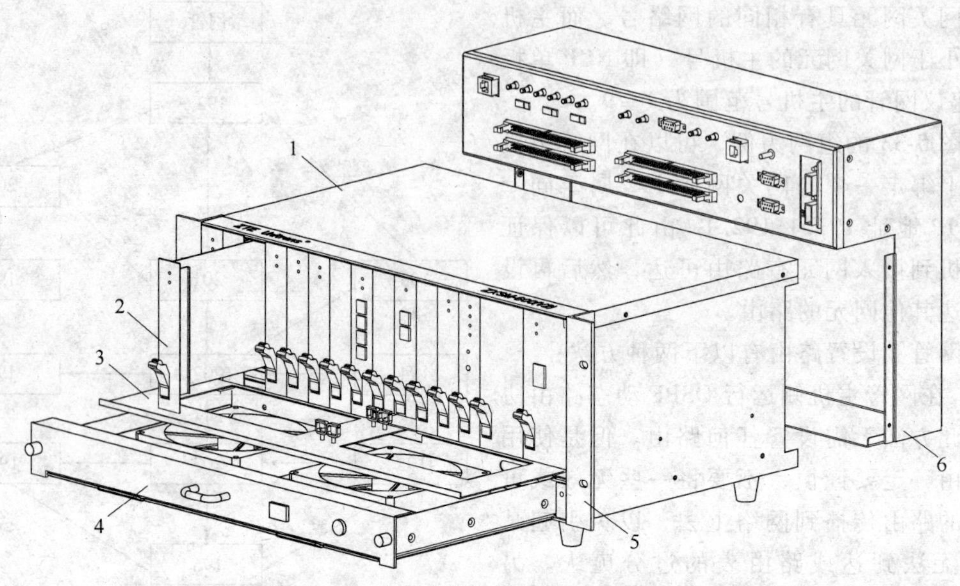

图 5-34 ZXMP S320 设备结构组成

1—机箱 2—单板 3—尾纤托板 4—风扇单元 5—安装支耳 6—前出线组件

NCP 是一种智能型的管理控制处理单元，内嵌实时多任务操作系统，实现 ITU-T G. 783 建议规定的同步设备管理功能（SEMF）和消息通信功能（MCF）。NCP 在网络管理结构中的位置如图 5-35 所示。

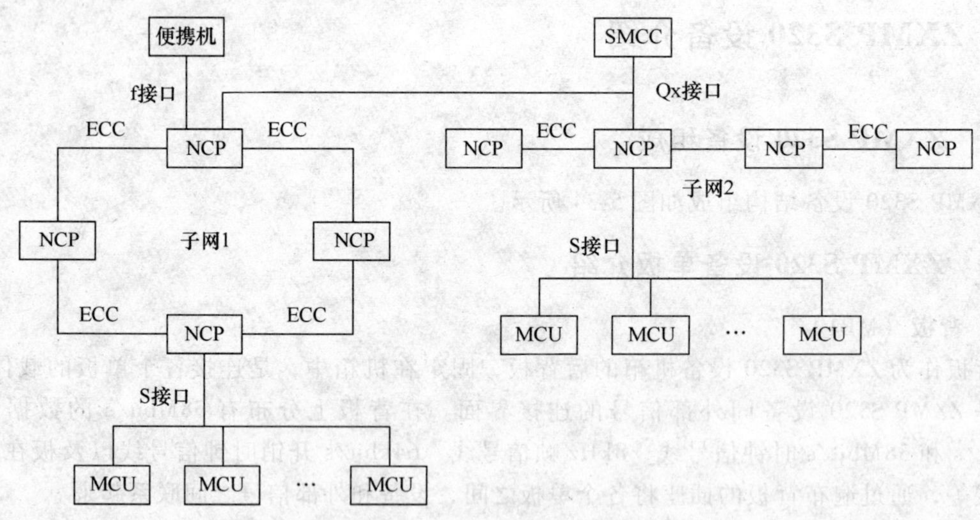

图 5-35 NCP 在网络管理结构中的位置

NCP 作为整个系统的网元级监控中心，向上连接子网管理控制中心（SMCC），向下连接各单板管理控制单元（MCU），收发单板监控信息，具备实时处理和通信能力。NCP 完成本端网元的初始配置，接收和分析来自 SMCC 的命令，通过通信口对各单板下发相应的操作指令，同时将各单板的上报消息转发网管。NCP 还控制本端网元的告警输出和监测外部告警输入，NCP 可以强制各单板进行复位。NCP 提供的接口和功能如下：

(1) S接口　S接口是NCP板与系统时钟板、勤务板、光板、交叉板及各种电支路板等单板通信的接口。NCP板通过S接口给各单板管理控制处理器（MCU）下达配置命令，并采集各单板的性能和告警信息。

(2) ECC通道　ECC是SDH网元之间交流信息的通道，它利用SDH段开销中的DCC（D1～D3字节）作为ECC的物理通道，数据链路层采用HDLC协议，工作在同步方式，其通信速率为192kbit/s。

(3) Qx接口　Qx是满足10Base-T/100Base-TX的以太网标准接口，符合TCP/IP协议。它是网元与子网管理控制中心（SMCC）的通信接口。NCP板通过Qx口可向SMCC上报本网元及所在子网的告警和性能，并接收SMCC给本网元及所在子网下达的各种命令。

(4) f接口　f接口是网元与本地管理终端LMT（通常是便携机）之间的通信接口，一般为工程维护人员使用，通过f接口可以为NCP配置初始数据，也可以连接本地网元的监视终端。f接口满足RS232电气特征，通信速率为9600bit/s。

(5) 外部告警输入接口　NCP板可接入告警输入开关量，开关量接通/断开对应的告警状态可以通过网管进行设定。

(6) 单板复位　NCP为本端网元的所有MCU提供复位信号，SMCC可以通过NCP硬件复位MCU。

4. 系统时钟板（SCB）

SCB的主要功能是为SDH网元提供符合ITU-T G.813规范的时钟信号和系统帧头，同时也提供系统开销总线时钟及帧头，使网络中各节点网元时钟的频率和相位都控制在预先确定的容差范围内，以便使网内的数字流实现正确有效的传输和交换，避免数据因时钟不同步而产生滑动损伤。

SCB设有两个标准2.048Mbit/s的BITS时钟输入接口，6个8kbit/s线路时钟输入基准和5路可选支路时钟输入基准，根据各时钟基准源的告警信息以及时钟同步状态信息（SSM）完成时钟基准源的保护倒换。

5. 勤务板（OW板）

OW板利用SDH段开销中的E1字节和E2字节提供两条互不交叉的话音通道，一条用于再生段（E1），一条用于复用段（E2），从而实现各个SDH网元之间的语音联络。

OW板采用PCM语音编码，使用双音频信令，能够通过网管软件中的设定实现点对点、点对多点、点对组、点对全线的呼叫和通话。OW板利用SDH段开销中的F1字节给用户提供一个标准的RS232C同向数据接口，可以实现SDH网元间的点对点数据传送。

OW板还包含开销交叉功能，完成6个光口的空闲开销与支路音频/数据板的HW总线进行36×36的64kbit/s信号全交叉。

6. STM-1光接口板（OIB1板）

OIB1板对外提供一路或两路的STM-1标准光接口，实现VC-4到STM-1之间的开销处理和净负荷传递，完成AU-4指针处理和告警检测等功能。

提供一路光接口的OIB1表示为OIB1S，提供两路光接口的OIB1表示为OIB1D，为满足不同的传输距离等工程需求，OIB1可提供S-1.1、L-1.1、L-1.2等多种光接口收发模块，对于一个OIB1板的型号描述需要包含上述信息，例如：OIB1D S-1.1表示提供两路S-1.1标准光接口的STM-1光接口板。

7. 全交叉 STM-4 光接口板（O4CS 板）

O4CS 板对外提供一路或两路 STM-4 的光接口，完成 STM-4 光路/电路物理接口转换、时钟恢复与再生、复用解复用、段开销处理、通道开销处理、支路净荷指针处理以及告警监测等功能。O4CS 板具有 8×8 个 AU-4 容量的空分交叉能力和 1008×1008 TU-12/1344×1344 TU-11 容量的低阶交叉能力，可以对两个 STM-4 光方向、4 个 STM-1 光方向和一个支路方向的信号进行低阶全交叉。O4CS 板根据支路告警完成通道倒换功能，根据 APS 协议完成复用段保护功能。O4CS 板将本板上两路 STM-4 光接口传送来的 ECC 开销信号进行处理后复合为一组扩展 ECC 总线传送给 NCP 板。

提供一路光接口的 O4CS 板表示为 O4CSS，提供两路光接口的 O4CS 板表示为 O4CSD，为满足不同的传输距离等工程需求，O4CS 板可提供 I.4、S-4.1、L-4.1、L-4.2 等多种光接口收发模块，O4CS 板的型号描述需要包含上述信息，例如：O4CSD S-4.1 表示提供两路 S-4.1 标准光接口的全交叉 STM-4 光接口板。O4CS 板上光接口适用的光纤连接器类型为 SC/PC 型。

8. 电支路板（ET1，ET1G，ET3）

（1）ET1 单板　ET1 可以完成 8 路或 16 路 E1 信号（2Mbit/s）传输，经 TUG-2 至 VC-4 的映射和去映射，支路信号的对外连接通过背板接口区连接相应型号的支路插座板实现。

（2）ET1G 单板　ET1G 可以完成 E1 信号（2Mbit/s）或 T1 信号（1.5Mbit/s）传输，经 TUG2 至 VC-4 的映射/去映射。支路信号的对外连接通过背板接口区连接相应型号的支路插座板来实现。

（3）ET3 单板　ET3 单板兼容 E3 信号（34Mbit/s）和 DS3 信号（45Mbit/s），通过设置可以选择支持 E3 或 DS3 支路信号接口，对应于 E3 信号的 ET3 板型号表示为 ET3E，对应于 DS3 信号的 ET3 板型号表示为 ET3D。

9. 以太网支路板（SFE）

SFE 单板的主要性能如下：

1）4/8 个用户端口，8 个系统端口。

2）速率支持 10Mbit/s/100Mbit/s/自适应。

3）模式支持全双工/半双工/自协商。

4）支持交叉网线和平行网线。

5）可以支持光接口，实现长距离接入。

【任务实施】

5.5 业务配置步骤

5.5.1 创建网元

1. 网元数据规划

根据任务要求，需要创建 210、211、212、213、214 这 5 个网元，且网元 210、211、212、213 环速率为 STM-4，网元 213、214 链速率为 STM-1，各网元详细数据规划见表 5-8。

表 5-8 各网元详细数据规划

网元 参数	210	211	212	213	214
网元名称	A	B	C	D	E
网元标识	10	11	12	13	14
网元地址	192. 192. 10. 18	192. 192. 11. 18	192. 192. 12. 18	192. 192. 13. 18	192. 192. 14. 18
系统类型	ZXM S320/ ZXM S150	ZXM S320/ ZXM S150	ZXM S320/ ZXM S150	ZXM S320/ ZXM S150	ZXM S320/ ZXM S150
设备类型	ZXM S320	ZXM S320	ZXM S320	ZXM S320	ZXM S320
网元类型	ADM	ADM	ADM	ADM	ADM
速率等级	STM-4	STM-4	STM-4	STM-4	STM-1
在线/离线	离线	离线	离线	离线	离线
自动建链	自动建链	自动建链	自动建链	自动建链	自动建链

2. 创建步骤

这里以网元 A 创建过程为例加以说明，其他网元类同。

1）在客户端操作窗口中，单击“设备管理→创建网元”选项，或单击工具条中的按钮，弹出创建网元对话框，如图 5-36 所示。通过定义网元的名称、标识、IP 地址等参数，在网管客户端创建网元。

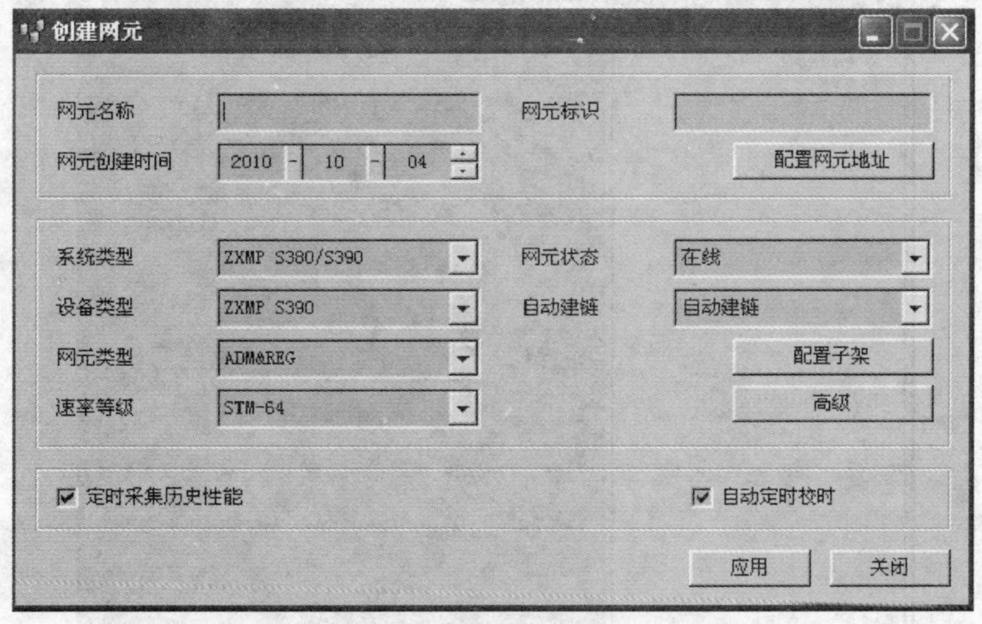

图 5-36 创建网元对话框

2）在图 5-36 中，根据数据规划要求直接输入相应参数，如图 5-37 所示。

3）待参数输入完毕后，单击“应用”，网元 A 创建完毕。利用同样的方法可以创建 B、C、D、E 等网元，最终结果如图 5-38 所示。

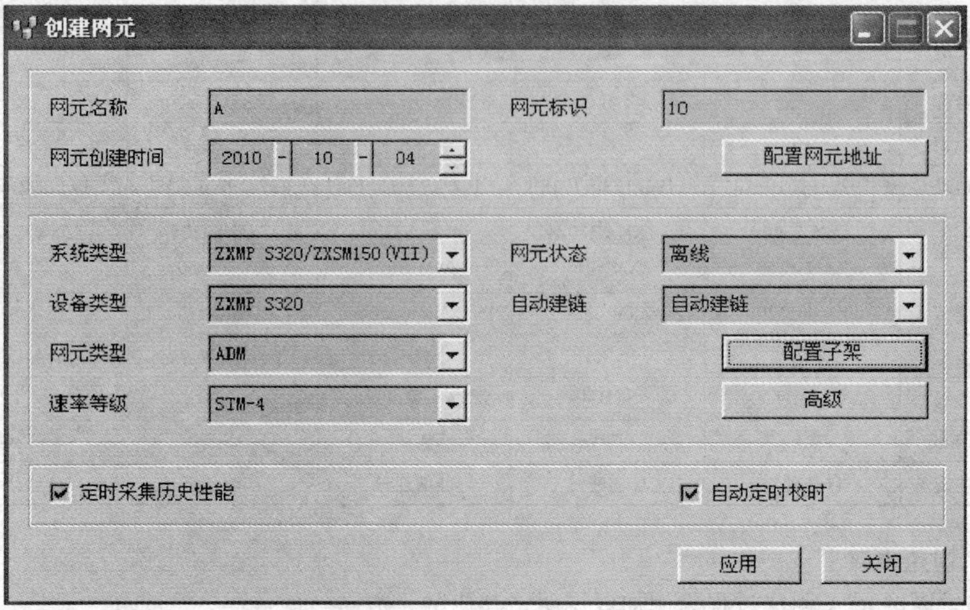

创建网元
网元名称
A
网元标识
10
网元创建时间
2010 - 10 - 04
配置网元地址
系统类型
ZXMP S320/ZXSM150(VII)
网元状态
离线
设备类型
ZXMP S320
自动建链
自动建链
网元类型
ADM
配置子架
速率等级
STM-4
高级
定时采集历史性能
自动定时校时
应用
关闭

图 5-37 输入相应参数

Unitrans ZXONM E300 网管系统
系统(S) 设备管理(C) 安全(U) 窗口(W) 帮助(H)
网元组
复用段保护组
管理者
A
B
D
E
C
主视图 数据视图 时钟源视图 WDM业务视图

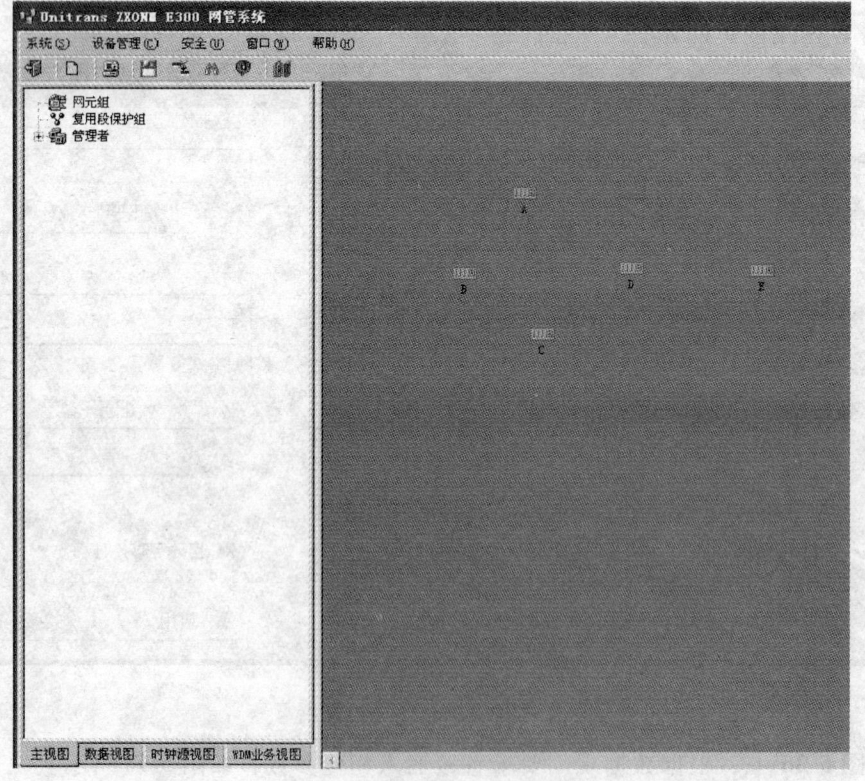

图 5-38 网元创建结果界面

5.5.2　单板配置

1. 单板数据规划

根据任务要求，各网元都需要配置功能单板（NCP、OW、SCB、PWA），根据210、211、212、213、214这5个网元的速率要求配置相应光板（O4CSD、O1CSD），根据网元业务需求配置电路板（ET1、ET3），具体单板数据规划见表5-9。

表5-9　单板数据规划

单板 \ 网元名称	A	B	C	D	E
NCP	1	1	1	1	1
OW	1	1	1	1	1
PWA	2	2	2	2	2
SCB	2	2	2	2	2
O4CSD	1	1	1	1	—
O1CSD	—	—	—	—	1
OIB1D	—	—	—	1	—
ET1	2	—	—	—	2
ET3	1	—	1	—	—

2. 创建步骤

这里以网元A创建过程为例加以说明。

1）在客户端操作窗口中，双击拓扑图中的网元标识，进入单板管理界面，如图5-39所示。

2）根据待安装单板的类型，在单板类型选择区单击相应的板按钮，板按钮高亮显示，同时，模拟子架区中可以安装该类型单板的空闲槽位变为亮黄色，单击某个亮黄色槽位，该单板安装完毕。依次安装其他单板。单板配置结果如图5-40所示。

3）利用同样的方法可以配置网元B、C、D、E单板。

5.5.3　网元连接

1. 端口连接规划

根据实际需要进行端口连接规划，如图5-41所示。

2. 连接步骤

1）在客户端操作窗口中，选择SDH网元，单击“设备管理→公共管理→网元间连接配置”菜单项，或单击工具条中的按钮，弹出网元间连接配置对话框，如图5-42所示。

2）配置A-B网元间连接，根据规划要求，选择网元A端口1，再选择网元B端口2，然后，单击“应用”按钮，A-B网元间连接配置完毕，如图5-43所示，

3）利用同样方法配置其他网元间连接，结果如图5-44所示。

5.5.4　时钟配置

1. 时钟源规划

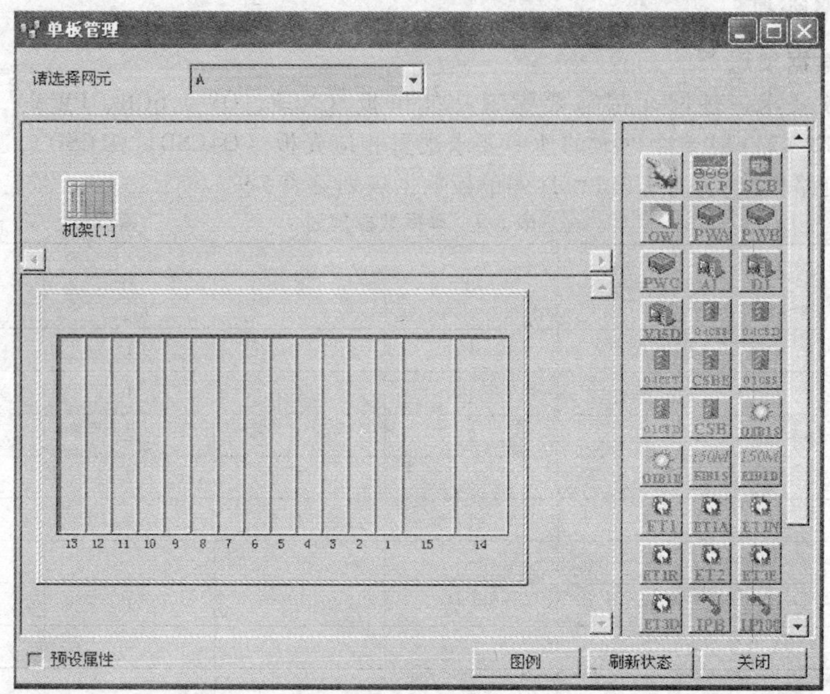

图 5-39　单板管理界面

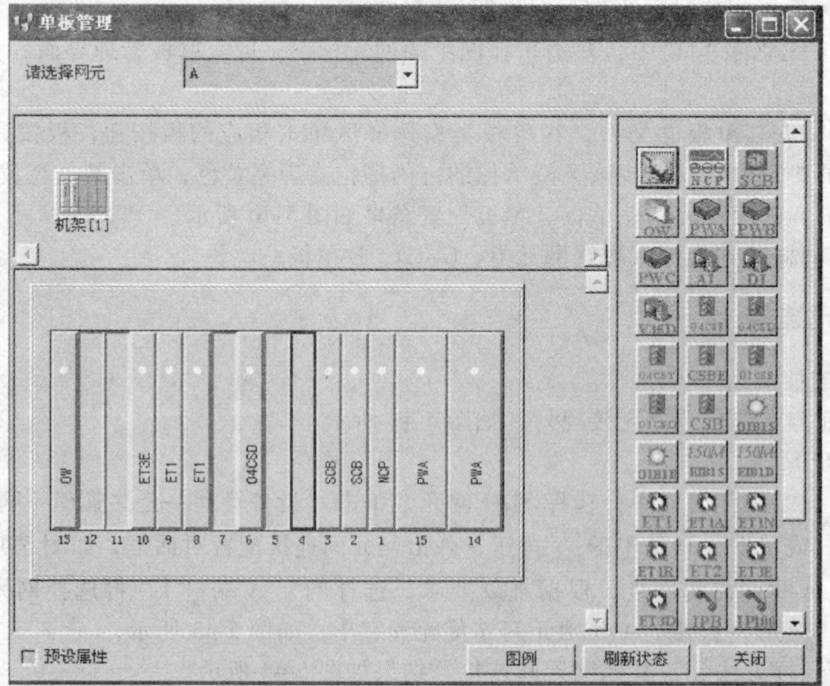

图 5-40　单板配置结果

根据实际需要进行时钟源规划，见表 5-10。

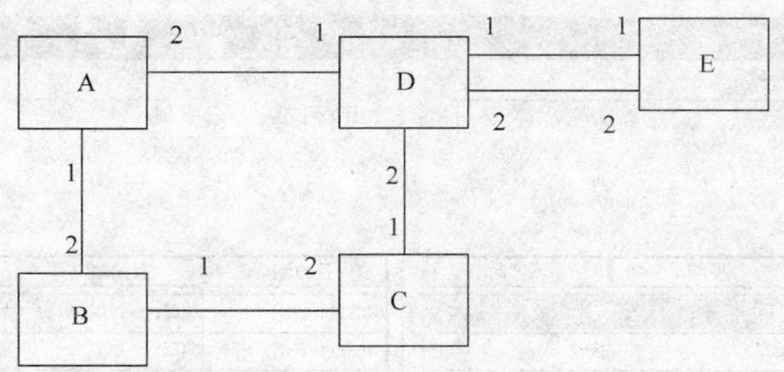

图 5-41　端口连接规划图

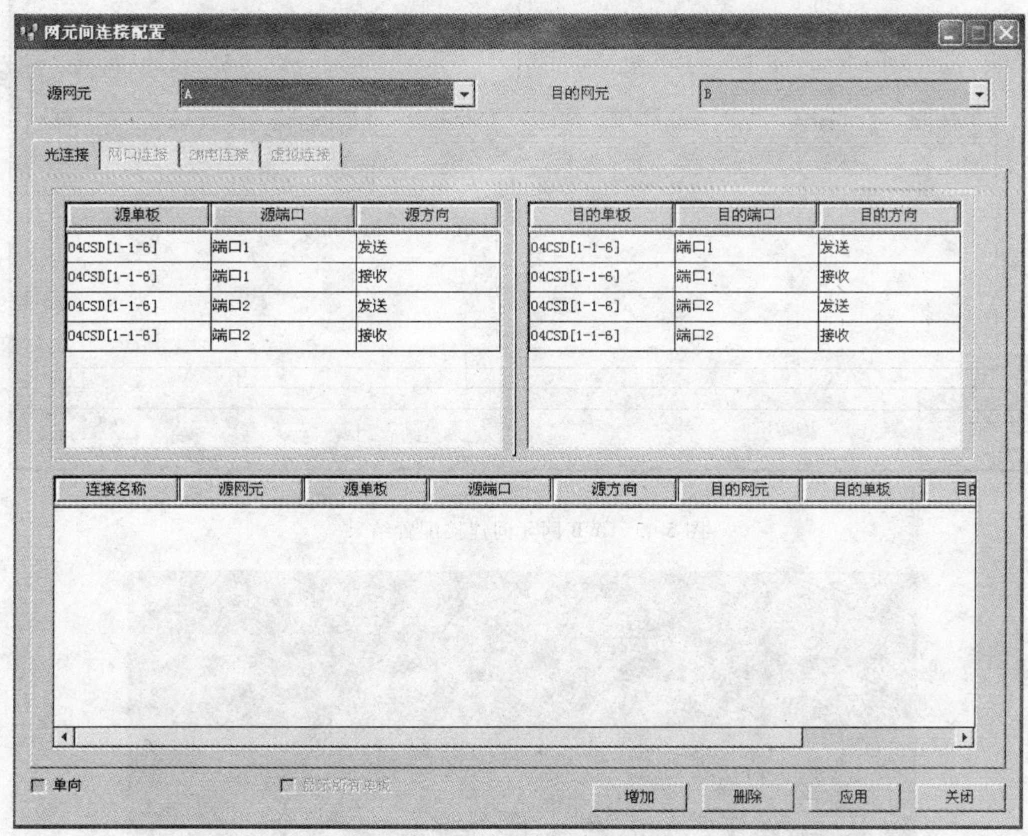

图 5-42　网元间连接配置对话框

表 5-10　时钟源规划

网元名称	第一定时源（优先级 1）	第二定时源（优先级 2）	自动 SSM
A	外时钟	内时钟	启用
B	线路时钟	内时钟	启用
C	线路时钟	内时钟	启用
D	线路时钟	内时钟	启用
E	线路时钟	内时钟	启用

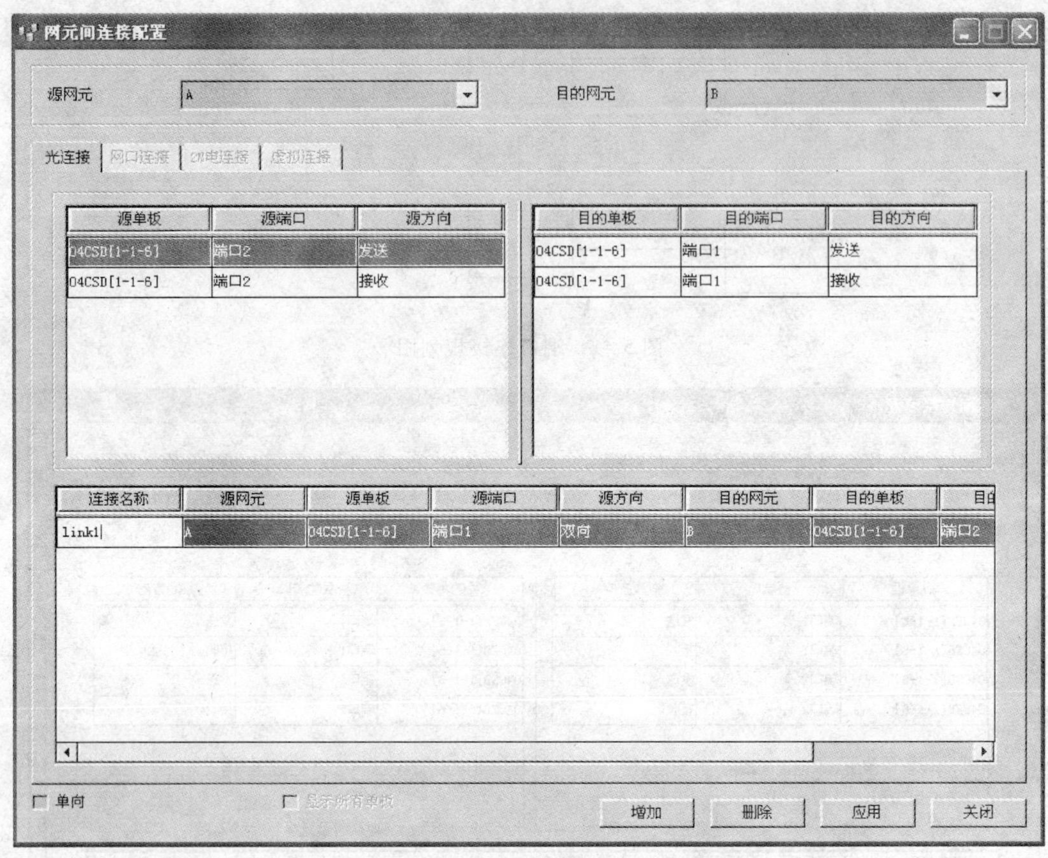

图 5-43 A-B 网元间连接配置结果

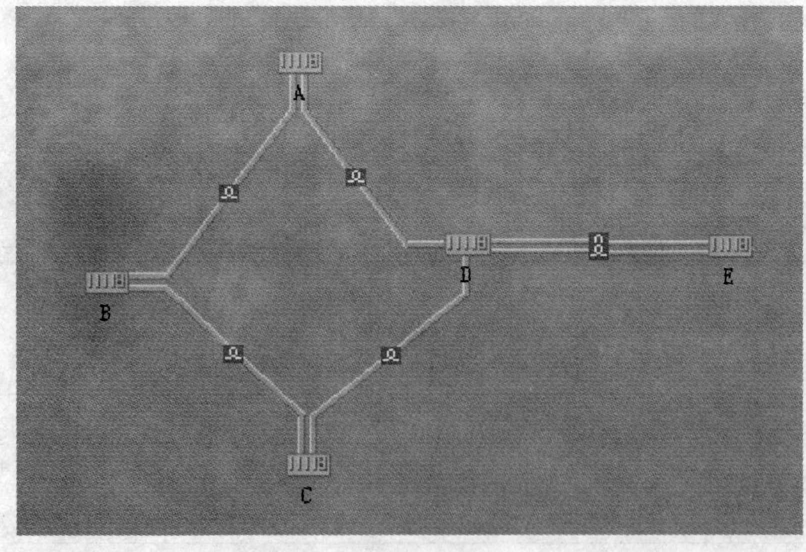

图 5-44 网元间连接配置结果

2. 配置步骤

1）在客户端操作窗口中，选择 SDH 网元，单击“设备管理→SDH 管理→时钟源”

菜单项，在弹出对话框中选择网元 A，单击“新建”按钮，弹出配置对话框，如图 5-45 所示。

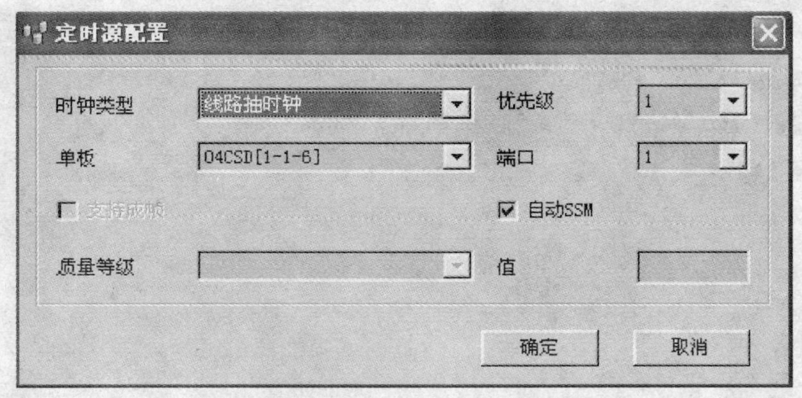

图 5-45　网元 A 时钟源配置对话框

2）根据规划要求，进行时钟源配置，结果如图 5-46 所示。

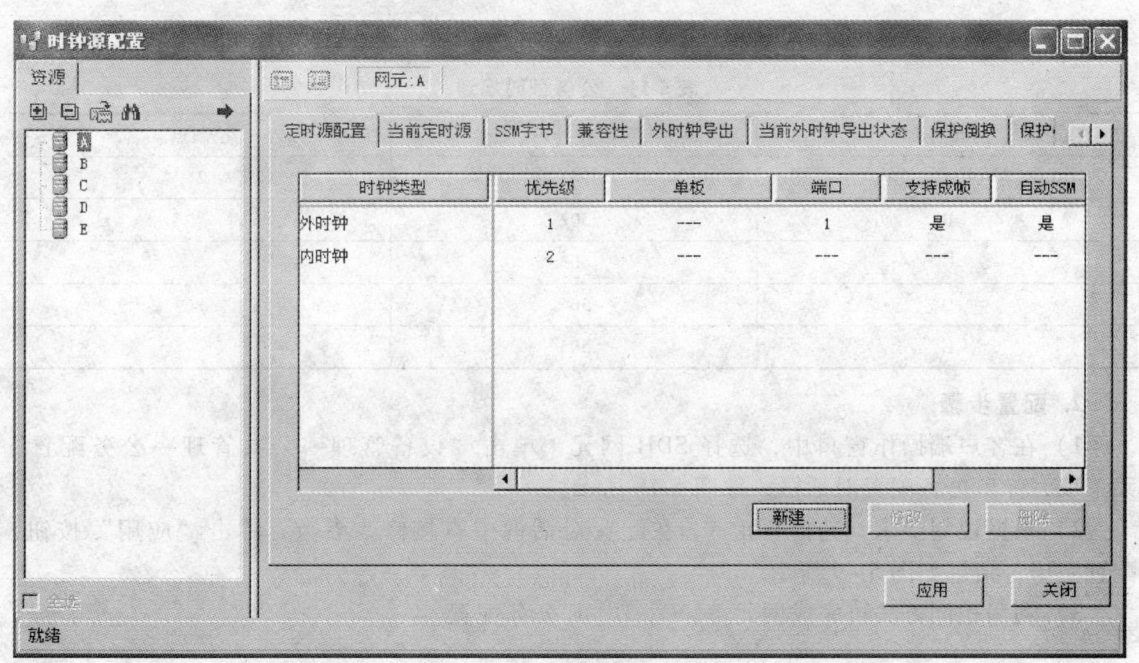

图 5-46　网元 A 时钟源配置结果

3）利用相同方法配置网元 B、C、D、E 时钟源。

4）选中网元 A，单击“设备管理→设置网关网元”菜单项，即可将 A 网元设置为网关网元，结果如图 5-47 所示。

5.5.5　公务配置

1. 公务号码规划

根据实际需要进行公务号码规划，见表 5-11。

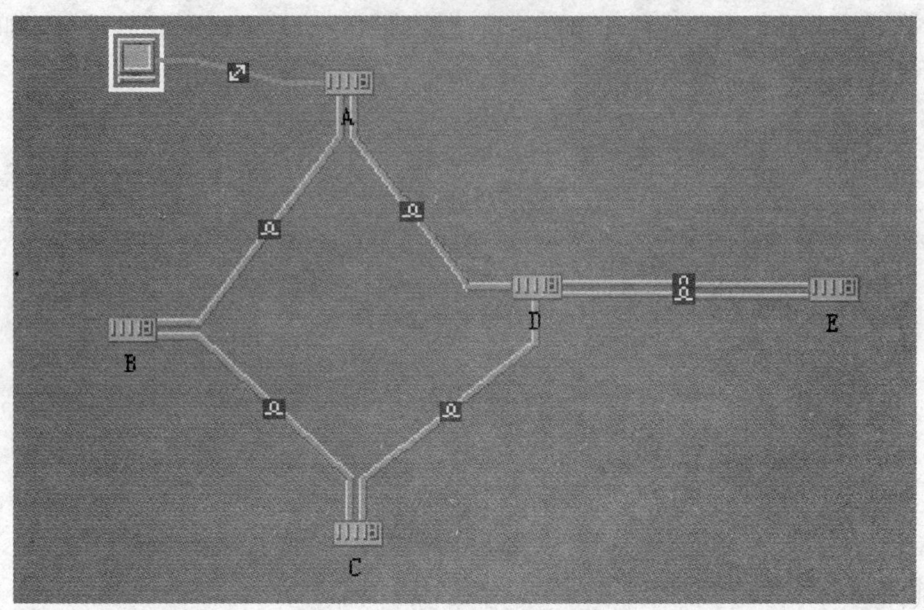

图 5-47 网元 A 设置为网关网元结果

表 5-11 公务号码规划

网元名称	公务号码	控制点
A	501	2
B	502	
C	503	
D	504	1
E	505	

2. 配置步骤

1）在客户端操作窗口中，选择 SDH 网元，单击“设备管理→公共管理→公务配置”菜单项，弹出公务配置对话框，如图 5-48 所示。

2）根据规划要求，选择网元 A，在配置对话框中直接修改参数，单击“应用”按钮，配置完毕，结果如图 5-49 所示。

3）利用相同方法可完成网元 B、C、D、E 公务配置。

5.5.6 电路业务配置

1. 业务规划

根据任务要求，网元 210 与网元 214 间有 30 个 2Mbit/s 双向电路业务，网元 210 与网元 212 间有一个 34Mbit/s 双向电路业务，需要进行业务规划，具体业务要求见表 5-12。

表 5-12 具体业务要求

业务类型	源网元	目的网元	数 量
2Mbit/s 双向业务	A	E	30
34Mbit/s 双向业务	A	C	1

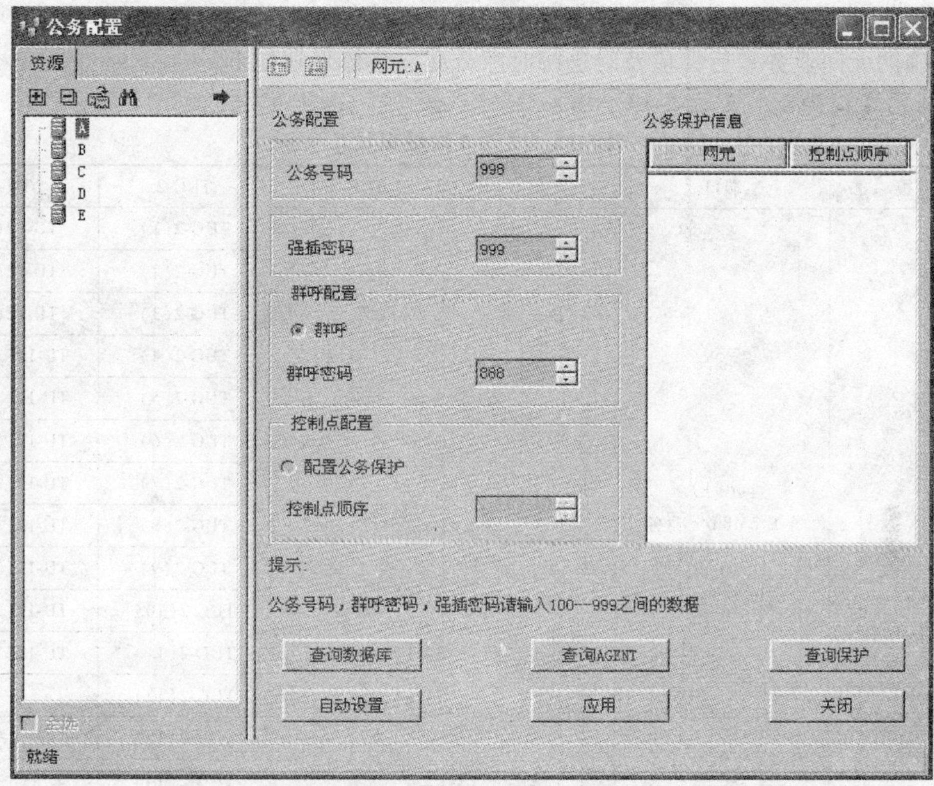

图 5-48　公务配置对话框

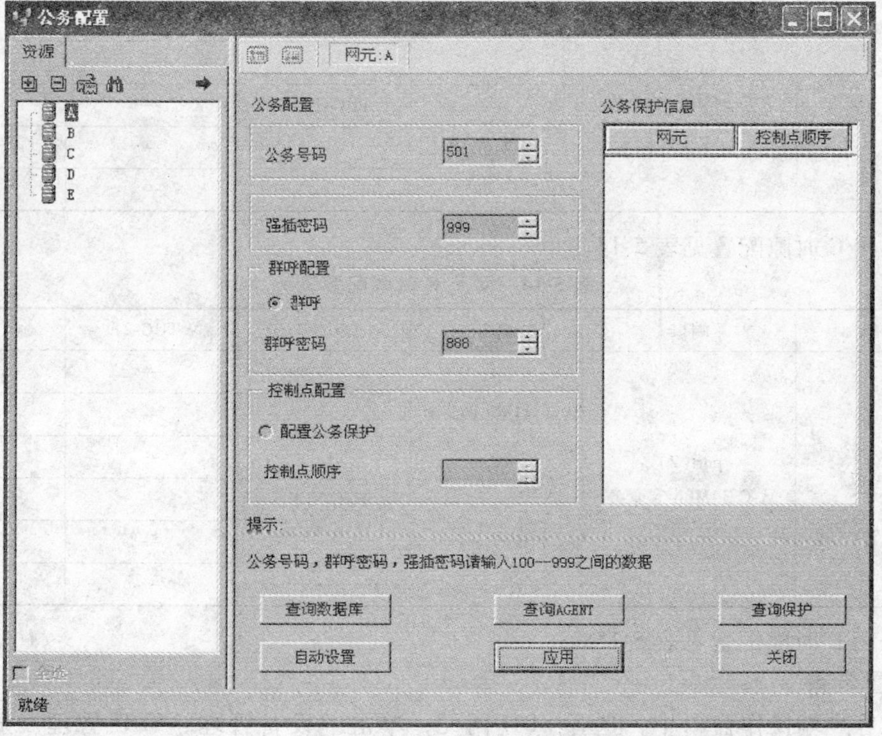

图 5-49　网元 A 公务配置结果

2. 时隙配置

在明确网元间业务量后，应及时进行时隙分配，具体规划如下。

1）网元 A 时隙配置见表 5-13。

表 5-13 网元 A 时隙配置表

光接口板	端口	AUG	TUG-3	TUG-2	TU-12
O4CSD[1-1-6]	port(1) A-E 2Mbit/s 业务	AUG(1)	TUG-3(1)	TUG-2(1)	TU-12(1-3)
				TUG-2(2)	TU-12(4-6)
				TUG-2(3)	TU-12(7-9)
				TUG-2(4)	TU-12(10-12)
				TUG-2(5)	TU-12(13-15)
				TUG-2(6)	TU-12(16-18)
				TUG-2(7)	TU-12(19-21)
			TUG-3(2)	TUG-2(8)	TU-12(19-21)
				TUG-2(9)	TU-12(22-24)
				TUG-2(10)	TU-12(25-27)
				TUG-2(11)	TU-12(28-30)
				TUG-2(12)	—
				TUG-2(13)	—
				TUG-2(14)	—
	port(2) A-C 34Mbit/s 业务	AUG(1)	—	—	—
			—	—	—
			—	—	—
		AUG(2)	TUG-3(1)	—	—
			—	—	—
			—	—	—

2）网元 C 时隙配置见表 5-14。

表 5-14 网元 C 时隙配置表

光接口板	端口	AUG	TUG-3	TUG-2	TU-12
O4CSD[1-1-7]	port(2) A-C 34Mbit/s 业务	AUG(1)	—	—	—
			—	—	—
			—	—	—
		AUG(2)	TUG-3(1)	—	—
			—	—	—
			—	—	—

3）网元 E 时隙配置见表 5-15。

3. 配置步骤

1）在客户端操作窗口中，选择 SDH 网元，单击“设备管理→SDH 管理→业务配置”菜单项，弹出业务配置对话框，如图 5-50 所示。

表 5-15　网元 E 时隙配置表

<table>
<tr><th>光接口板</th><th>端口</th><th>AUG</th><th>TUG-3</th><th>TUG-2</th><th>TU-12</th></tr>
<tr><td rowspan="14">O1CSD[1-1-7]</td><td rowspan="14">port(1)
A-E 2Mbit/s 业务</td><td rowspan="14">AUG(1)</td><td rowspan="7">TUG-3(1)</td><td>TUG-2(1)</td><td>TU-12(1-3)</td></tr>
<tr><td>TUG-2(2)</td><td>TU-12(4-6)</td></tr>
<tr><td>TUG-2(3)</td><td>TU-12(7-9)</td></tr>
<tr><td>TUG-2(4)</td><td>TU-12(10-12)</td></tr>
<tr><td>TUG-2(5)</td><td>TU-12(13-15)</td></tr>
<tr><td>TUG-2(6)</td><td>TU-12(16-18)</td></tr>
<tr><td>TUG-2(7)</td><td>TU-12(19-21)</td></tr>
<tr><td rowspan="7">TUG-3(2)</td><td>TUG-2(8)</td><td>TU-12(19-21)</td></tr>
<tr><td>TUG-2(9)</td><td>TU-12(22-24)</td></tr>
<tr><td>TUG-2(10)</td><td>TU-12(25-27)</td></tr>
<tr><td>TUG-2(11)</td><td>TU-12(28-30)</td></tr>
<tr><td>TUG-2(12)</td><td>—</td></tr>
<tr><td>TUG-2(13)</td><td>—</td></tr>
<tr><td>TUG-2(14)</td><td>—</td></tr>
</table>

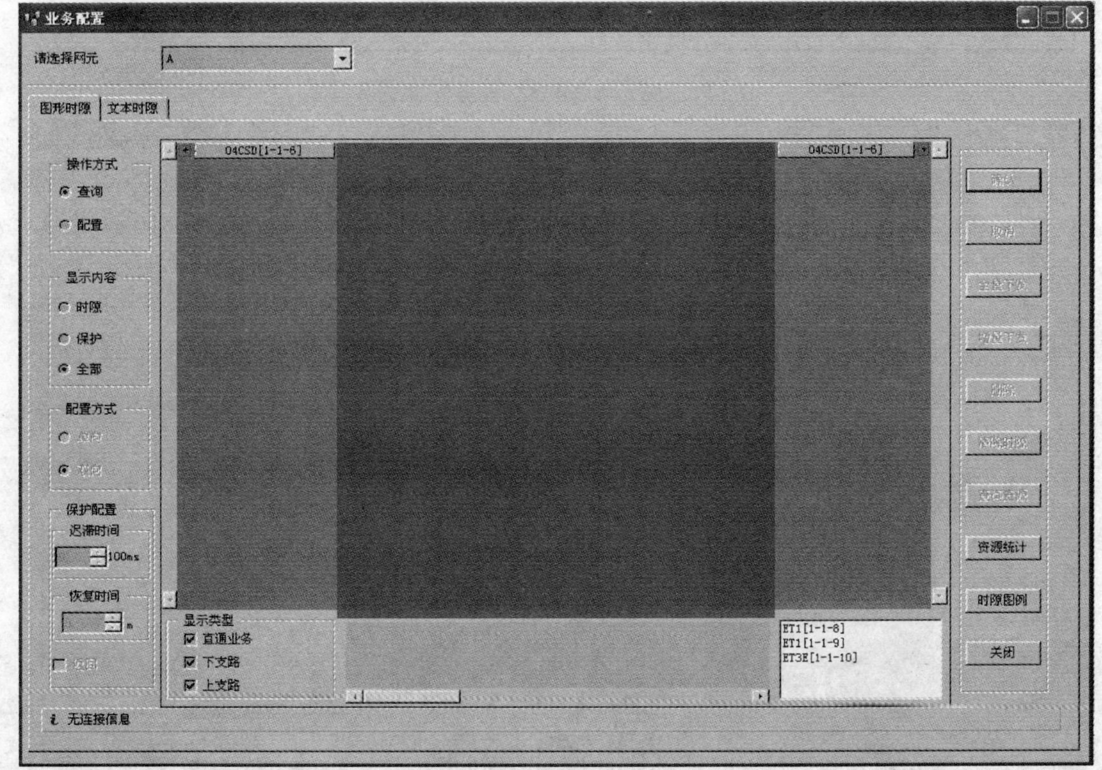

图 5-50　业务配置对话框

2）根据规划要求配置网元 A-E 之间 30 个 2Mbit/s 业务，在配置对话框中，将 2Mbit/s 业务一一对应，然后单击“增量下发”按钮即可完成，网元 A 结果如图 5-51 所示，网元 E 结果如图 5-52 所示。

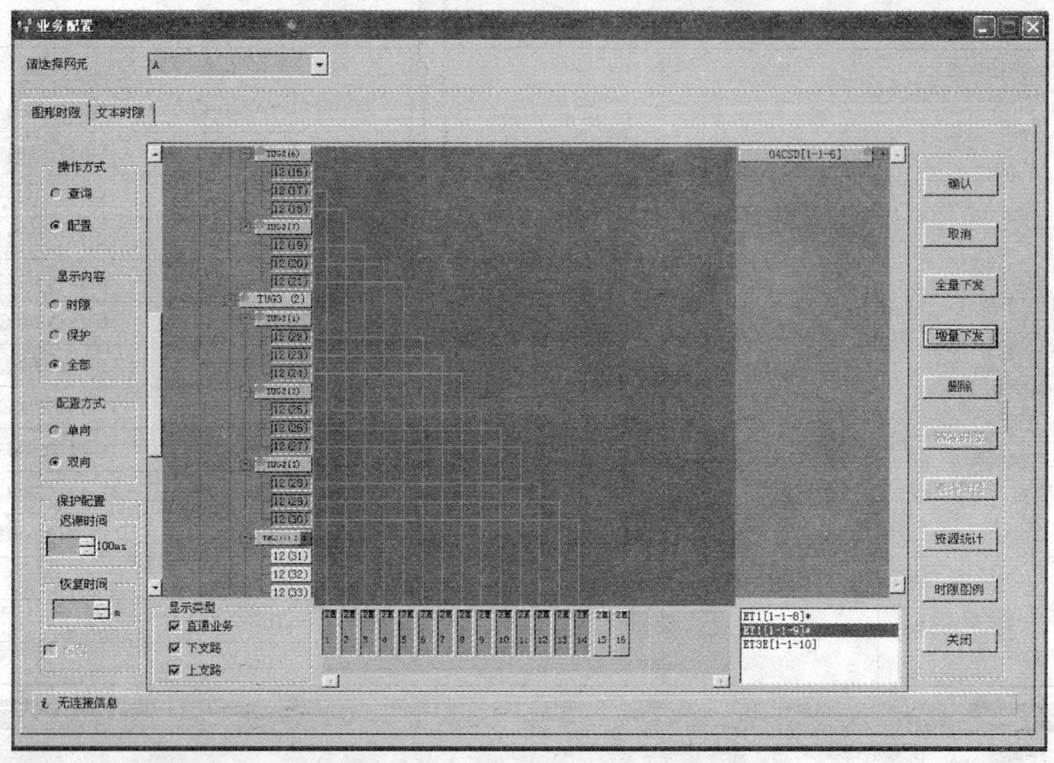

图 5-51　网元 A 2Mbit/s 业务配置结果

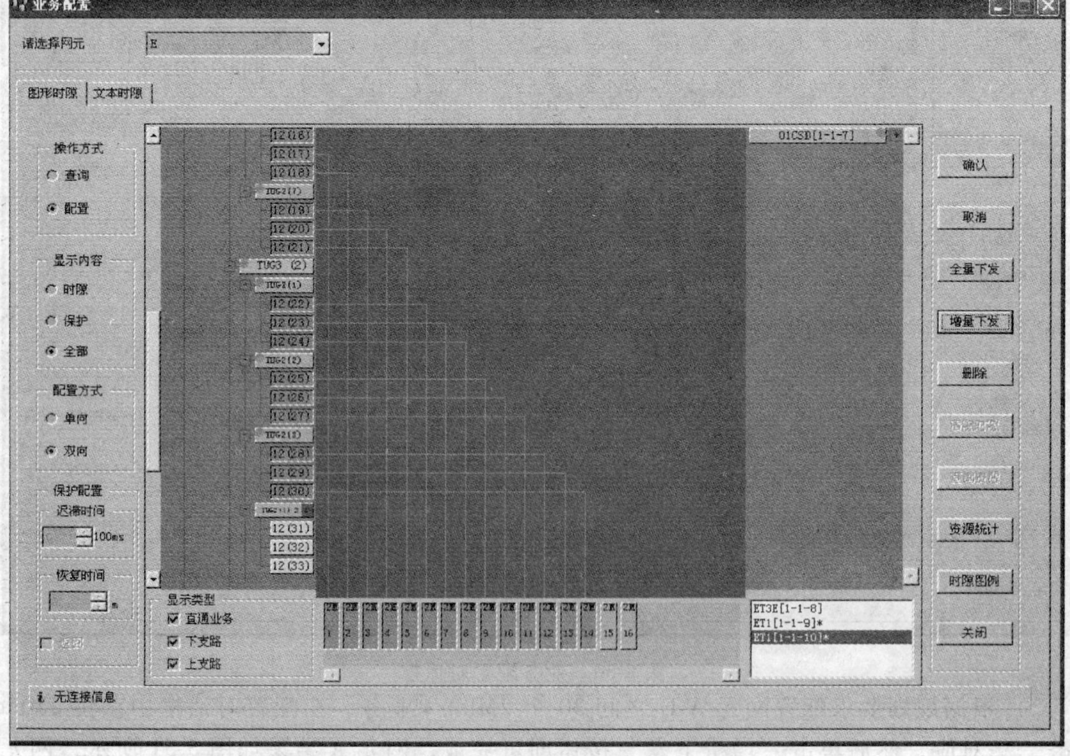

图 5-52　网元 E 2Mbit/s 业务配置结果

3）由于网元 A-E 的业务经过网元 D，所以必须在网元 D 做穿通业务，结果如图 5-53 所示。

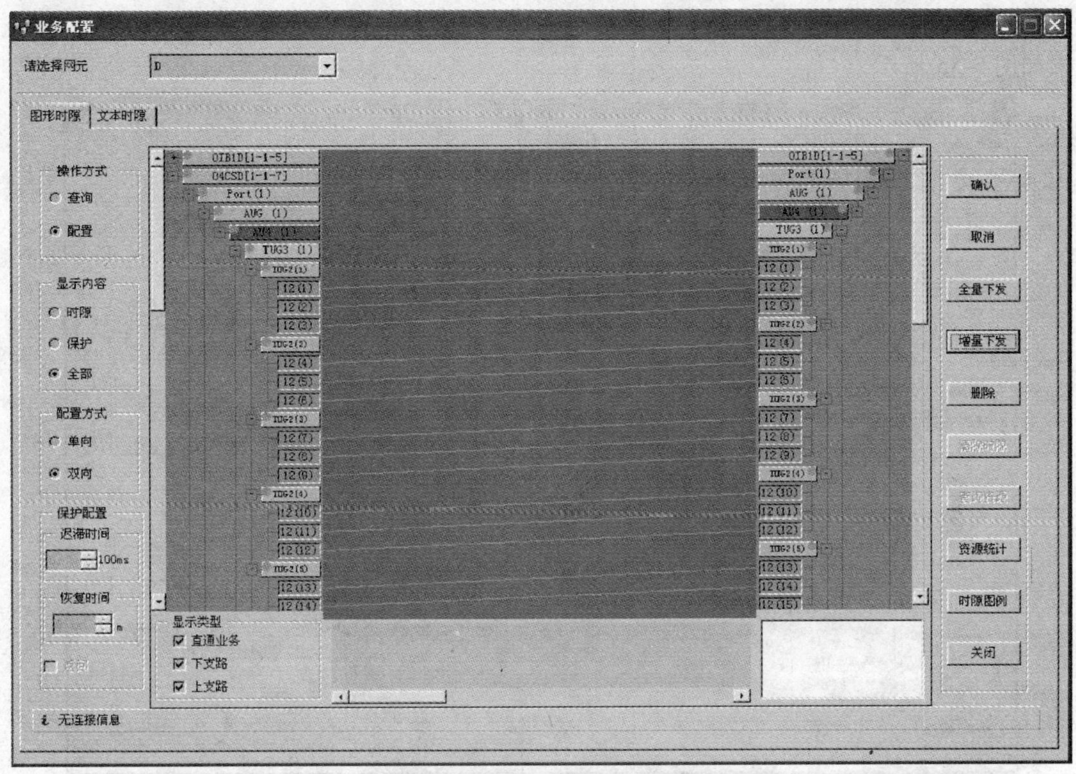

图 5-53　网元 D 穿通业务配置结果

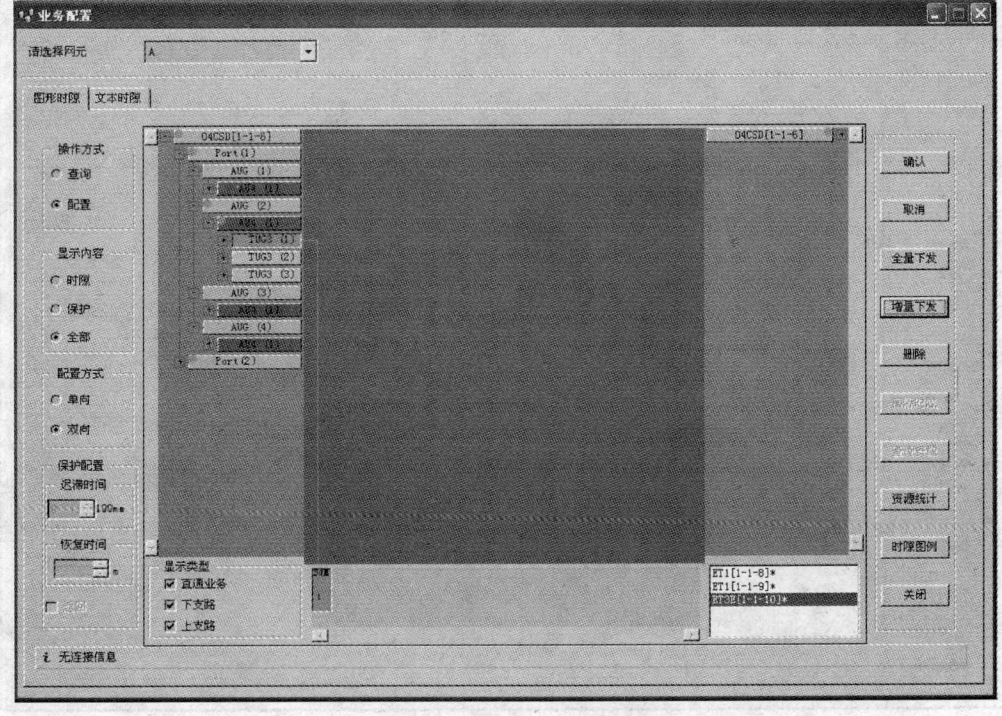

图 5-54　网元 A 34Mbit/s 业务配置结果

4）根据规划要求配置网元 A-C 之间一个 34Mbit/s 业务，在配置对话框中，将 34Mbit/s 业务一一对应，然后单击“增量下发”按钮即可完成，网元 A 结果如图 5-54 所示，网元 C 结果如图 5-55 所示。

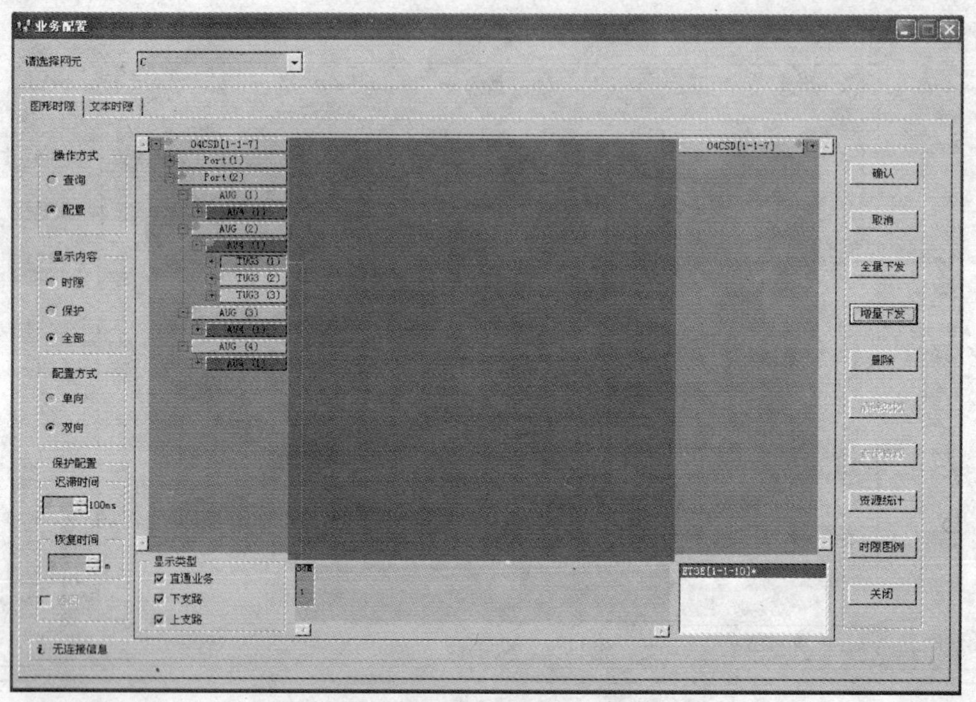

图 5-55 网元 C 34Mbit/s 业务配置结果

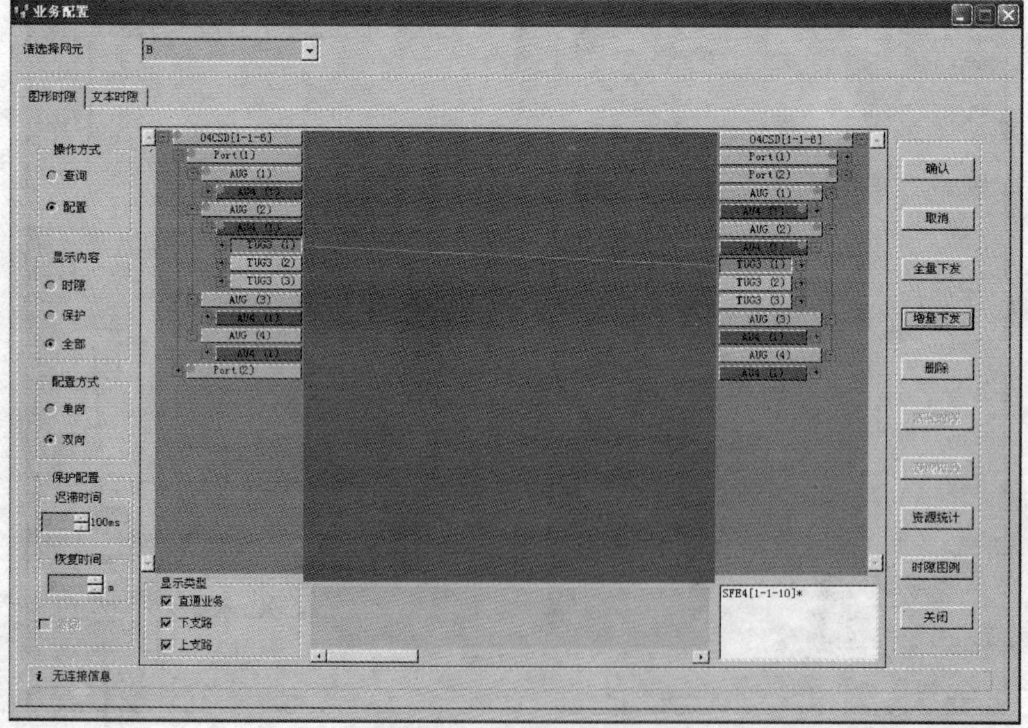

图 5-56 网元 B 穿通业务配置结果

5）由于网元 A-C 的业务经过网元 B，所以必须在网元 B 做穿通业务，结果如图 5-56 所示。

【测试评估】

1. 任务引导问题单

<table>
<tr><td>任　　务</td><td colspan="3">任务5：基本业务配置</td><td>学　　时</td><td>14</td></tr>
<tr><td>所属项目</td><td>项目3：传输网业务配置</td><td>班　　级</td><td></td><td>组　　号</td><td></td></tr>
<tr><td colspan="6">1. 说明与要求</td></tr>
<tr><td colspan="6">1）本任务引导问题单是针对“基本业务配置”这一任务编制的，旨在引导学生更好地完成任务必备知识的学习，为计划决策、实施检查等后续环节作好资讯准备工作。
2）要求学生以小组为单位，按照下列任务问题的引导，通过采取检索文献、查阅资料、小组讨论等方法进行预习，作好在课堂上汇报和解答的准备。
3）在任务实施前完成并上交此表单，问题解答用白纸附在表单后。</td></tr>
<tr><td colspan="6">2. 任务引导问题</td></tr>
<tr><td colspan="6">1）请画出 SDH 帧结构，并简述部分内涵
2）请画出我国 SDH 复用映射结构
3）请画出 2Mbit/s 信号复用进 STM-1 信号的过程
4）请画出 STM-1 信号复用进 STM-4 信号的过程
5）SDH 开销分成哪几类？它们分别位于帧结构的什么位置？其中 E1、E2 是什么字节，作用是什么
6）说明指针 AU-PTR 在 SDH 帧结构中的位置。当 VC-4 速率高于 AU-4 速率时，指针如何调整
7）说明 SDH 网同步有哪几种的同步方式。其局间和局内应用一般采用什么结构
8）SDH 网时钟源有哪些？各自有何处提供
9）为了提供网同步的可靠性，对 SDH 网同步有哪些基本要求
10）请罗列出常见时钟种类，说明时钟 3 种工作模式的含义
11）什么是同步状态标志
12）网元地址定义及路由设置各有哪几种方法
13）简要写出 ZXMP S320 设备各单板主要功能
14）描述光传输网基本业务配置的主要流程</td></tr>
<tr><td>任课教师签名</td><td rowspan="2" colspan="2"></td><td rowspan="2">成绩评定</td><td rowspan="2" colspan="2"></td></tr>
<tr><td>日　　期</td></tr>
</table>

2. 任务实施单

<table>
<tr><td>任　　务</td><td colspan="3">任务5：基本业务配置</td><td>学　　时</td><td>16</td></tr>
<tr><td>所属项目</td><td>项目3：传输网业务配置</td><td>班　　级</td><td></td><td>组　　号</td><td></td></tr>
<tr><td colspan="6">1. 任务描述</td></tr>
<tr><td colspan="6">根据项目分解要求，项目软调 A 组要完成基本业务配置任务。任务需要在接入层 B 区环 3-6 所在的环带链结构和 C 区环 3-7、环 3-8 所在的环形子网支路跨接结构内各网元上配置相关基本业务。具体配置要求如下所示
（1）环带链结构配置要求
1）环速率 STM-4，链路速率 STM-1
2）网元 210 为接入网元和网头网元，在 210 网元接入网管并提供全网时钟
3）网元 210 与网元 214 间有 30 个 2Mbit/s 双向电路业务，网元 210 与网元 212 间一个 34Mbit/s 双向电路业务
4）所有网元之间可以通公务电话</td></tr>
</table>

（续）

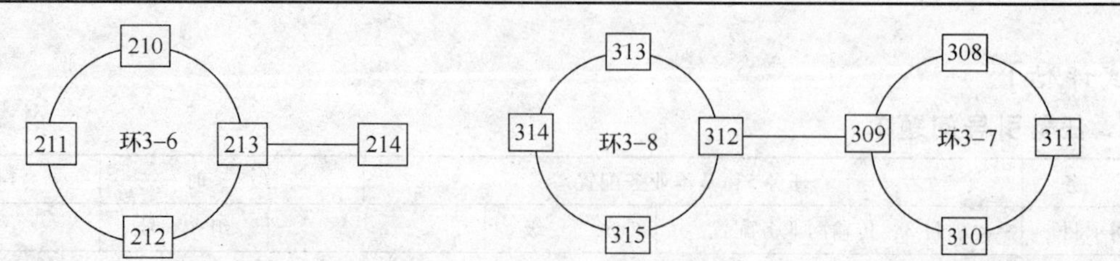

（2）环形子网支路跨接结构配置要求

1）环速率 STM-4，链路速率 STM-4

2）网元 308 为接入网元和网头网元，在网元 308 接入网管并提供全网时钟

3）网元 314 与网元 310 间有 10 个 2Mbit/s 双向电路业务，网元 315 与网元 311 间两个 34Mbit/s 双向电路业务

4）所有网元之间可以通公务电话

2. 任务分析

通过对本任务进行分析，项目软调 A 组要完成 M 县新建智能光城域网络基本业务配置任务，需要完成以下工作

1）创建网元

2）配置单板

3）连接网元

4）公务配置

5）时钟配置

6）电路业务配置

3. 资讯准备

通过任务引导问题单和教师的引导，在前期资讯准备环节，学生对本任务必备知识进行了学习，应达到如下要求

1）掌握 SDH 帧结构及各组成部分内涵

2）掌握我国 SDH 复用映射结构

3）掌握 PDH 支路信号复用进 STM-N 信号的过程

4）掌握 STM-1 信号复用进 STM-N 信号的过程

5）掌握段开销、通道开销的位置功能，熟悉各开销字节的用途

6）掌握 SDH 指针 AU-PTR、TU-PTR 的位置功能及调整机理

7）掌握 SDH 网同步的同步方式及局间、局内应用结构

8）掌握 SDH 网时钟源类型

9）掌握 SDH 网同步的要求

10）了解时钟种类及工作方式

11）了解同步状态标志定义

12）理解网元地址定义及路由设置方法

13）掌握 ZXMP S320 设备各单板功能

14）掌握光传输网基本业务配置的流程和方法

4. 计划决策

1）人员组织：请组长组织小组成员讨论，根据任务作好人员组织工作，明确分工。具体安排记录如下

____

____

____

____

（续）

2）器材准备：请组长组织小组成员讨论，确定任务实施所需器具和材料。具体清单记录如下 __________ __________
3）方案制订：请组长组织小组成员讨论，制订任务实施最优方案。具体方案用白纸记录附在后面
5. 实施检查
1）任务实施：按照计划决策环节制订的最优方案来实施任务。具体实施过程用白纸记录附在后面 2）能效检查：根据任务要求对实施结果的功能效果进行检查分析，找出故障和缺陷进行优化。具体检查分析和优化过程用白纸记录附在后面
6. 展示评估
1）展示汇报：请各小组选用合适的方法手段展示汇报任务实施情况 2）小组答辩：教师根据展示汇报情况对小组成员进行提问。具体教师提问及学生回答记录如下 __________ __________ __________ __________ 3）成绩评定：从学生、小组长、任课教师 3 个角度对学生完成本任务进行成绩评定，学生、组长、任课教师分别在学生自评表、小组评价表、教师评价表上按标准评分，并将成绩记录在个人的评价成绩汇总表上，从而可按比例核算出个人的任务过程评价总分

3. 任务评价

（1）学生自评

“光传输网组建与维护”学生自评表				
学生姓名		学号		
任　　务	任务 5：基本业务配置	组号		
	评价内容	评分标准	自评分	备注
敬业精神	1）出勤情况	20		迟到、早退一次扣 2 分，旷课一次扣 5 分，扣完为止，其他酌情评分
	2）工作、学习任务参与度和积极性			
	3）吃苦耐劳、善于钻研的精神			
专业能力	1）掌握 SDH 帧结构及各组成部分内涵	60		按全部掌握、较好掌握、基本掌握、部分掌握 4 档分别对应 60 分、48 分、36 分、20 分评分
	2）掌握我国 SDH 复用映射结构			
	3）掌握 PDH 支路信号复用进 STM-N 信号的过程			
	4）掌握 STM-1 信号复用进 STM-N 信号的过程			
	5）掌握段开销、通道开销的位置功能，熟悉各开销字节的用途			
	6）掌握 SDH 指针 AU-PTR、TU-PTR 的位置功能及调整机理			
	7）掌握 SDH 网同步的同步方式及局间、局内应用结构			
	8）掌握 SDH 网时钟源类型			
	9）掌握 SDH 网同步的要求			
	10）了解时钟种类及工作方式			
	11）了解同步状态标志定义			

（续）

评价内容		评分标准	自评分	备注
专业能力	12）理解网元地址定义及路由设置方法	60		按全部掌握、较好掌握、基本掌握、部分掌握4档分别对应60分、48分、36分、20分评分
	13）掌握ZXMP S320设备各单板功能			
	14）掌握光传输网基本业务配置的流程和方法			
方法能力	1）收集整理信息、资料的能力	10		按强、较强、一般、较差4档分别对应10分、8分、6分、3分评分
	2）语言表达能力			
	3）提出问题、解决问题的能力			
	4）组织实施能力			
社会能力	1）交流沟通能力	10		按强、较强、一般、较差4档分别对应10分、8分、6分、3分评分
	2）团队协作能力			
	3）安全、环保、责任意识			
总　分				

（2）小组评价

“光传输网组建与维护”小组评价表							
任务	任务5：基本业务配置						
组号		学　号					
		学生姓名					
评价内容		评分标准	组长评分				
敬业精神	1）出勤情况	20					
	2）工作学习任务参与度和积极性						
	3）吃苦耐劳、善于钻研的精神						
专业能力	1）掌握SDH帧结构及各组成部分内涵	60					
	2）掌握我国SDH复用映射结构						
	3）掌握PDH支路信号复用进STM-*N*信号的过程						
	4）掌握STM-1信号复用进STM-*N*信号的过程						
	5）掌握段开销、通道开销的位置功能，熟悉各开销字节的用途						
	6）掌握SDH指针AU-PTR、TU-PTR的位置功能及调整机理						
	7）掌握SDH网同步的同步方式及局间、局内应用结构						
	8）掌握SDH网时钟源类型						
	9）掌握SDH网同步的要求						
	10）了解时钟种类及工作方式						
	11）了解同步状态标志定义						

（续）

评价内容		评分标准	组长评分					
专业能力	12）理解网元地址定义及路由设置方法	60						
	13）掌握 ZXMP S320 设备各单板功能							
	14）掌握光传输网基本业务配置的流程和方法							
方法能力	1）收集整理信息、资料的能力	10						
	2）语言表达能力							
	3）提出问题、解决问题的能力							
	4）组织实施能力							
社会能力	1）交流沟通能力	10						
	2）团队协作能力							
	3）安全、环保、责任意识							
总　分								
组长签名				日期				

（3）教师评价

“光传输网组建与维护”教师评价表			
班　级		组　号	
任　务	任务 5：基本业务配置	任课教师	
评价阶段	评价内容	评分标准	教师评分
资讯准备	1）掌握 SDH 帧结构及各组成部分内涵	20	
	2）掌握我国 SDH 复用映射结构		
	3）掌握 PDH 支路信号复用进 STM-N 信号的过程		
	4）掌握 STM-1 信号复用进 STM-N 信号的过程		
	5）掌握段开销、通道开销的位置功能，熟悉各开销字节的用途		
	6）掌握 SDH 指针 AU-PTR、TU-PTR 的位置功能及调整机理		
	7）掌握 SDH 网同步的同步方式及局间、局内应用结构		
	8）掌握 SDH 网时钟源类型		
	9）掌握 SDH 网同步的要求		
	10）了解时钟种类及工作方式		
	11）了解同步状态标志定义		
	12）理解网元地址定义及路由设置方法		
	13）掌握 ZXMP S320 设备各单板功能		
	14）掌握光传输网基本业务配置的流程和方法		
计划决策	1）人员组织安排	20	
	2）器材准备清单		
	3）任务实施方案		
实施检查	1）任务实施过程	40	
	2）任务检查优化		
展示评估	1）展示汇报	20	
	2）小组答辩		
总　分		日期	

任务6　以太网业务配置

【任务描述】

根据项目分解要求，项目软调B组要在A组完成基本业务配置任务的基础上配置接入层B区环3-6（来源于任务1图1-28）所在的环带链结构内各网元上配置相关以太网业务。

具体配置要求如下：网元211分别与网元210、212间有10Mbit/s带宽的以太网业务，且网元211与网元210、网元211与网元212可以通信，但网元210与网元212不可以通信。

【任务分析】

要完成基本业务配置，需要完成以下工作：

1）配置单板。

2）VLAN划分。

3）虚拟局域网配置。

4）时隙业务配置。

【任务教学设计】

<table>
<tr><td>任　　务</td><td colspan="2">任务6：以太网业务配置</td><td>学时</td><td>10</td><td>所属项目</td><td>项目3：传输网业务配置</td></tr>
<tr><td>教学目标</td><td colspan="6">通过该任务的教学，使学生掌握光传输网以太网业务配置的方法和技能，并在任务学习和实践过程中掌握以太网业务配置涉及的必备知识。具体目标如下
1）掌握以太网交换机的工作原理
2）掌握VLAN的工作原理
3）掌握光传输网以太网业务配置的流程和方法</td></tr>
<tr><td colspan="3">教学内容</td><td>学时</td><td colspan="2">教学环节</td><td>教学表单</td></tr>
<tr><td rowspan="3">必备知识</td><td colspan="2" rowspan="2">1）以太网交换机的工作原理</td><td rowspan="2">1</td><td rowspan="3">资讯准备</td><td>引导预习</td><td rowspan="3">项目任务书、任务引导问题单</td></tr>
<tr><td>汇报解答</td></tr>
<tr><td colspan="2">2）VLAN的工作原理</td><td>1</td><td>课堂讲授</td></tr>
<tr><td rowspan="8">任务实施</td><td rowspan="5">环带链以太网业务配置</td><td>1）单板配置</td><td rowspan="5">4</td><td rowspan="3">计划决策</td><td>人员组织</td><td rowspan="3">项目任务书、任务实施单</td></tr>
<tr><td>2）VLAN划分</td><td>器材准备</td></tr>
<tr><td>3）虚拟局域网配置</td><td>方案制订</td></tr>
<tr><td rowspan="2">4）时隙业务配置</td><td rowspan="2">实施检查</td><td>任务实施</td><td rowspan="2">项目任务书、任务实施单能效检查</td></tr>
<tr><td>能效检查</td></tr>
<tr><td colspan="2" rowspan="3">两环以太网业务配置</td><td rowspan="3">4</td><td rowspan="3">展示评估</td><td>展示汇报</td><td rowspan="3">任务实施单、学生自评表、小组评价表、教师评价表</td></tr>
<tr><td>小组答辩</td></tr>
<tr><td>成绩评定</td></tr>
</table>

【必备知识】

6.1　以太网交换机概述

6.1.1　以太网的发展历史及现状

以太网是在20世纪70年代由Xerox公司Palo Alto研究中心推出的。由于介质技术的发展，Xerox公司可以将许多机器相互连接，形成巨型打印机，这就是以太网的原型。后来，Xerox公司推出了带宽为2Mbit/s的以太网，又和Intel公司、DEC公司合作推出了带宽为10Mbit/s的以太网，这就是通常所称的以太网Ⅱ或以太网DIX（Digital、Intel和Xerox）。IEEE（电器和电子工程师协会）下属的802委员会制订了一系列局域网标准，其中以太网标准（IEEE 802.3）与由Intel、Digital和Xerox推出的以太网Ⅱ非常相似。随着以太网技术的不断进步与带宽的提升，目前在很多情况下，以太网成为了局域网的代名词。

6.1.2　以太网介质访问技术

以太网使用CSMA/CD（Carrier Sense Multiple Access with Collision Detection，带有冲突监测的载波侦听多址访问）进行介质访问。可以将CSMA/CD比作一种文雅的交谈，在这种交谈方式中，如果有人想阐述观点，他应该先听听是否有其他人在说话（即载波侦听），如果这时有人在说话，那么他应该耐心地等待，直到对方结束说话，然后他才可以开始发表意见。如果有两个人在同一时间都想开始说话，那会出现什么样的情况呢？显然，如果两个人同时说话，这时很难辨别出每个人都在说什么。但是，在文雅的交谈方式中，当两个人同时开始说话时，双方都会发现他们在同一时间开始讲话（即冲突检测），这时说话立即终止，随机地过了一段时间后，说话才开始。说话时，由第一个开始说话的人来对交谈进行控制，而第二个开始说话的人将不得不等待，直到第一个人说完，然后他才能开始说话。

以太网的工作方式与上文描述的文雅的交谈方式相似。首先，以太网网段上需要进行数据传送的节点对导线进行监听，这个过程称为CSMA/CD的载波侦听。如果，这时有另外的节点正在传送数据，监听节点将不得不等待，直到传送节点的传送任务结束。如果某时恰好有两个工作站同时准备传送数据，以太网网段将发出“冲突”信号。这时，节点上所有的工作站都将检测到冲突信号，因为这时导线上的电压超出了标准电压。冲突产生后，这两个节点都将立即发出拥塞信号，以确保每个工作站都检测到这时以太网上已产生冲突，然后，网络进行恢复，在恢复的过程中，导线上将不传送数据。当两个节点将拥塞信号传送完，并过了一段随机时间后，这两个节点便开始启动随机计时器。第一个随机计时器到期的工作站将首先对导线进行监听，当它监听到没有任何信息在传输时，便开始传输数据。当第二个工作站随机计时器到期后，也对导线进行监听，当监听到第一个工作站已经开始传输数据后，就只好等待了。

在CSMA/CD方式下，在一个时间段，只有一个节点能够在导线上传送数据。如果其他节点想传送数据，必须等到正在传输的节点的数据传送结束后才能开始传输数据。以太网之所以被称为共享介质就是因为节点共享同一传输介质这一事实。

6.1.3　以太网帧结构

电器和电子工程师协会（IEEE）在1980年2月组成了802委员会，并由其制订了一系列局域网方面的标准，802.3 协议簇制订了以太网的标准。其中：IEEE 802.3 为以太网标准 IEEE 802.2 为 LLC（逻辑链路控制）标准，而 IEEE 802.3u 为 100Mbit/s 以太网标准，IEEE 802.3z 为 1000Mbit/s 以太网标准，IEEE 802.3ab 为 1000Mbit/s 以太网运行在双绞线上的标准。以太网帧的基本结构如图 6-1 所示。

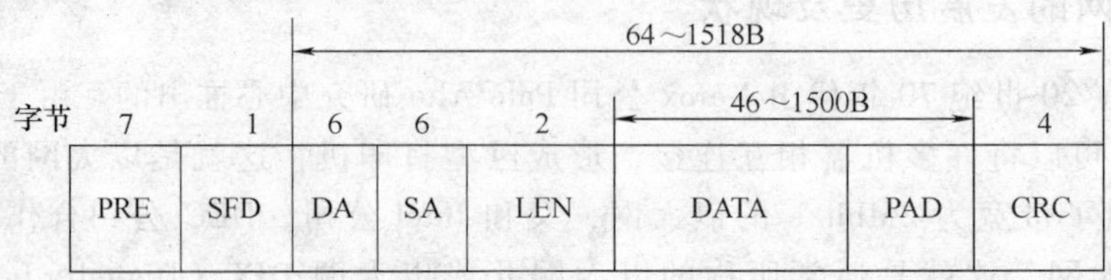

图 6-1　以太网帧的基本结构

1）前导（Preamble，PRE）：一个交替由 0 和 1 组成的 7 个 8 位位组模式被用做同步。

2）帧定界符开始（Start of Frame Delimiter，SFD）：特殊模式 10101011 表示帧的开始。

3）目的地址（Destination Address，DA）：若第一位是 0，这个字段指定了一个特定站点；若是 1，该目的地址是一组地址，帧被发送往由该地址规定的预先定义的一组地址中的所有站点。每个站点的接口知道它自己的组地址，当它见到这个组地址时会做出响应。若所有的位均为 1，该帧将被广播至所有的站点。

4）源地址（Source Address，SA）：说明一个帧来自哪里。

5）数据长度字段（Data Length Field，简称为 LEN）：说明在数据和填充字段里的 8 位字节的数目。

6）数据字段（Data Field）：上层数据。

7）填充字段（Pad Field）：数据字段必须至少是 46 个 8 位字节（或许更多）。若没有足够的数据，额外的 8 位位组被添加（填充）到数据中以补足差额。

8）帧校验序列（Frame Check Sequence）：使用 32 位循环冗余校验码的错误检验。

6.1.4　以太网交换机功能

1. 地址学习

由于 MAC 地址表是保存在交换机的内存之中的，所以当交换机启动时，MAC 地址表是空的，如图 6-2 所示。

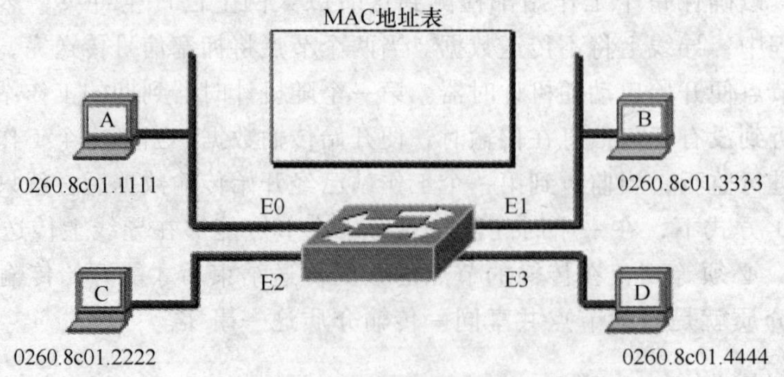

图 6-2　启动时的 MAC 地址表

当工作站 A 给工作站 C 发送了一个单播数据帧，学习过程如图 6-3 所示。交换机通过 E0 口收到了这个数据帧，读取帧的源 MAC 地址后将工作站 A 的 MAC 地址与端口 E0 关联，记录到 MAC 地址表中。由于此时这个帧的目的 MAC 地址对交换机来说是未知的，为了让这个帧能够到达目的地，交换机执行洪泛操作，即从除了进入端口外所有其他端口转发。

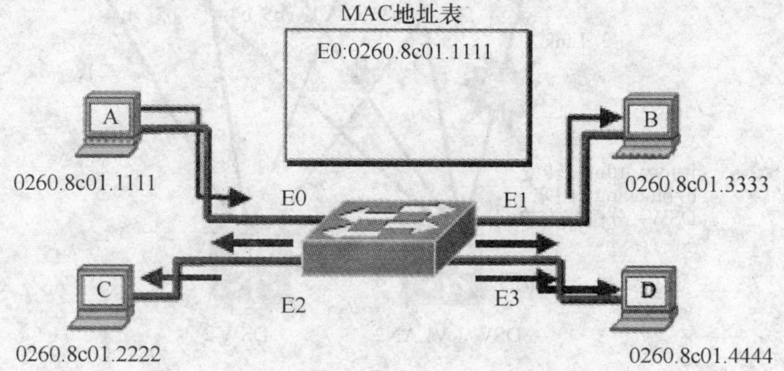

图 6-3　交换机学习过程

同样，当工作站 D 发送一个帧给工作站 C 时，交换机执行相同的操作，通过这个过程交换机学习到了工作站 D 的 MAC 地址并与端口 E3 关联并记录到 MAC 地址表中。由于此时这个帧的目的 MAC 地址对交换机来说仍然是未知的，为了让这个帧能够到达目的地，交换机仍然执行洪泛操作，即从除了进入端口外所有其他端口转发。

当所有的工作站都发送过数据帧后，交换机学习到了所有的工作站的 MAC 地址与端口的对应关系并记录到 MAC 地址表中。

2. 转发/过滤

当工作站 A 再次给工作站 C 发送了一个单播数据帧，交换机检查到了此帧的目的 MAC 地址已经存在在 MAC 地址表中，并和 E2 端口相关联，交换机将此帧直接向 E2 端口转发，即做转发决定，对其他的端口并不转发此数据帧，即做过滤操作。转发/过滤过程如图 6-4 所示。

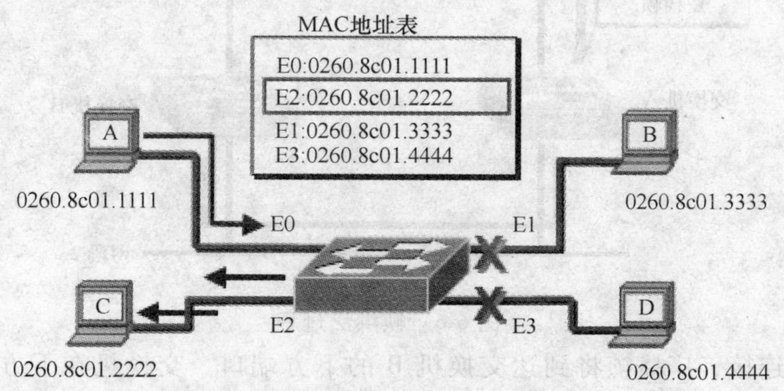

图 6-4　交换机转发/过滤过程

6.1.5　以太网交换机组网缺陷

为了提高整个网络的可靠性，消除单点失效故障，通常在网络设计中采用多台设备、多个端口、多条线路的冗余连接方式，如图 6-5 所示。

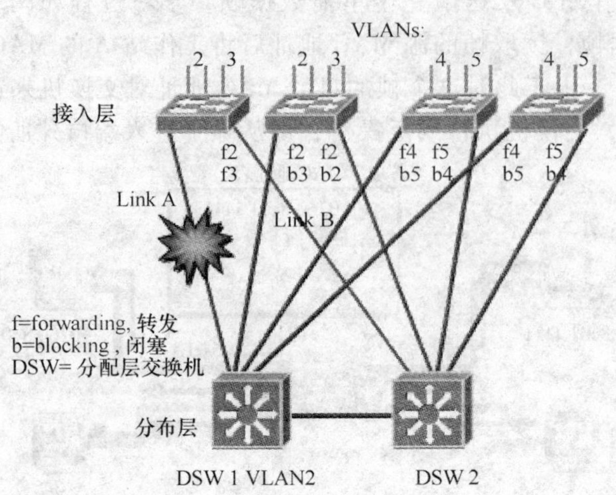

图 6-5　设备冗余连接方式

但是在存在物理环路的情况下，冗余连接方式可能导致二层环路的产生。如果交换机不对二层环路做处理，将会导致严重的网络问题，包括广播风暴、帧的重复复制、交换机 MAC 地址表的不稳定（MAC 地址漂移）等问题。

1. 广播风暴

首先看看广播风暴的形成。在一个存在物理环路的二层网络中，主机 X 发送了一个广播数据帧，交换机 A 从上方的端口接收到广播帧，做洪泛处理，转发至下面的端口，如图 6-6 所示。

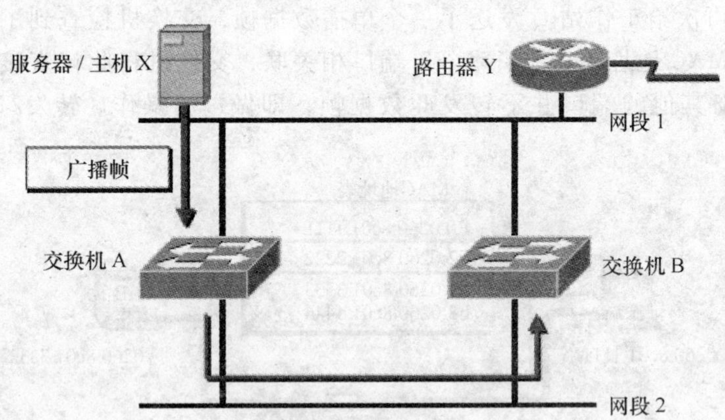

图 6-6　帧洪泛过程

通过下面的连接，广播帧将到达交换机 B 的下方端口。交换机在下方的端口上收到了一个广播数据帧，将做洪泛处理，通过上方的端口转发此帧，交换机 A 将在上方端口重新接收到这个广播数据帧，如图 6-7 所示。

由于交换机执行的是透明桥的功能，转发数据帧时不对帧做任何处理。所以对于再次到来的广播帧，交换机 A 不能识别出此数据帧已经被转发过，交换机 A 还将对此广播帧执行洪泛操作。广播帧到达交换机 B 后会执行同样的操作，并且此过程会不断进行下去，无限循环，如图 6-8 所示。

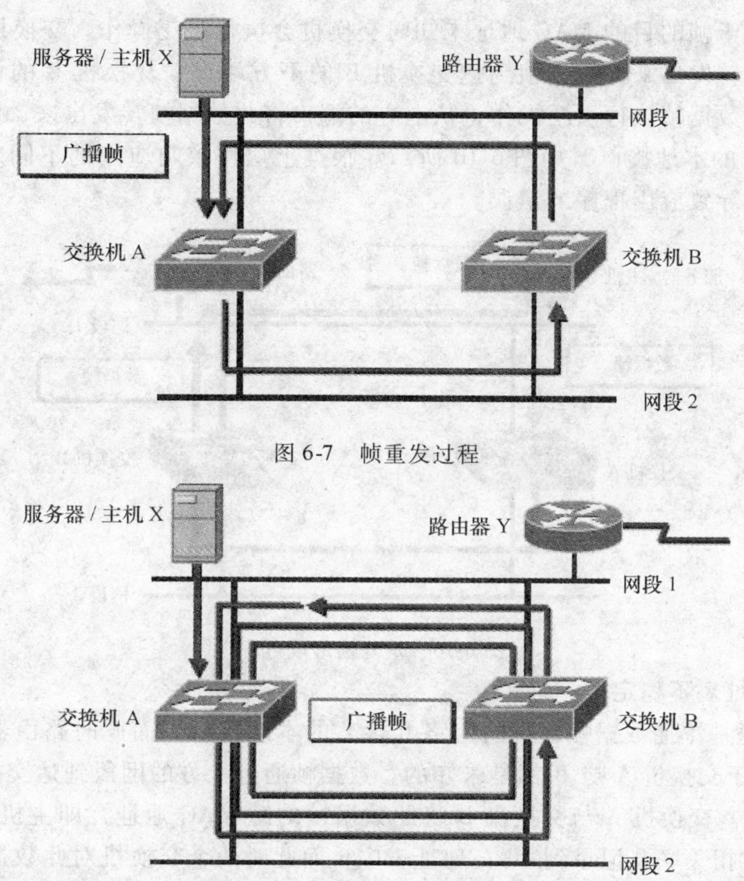

图 6-7　帧重发过程

图 6-8　广播风暴形成过程

在很短的时间内，大量重复的广播帧被不断循环转发消耗掉整个网络的带宽，而连接在这个网段上的所有主机设备也会受到影响，CPU 将不得不产生中断来处理不断到来的广播帧，极大地消耗系统的处理能力，严重的可能导致死机。一旦产生广播风暴系统无法自动恢复，必须由系统管理员人工干预恢复网络状态。

2. 复制出多个重复的帧

主机 X 发送一单播数据帧，目的为路由器 Y 的本地接口，而此时路由器 Y 的本地接口的 MAC 地址对于交换机 A 与 B 都是未知的。数据帧通过上方的网段直接到达路由器 Y，同时到达交换机 A 的上方的端口，如图 6-9 所示。

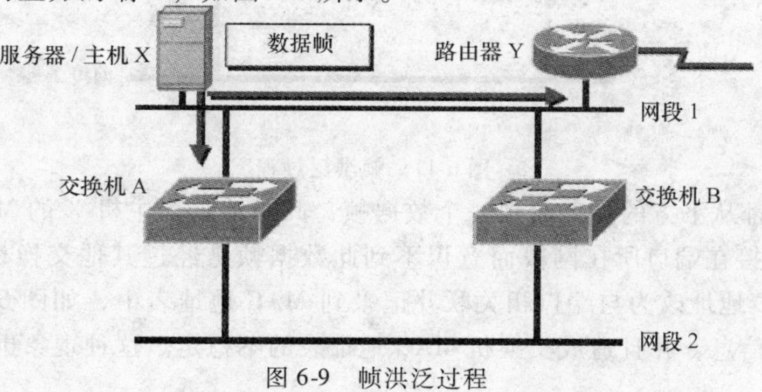

图 6-9　帧洪泛过程

当交换机对于帧的目的 MAC 地址未知时交换机会执行洪泛操作。交换机 A 会将此数据帧从下方的端口转发出来，数据帧到达交换机 B 的下方端口，交换机 B 的情况与交换机 A 相同，也会对此数据帧执行洪泛操作，从上方的端口将此数据帧转发出来，同样的数据帧再次到达路由器 Y 的本地接口，如图 6-10 所示。根据上层协议与应用的不同，同一个数据帧被传输多次可能导致应用程序的错误。

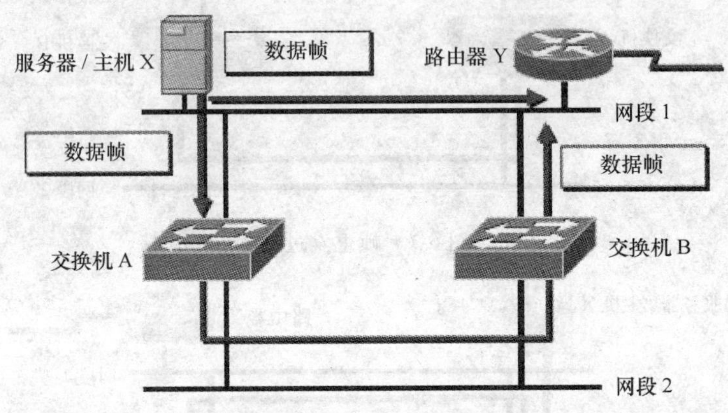

图 6-10 重复帧形成过程

3. MAC 地址表不稳定

主机 X 发送一单播数据帧，目的为路由器 Y 的本地接口，而此时路由器 Y 的本地接口的 MAC 地址对于交换机 A 与 B 都是未知的。数据帧通过上方的网段到达交换机 A 与交换机 B 的上方的端口。交换机 A 与交换机 B 将此数据帧的源 MAC 地址，即主机 X 的 MAC 地址与各自的端口 0 相关联并记录到 MAC 地址表中，而此时两个交换机对此数据帧的目的 MAC 地址是未知的，当交换机对帧的目的 MAC 地址未知时交换机会执行洪泛操作。两台交换机都会将此数据帧从下方的端口 1 转发出来并将到达对方的端口 1，如图 6-11 所示。

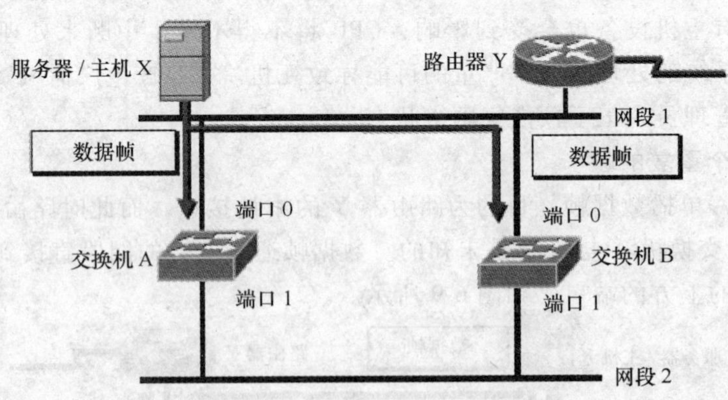

图 6-11 帧洪泛过程

两个交换机都从下方的端口收到一个数据帧，其源地址为主机 X 的 MAC 地址，交换机会认为主机 X 连接在端口所在网段而意识不到此数据帧是经过其他交换机转发的，所以会将主机 X 的 MAC 地址改为与端口相关联并记录到 MAC 地址表中，如图 6-12 所示。交换机学习到了错误的信息，并且造成交换机 MAC 地址表的不稳定。这种现象也被称为 MAC 地址漂移。

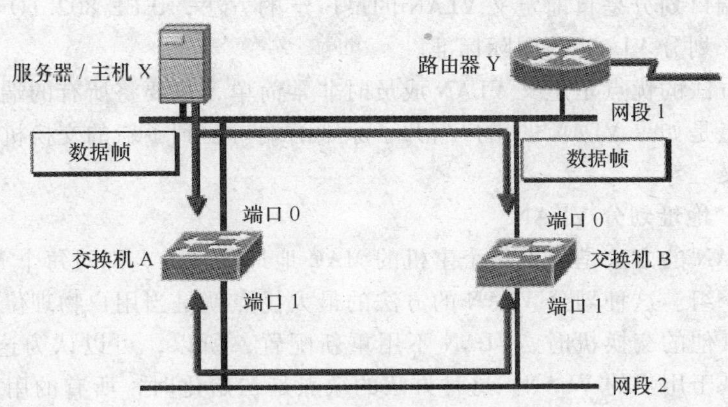

图 6-12　MAC 地址表飘移

综上所述，在二层网络中一旦形成物理环路即可能形成二层环路，而二层环路给网络带来的损害是很严重的，并且往往一旦发生不会自动愈合。在实际的组网实际应用中经常会形成复杂的多环路连接。面对如此复杂的环路，网络设备必须有一种解决办法在存在物理环路的情况下阻止二层环路的发生，下面就来详细介绍二层环路常用的解决办法，即 VLAN（虚拟局域网）技术。

6.2　VLAN 技术

6.2.1　VLAN 的概念

VLAN（Virtual Local Area Network，虚拟局域网）是一种通过将局域网内的设备逻辑地而不是物理地划分成一个个网段，从而实现虚拟工作组的新兴技术。IEEE 于 1999 年颁布了用以标准化 VLAN 实现方案的 802.1Q 协议标准草案。

VLAN 技术允许网络管理者将一个物理的 LAN 逻辑地划分成不同的广播域（或称虚拟 LAN，即 VLAN），每一个 VLAN 都包含一组有着相同需求的计算机工作站，与物理上形成的 LAN 有着相同的属性。但由于它是逻辑地而不是物理地划分，所以同一个 VLAN 内的各个工作站无需被放置在同一个物理空间里，即这些工作站不一定属于同一个物理 LAN 网段。一个 VLAN 内部的广播和单播流量都不会转发到其他 VLAN 中，从而有助于控制流量、减少设备投资、简化网络管理、提高网络的安全性。

6.2.2　VLAN 分类

VLAN 在交换机上的实现方法，可以大致划分为 4 类。

1. 基于端口划分的 VLAN

这种划分 VLAN 的方法是根据以太网交换机的端口来划分，比如 Quidway S3526 的端口 1~4 为 VLAN 10，端口 5~17 为 VLAN 20，端口 18~24 为 VLAN 30，当然，这些属于同一 VLAN 的端口可以不连续，如何配置由管理员决定，如果有多个交换机，例如，可以指定交换机 1 的端口 1 ~6 和交换机 2 的端口 1 ~4 为同一 VLAN，即同一 VLAN 可以跨越数个以太网交换机。根据端口划分是目前定义 VLAN 的最广泛的方法，IEEE 802. 1Q 规定了依据以太网交换机的端口来划分 VLAN 的国际标准。

这种划分的方法的优点是定义 VLAN 成员时非常简单，只要将所有的端口都定义一下就可以了。它的缺点是如果 VLAN 的用户离开了原来的端口，到了新的交换机的某个端口，那么就必须重新定义。

2. 基于 MAC 地址划分 VLAN

这种划分 VLAN 的方法是根据每个主机的 MAC 地址来划分，即对每个 MAC 地址的主机都配置它属于哪个组。这种划分 VLAN 的方法的最大优点就是当用户物理位置移动时，即从一个交换机换到其他的交换机时，VLAN 不用重新配置，所以，可以认为这种根据 MAC 地址的划分方法是基于用户的 VLAN。这种方法的缺点是初始化时，所有的用户都必须进行配置，如果有几百个甚至上千个用户的话，配置起来非常繁琐。而且这种划分的方法也导致了交换机执行效率的降低，因为在每一个交换机的端口都可能存在很多个 VLAN 组的成员，这样就无法限制广播包了。另外，对于使用便携式计算机的用户来说，它们的网卡可能经常更换，这样，VLAN 就必须不停地配置。

3. 基于网络层划分 VLAN

这种划分 VLAN 的方法是根据每个主机的网络层地址或协议类型（如果支持多协议）划分的，虽然这种划分方法是根据网络地址，比如 IP 地址，但它不是路由，与网络层的路由毫无关系。它虽然查看每个数据包的 IP 地址，但由于不是路由，所以，没有 RIP、OSPF 等路由协议，而是根据生成树算法进行桥交换。

这种方法的优点是用户的物理位置改变了，不需要重新配置所属的 VLAN，而且可以根据协议类型来划分 VLAN，这对网络管理者来说很重要，还有，这种方法不需要附加的帧标签来识别 VLAN，这样可以减少网络的通信量。

这种方法的缺点是效率低，因为检查每一个数据包的网络层地址是需要消耗处理时间的（相对于前两种方法），一般的交换机芯片都可以自动检查网络上数据包的以太网帧头，但要让芯片能检查 IP 帧头，需要更高的技术，同时也更费时。当然，这与各个厂商的实现方法有关。

4. 根据 IP 组播划分 VLAN

IP 组播实际上也是一种 VLAN 的定义，即认为一个组播组就是一个 VLAN，这种划分的方法将 VLAN 扩大到了广域网，因此这种方法具有更大的灵活性，而且也很容易通过路由器进行扩展，当然这种方法不适合局域网，主要是效率不高。

鉴于当前业界 VLAN 发展的趋势，考虑到各种 VLAN 划分方式的优缺点，为了最大程度上地满足用户在具体使用过程中需求、减轻用户在 VLAN 的具体使用和维护中的工作量，交换机通常采用根据端口来划分 VLAN 的方法。

6. 2. 3 802. 1q 协议

802. 1q 协议，即 Virtual Bridged Local Area Networks 协议，通过在原来的以太网帧头中的源地址后增加了一个 4B 的 802. 1q 帧头来标记 VLAN。在帧中，标记头位于目的 MAC 地址和源 MAC 地址之后（如果采用路由机制，则位于路由地址之后），它是实现数据流过滤的基础。标记头由标记协议标识符（Tag Protocol Identifier，TPID）和标记控制信息（Tag Control Information，TCI）两部分组成。802.1q 帧与以太网帧的区别如图 6-13 所示。

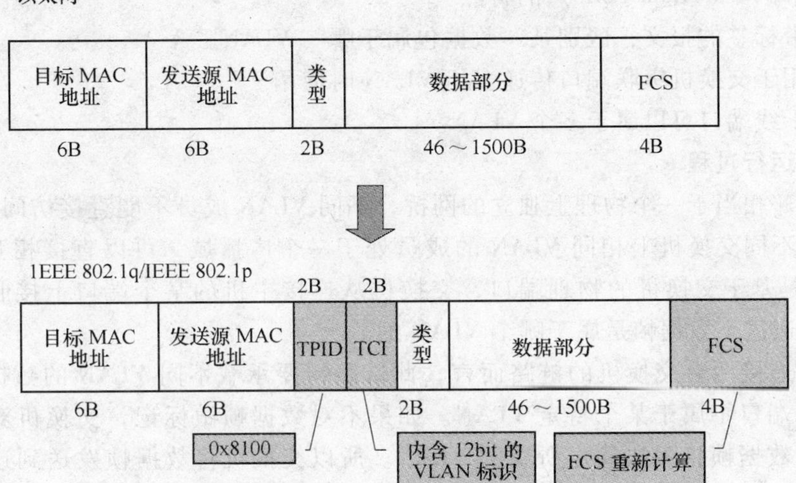

图 6-13　802.1q 帧与以太网帧的区别

标记协议标识符（TPID）和标记控制信息（TCI）的结构如图 6-14 所示。

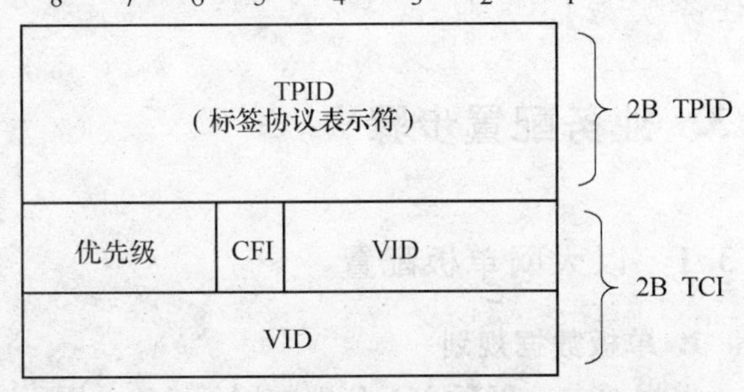

图 6-14　标记协议标识符和标记控制信息的结构

（1）标记协议标识符（TPID）　2B 的 TPID 字段的值为十六进制的 81～00，表明了这个帧承载的是 802.1q/802.1p 标签信息。这个值必须区别于以太网类型字段中的任何值。

（2）标记控制信息（TCI）　TCI 中包含一个 3bit 的用户优先级字段，用来在支持 IEEE 802.1p 规范的交换机进行帧转发的过程中标识帧的优先级，可以有 8 种，0 是最低，7 是最高；TCI 中还包含 1bit 的规范格式标识符（CFI），用于标识 MAC 地址信息是否为规范格式的，CFI=0 表示是规范格式，CFI=1 表示是非规范；此外 TCI 中还有一个 12bit 长的 VID，定义该帧所属的 VLAN，802.1QVID 域指示帧属于的 VLAN 标识，最大可以有 4094（2^{12}-2）个 VLAN，0 不表示 VLAN 标识。

6.2.4　VLAN 工作原理

1. 端口类型

（1）接入端口（Access Ports）的特点

1）一个端口有且只有一个 Pvid，初始情况下各端口 Pvid=1。

2）Access ports 的 Pvid 与端口所在 VLAN 一致。

3）默认所有端口都包含在 VLAN1 中，且都是接入端口。

4）一个接入端口只属于一个 VLAN。

5）发送不带标签的报文。

6）一般与 PC、服务器相连时使用。

（2）干线端口（Trunk Ports）的特点

1）发送带标签的报文，区别某一数据包属于哪一 VLAN。

2）一般用于交换机级联端口传递多组 VLAN 时使用。

3）一个干线端口可以属于多个 VLAN。

2. VLAN 运行过程

每个 VLAN 相当于一个物理上独立的网桥，不同 VLAN 成员不能直接访问。VLAN 可以跨越交换机，不同交换机上相同 VLAN 的成员处于一个广播域，可以直接相互访问。由于 VLAN 的划分是基于交换机的物理端口，交换机从连接主机的某个端口上接收到一个数据帧，交换机知道这个数据帧是属于哪个 VLAN 的。

但是对于连接两台交换机的链路而言，此链路需要承载不同 VLAN 的数据，连接此链路的交换机的端口不属于某个特定 VLAN。如果不对数据帧做标记，交换机对从这样的链路上接收到的数据帧将无法确定所属的 VLAN。所以交换机将数据帧发送到这样的链路前必须对数据帧做标记，即为每一个数据帧都被加上了一个标记，用来确定该分组所属的 VLAN。VLAN 的标记使交换机能够将来自不同 VLAN 上的业务流复用到一条物理线路上。

【任务实施】

6.3 业务配置步骤

6.3.1 以太网单板配置

1. 单板数据规划

根据要求，网元 211 分别与网元 210、网元 212 间有 10Mbit/s 带宽的以太网业务，由于前面功能单板已经配置完毕，不再重复，这里仅根据以太网任务要求配置单板。具体数据规划见表 6-1。

表 6-1 单板数据规划

网元名称 / 单板	A	B	C	D	E
SFE4	1	1	1	—	—

2. 创建步骤

这里以 A 网元创建过程为例加以说明。

1）在客户端操作窗口中，双击拓扑图中的网元标识，进入单板管理界面，按照上一任务单板配置方法配置以太网单板。单板配置结果如图 6-15 所示。

2）利用同样的方法可以配置 B、C 网元单板。

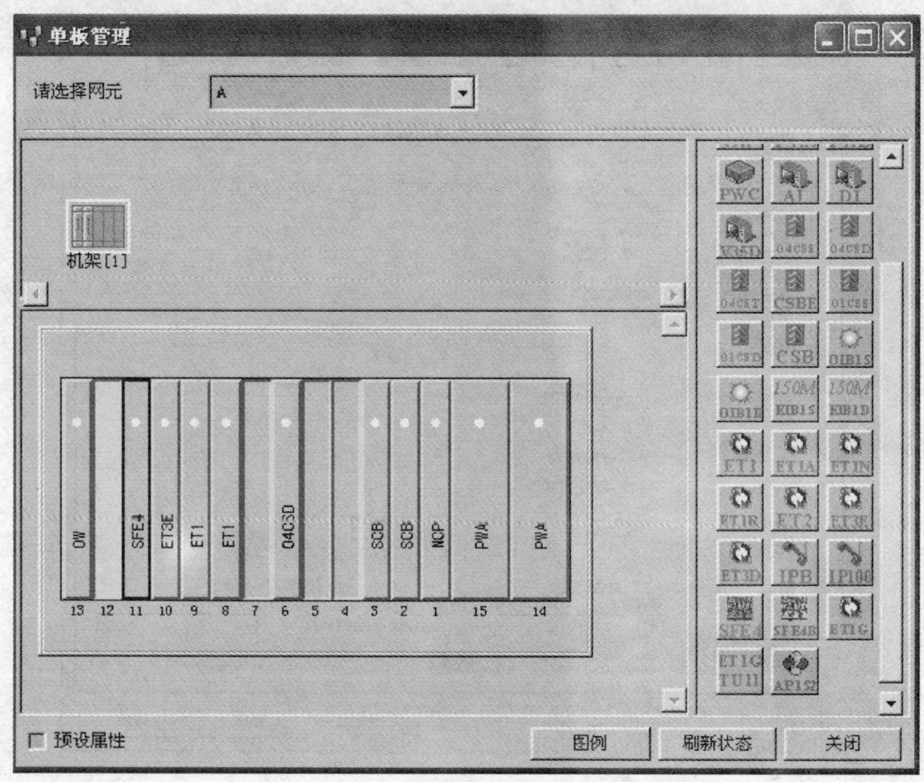

图 6-15　单板配置结果

6.3.2　VLAN 划分

1. VLAN 规划

根据任务要求，可将网元 211（B）与网元 210（A）业务划到 VLAN 10，将网元 211（B）与网元 212（C）业务划到 VLAN 20，从而实现同一 VLAN 的通信，而不同 VLAN 通信进行隔离，其规划结果见表 6-2。

表 6-2　VLAN 规划结果

业务类型	源网元	目的网元	传输速率	归属 VLAN
以太网业务	A	B	10Mbit/s	VLAN 10
以太网业务	B	C	10Mbit/s	VLAN 20

2. 单板属性设置

1）选中 A 网元，在“单板管理”页面中双击 SFE 单板，再单击“高级”选项，进入高级属性设置对话框，如图 6-16 所示。

2）在数据端口属性选项中，根据题目要求进行相关数据设置，结果如图 6-17 所示。

3）在通道组配置属性选项中，单击“增加”按钮，弹出图 6-18 所示通道组分配配置对话框，然后根据题目要求进行相关数据设置，最后，单击“确认”即可。

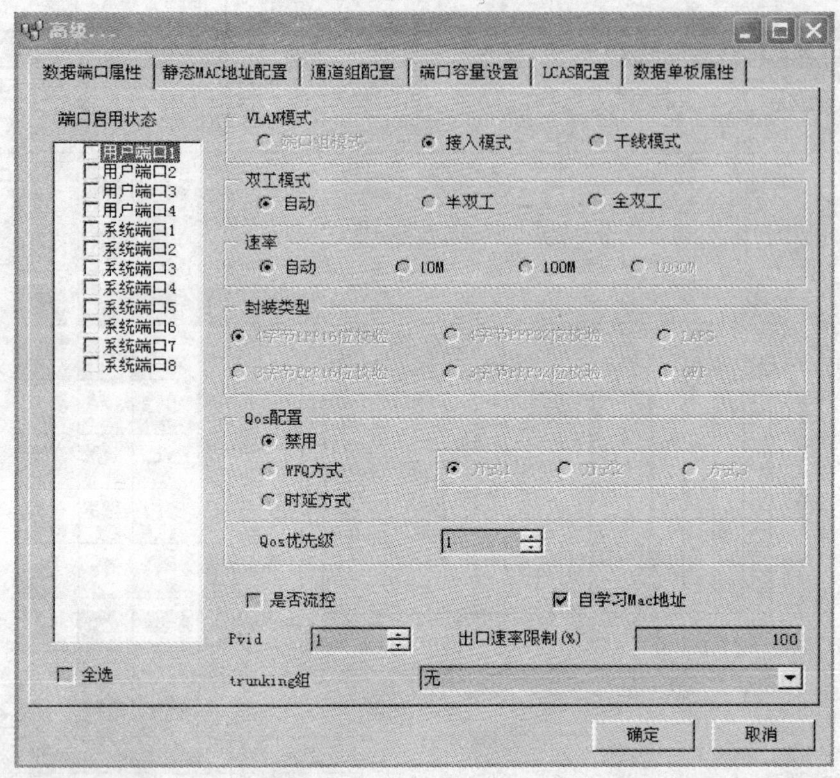

图 6-16 SFE4 单板高级属性设置对话框

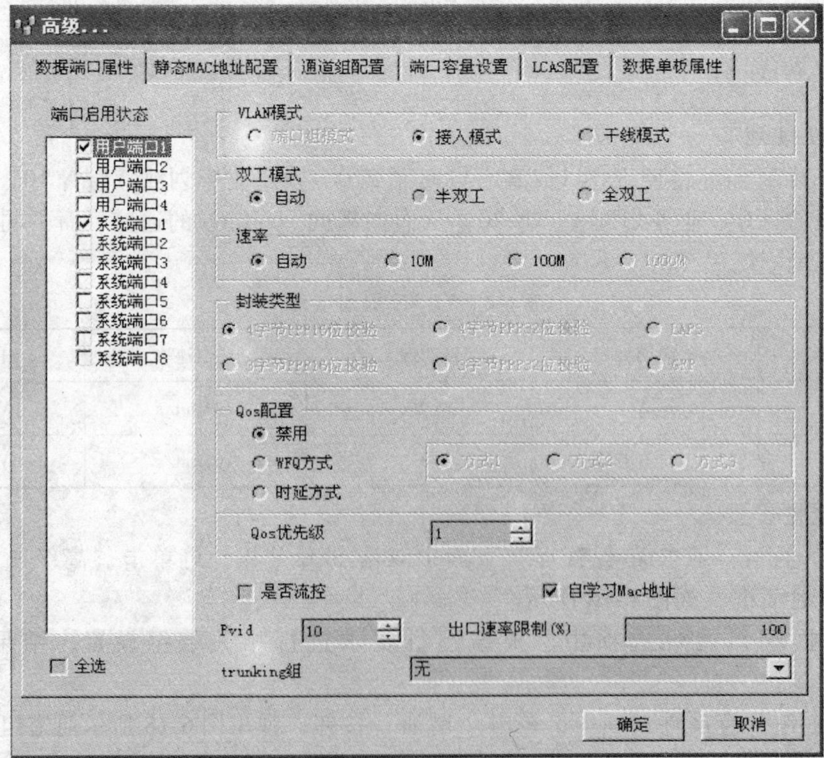

图 6-17 数据端口相关数据设置结果

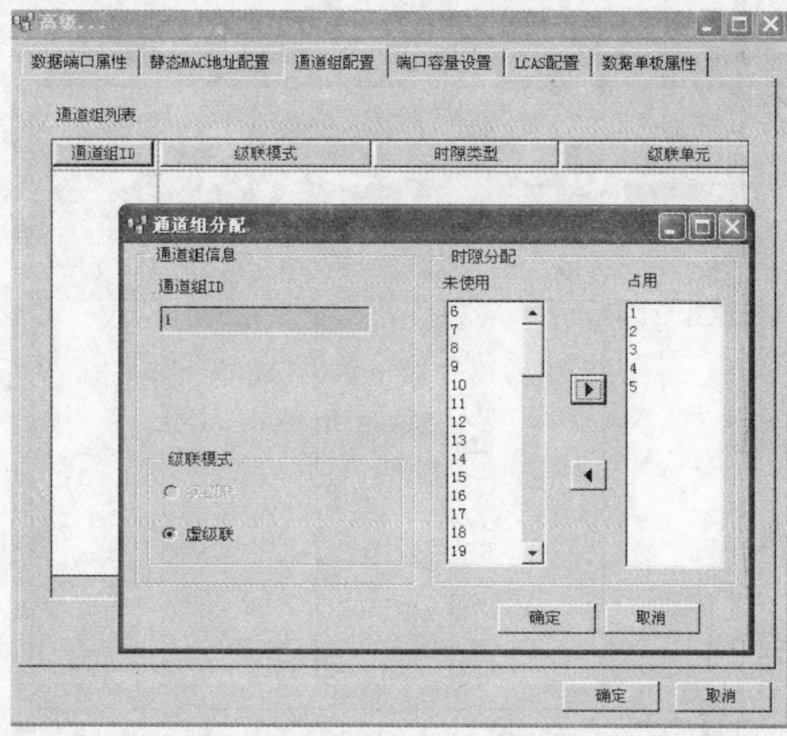

图 6-18　通道组分配配置对话框

4）在端口容量设置选项中，根据题目要求进行相关数据设置，结果如图 6-19 所示。

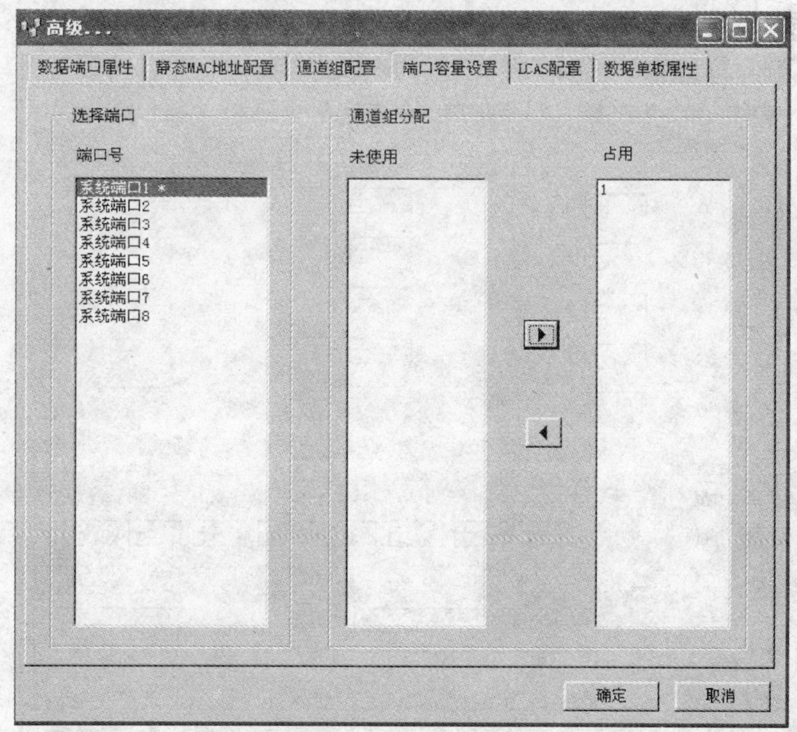

图 6-19　端口容量设置对话框

5）在 LCA 配置选项中，根据任务要求进行相关数据设置，结果如图 6-20 所示。

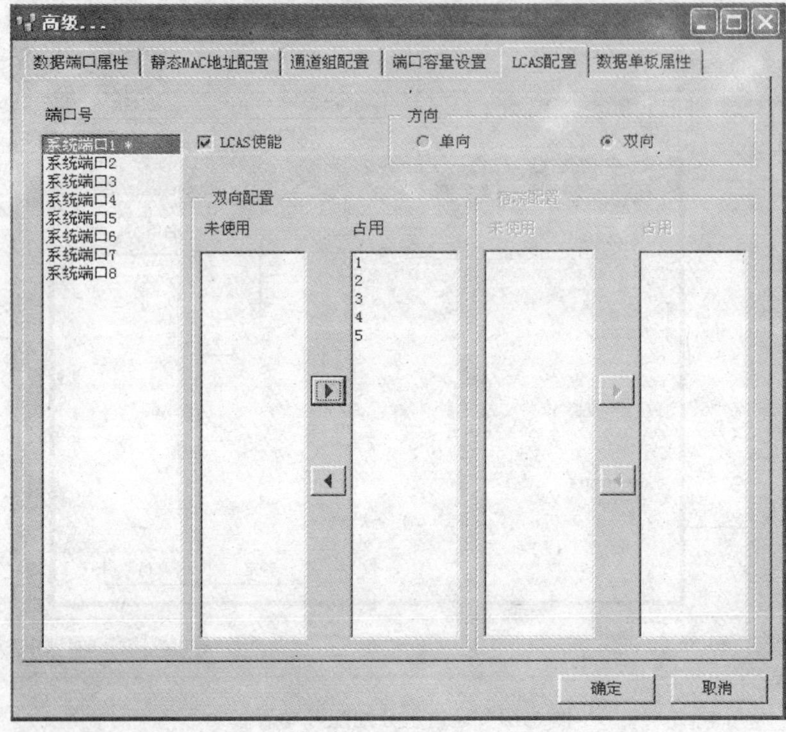

图 6-20　LCA 配置对话框

6）在数据单板属性选项中，根据任务要求进行相关数据设置，结果如图 6-21 所示。

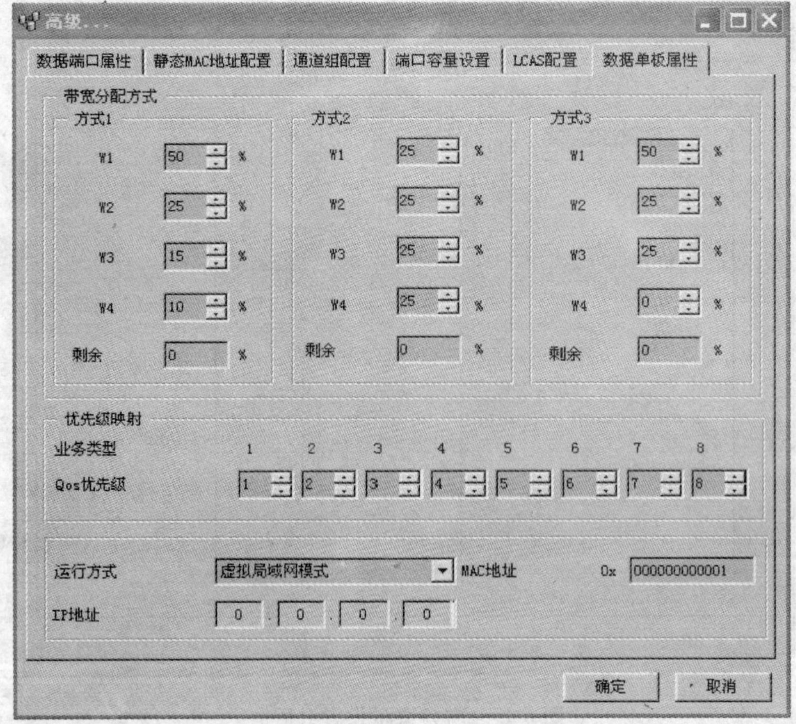

图 6-21　数据单板属性相关数据设置结果

7）利用同样的方法可以配置 B、C 网元的 SFE4 单板高级属性。

6.3.3　虚拟局域网配置

1）在客户端操作窗口中，选择 SDH 网元，单击“设备管理→以太网管理→虚拟局域网配置”菜单项，弹出虚拟局域网配置对话框，如图 6-22 所示。

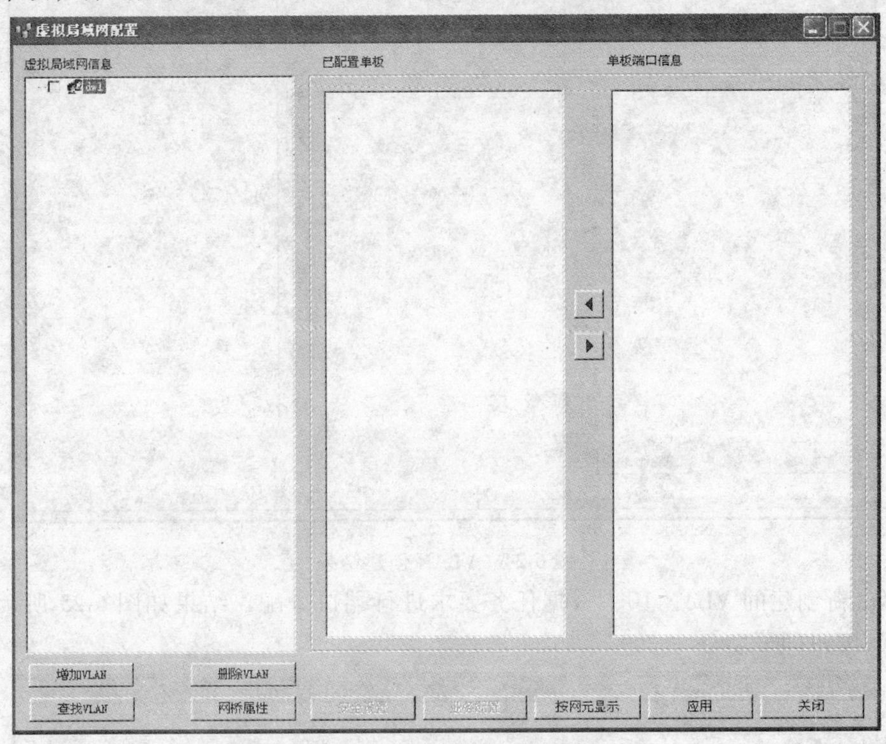

图 6-22　虚拟局域网配置对话框

2）单击“增加 VLAN”按钮，弹出如图 6-23 所示 VLAN 创建对话框，在其中进行 VLAN 参数配置，最后单击“应用”按钮即可。

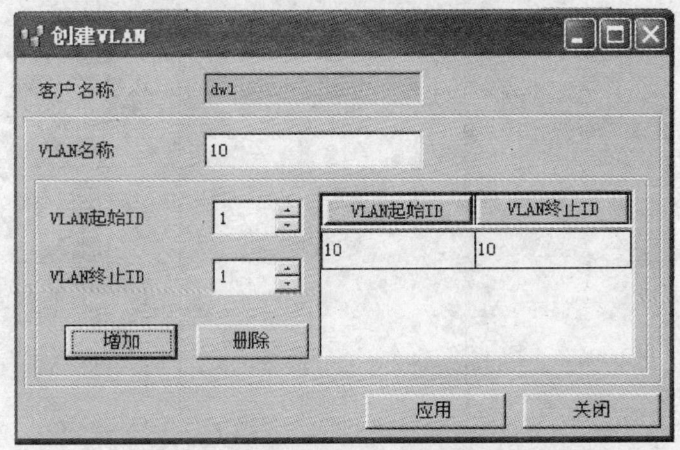

图 6-23　VLAN 创建对话框

3）利用同样的方法，可创建 VLAN 20，结果如图 6-24 所示。

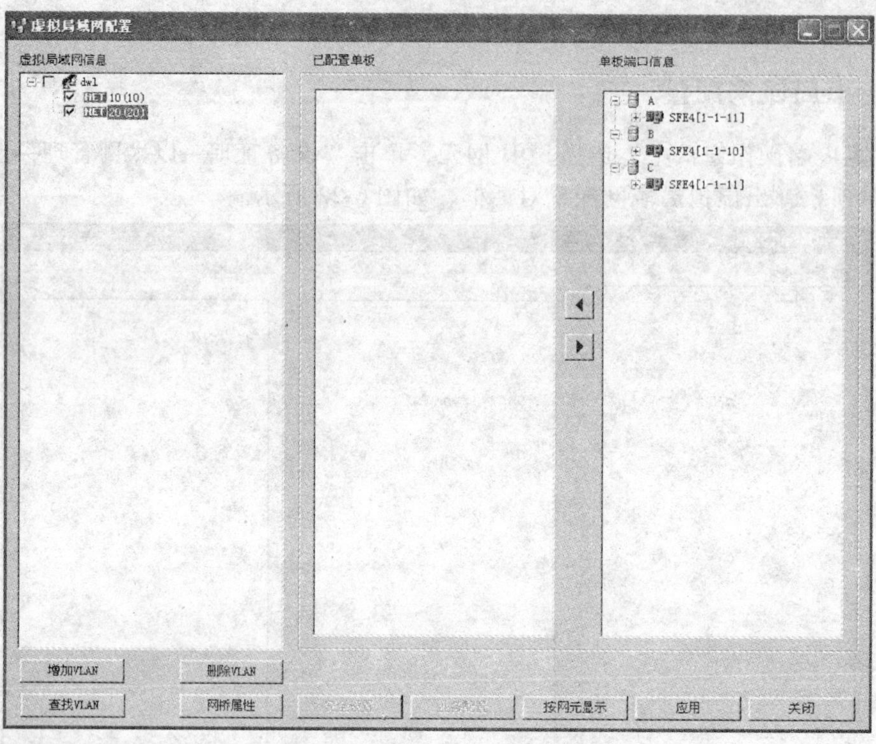

图 6-24　VLAN 创建结果

4）单击新创建的 VLAN 10，根据任务要求进行端口分配，结果如图 6-25 所示，最后单击“应用”按钮即可。

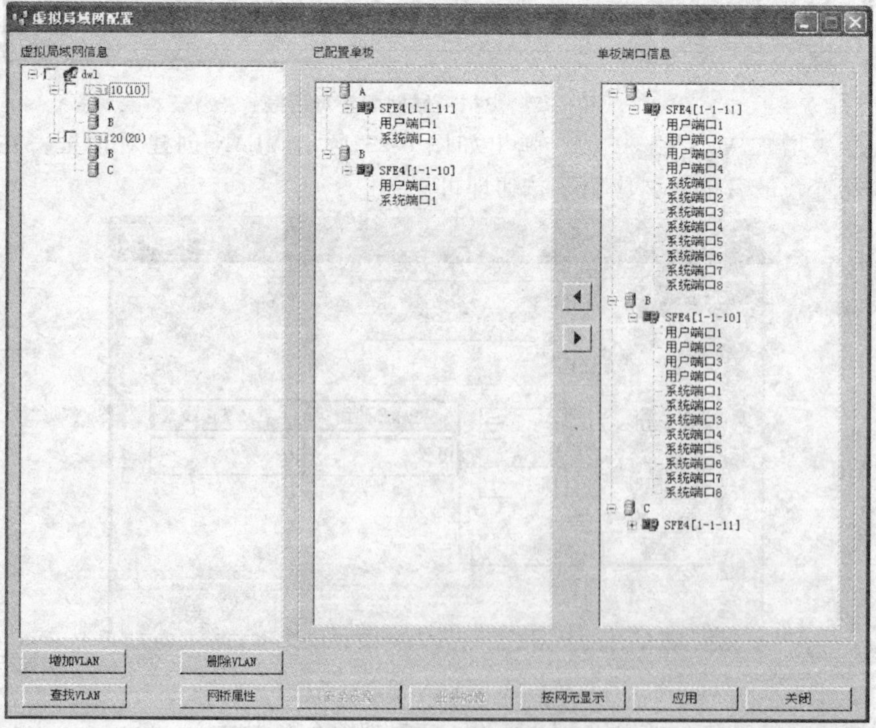

图 6-25　VLAN10 端口分配结果

5）利用同样的方法进行 VLAN 20 的端口业务进行分配。

6.3.4　时隙业务配置

1. 时隙配置

在明确网元间业务量后，应及时进行时隙分配，具体规划如下。

1）网元 A 时隙配置见表 6-3。

表 6-3　网元 A 时隙配置表

光接口板	端口	AUG	TUG-3	TUG-2	TU-12
O4CSD［1-1-6］	Port（1） A-B 以太网业务	AUG（1）	TUG-3（3）	TUG-2（1）	TU-12（43-45）
				TUG-2（2）	TU-12（46-47）
				TUG-2（3）	—
				TUG-2（4）	—
				TUG-2（5）	—
				TUG-2（6）	—
				TUG-2（7）	—

2）网元 B 时隙配置见表 6-4。

表 6-4　网元 B 时隙配置表

光接口板	端口	AUG	TUG-3	TUG-2	TU-12
O4CSD［1-1-6］	Port（1） B-C 以太网业务	AUG（1）	TUG-3（3）	TUG-2（1）	TU-12（43-45）
				TUG-2（2）	TU-12（46-47）
				TUG-2（3）	—
				TUG-2（4）	—
				TUG-2（5）	—
				TUG-2（6）	—
				TUG-2（7）	—
	Port（2） A-B 以太网业务	AUG（1）	TUG-3（3）	TUG-2（1）	TU-12（43-45）
				TUG-2（2）	TU-12（46-47）
				TUG-2（3）	—
				TUG-2（4）	—
				TUG-2（5）	—
				TUG-2（6）	—
				TUG-2（7）	

3）网元 C 时隙配置见表 6-5。

表 6-5 网元 C 时隙配置表

<table>
<tr><th>光接口板</th><th>端口</th><th>AUG</th><th>TUG-3</th><th>TUG-2</th><th>TU-12</th></tr>
<tr><td rowspan="7">O4CSD［1-1-7］</td><td rowspan="7">Port（1）
A-B 以太网业务</td><td rowspan="7">AUG（1）</td><td rowspan="7">TUG-3（3）</td><td>TUG-2（1）</td><td>TU-12（43-45）</td></tr>
<tr><td>TUG-2（2）</td><td>TU-12（46-47）</td></tr>
<tr><td>TUG-2（3）</td><td>—</td></tr>
<tr><td>TUG-2（4）</td><td>—</td></tr>
<tr><td>TUG-2（5）</td><td>—</td></tr>
<tr><td>TUG-2（6）</td><td>—</td></tr>
<tr><td>TUG-2（7）</td><td>—</td></tr>
</table>

2. 业务配置步骤

1）在客户端操作窗口中，选择 SDH 网元，单击“设备管理→SDH 管理→业务配置”菜单项，弹出如图 5-50 所示的配置对话框。

2）根据规划要求配置网元 A-B 之间 10 Mbit/s 以太网业务，在配置对话框中，将 5 个 2Mbit/s 业务一一对应，然后单击“增量下发”按钮即可完成，网元 A 结果如图 6-26 所示，网元 B 结果如图 6-27 所示。

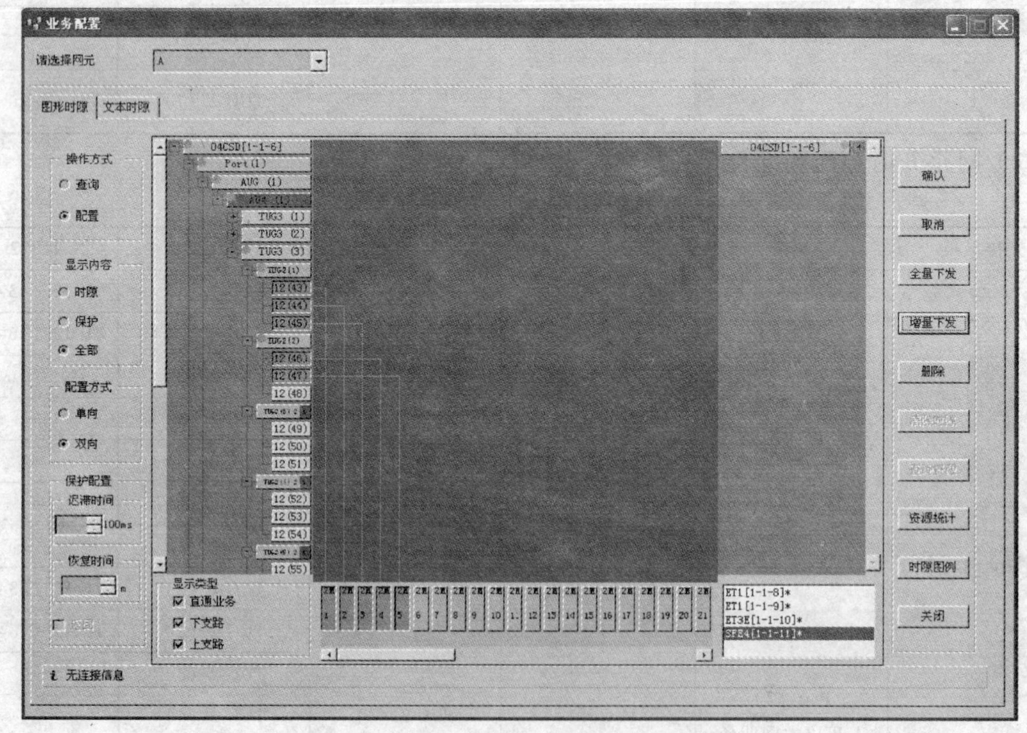

图 6-26 网元 A 10Mbit/s 业务配置结果

3）根据规划要求配置网元 B-C 之间 10 Mbit/s 以太网业务，在配置对话框中，将 5 个 2Mbit/s 业务一一对应，然后单击“增量下发”按钮即可完成，网元 B 结果如图 6-28 所示，网元 C 结果如图 6-29 所示。

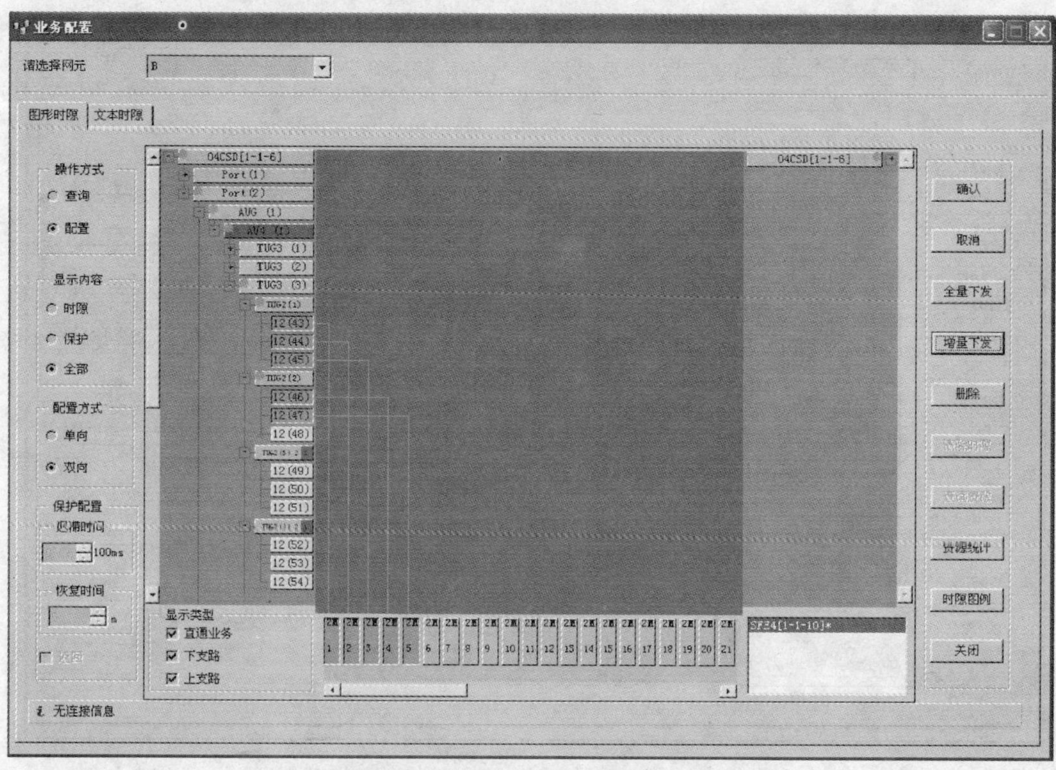

图 6-27　网元 B 10Mbit/s 业务配置结果

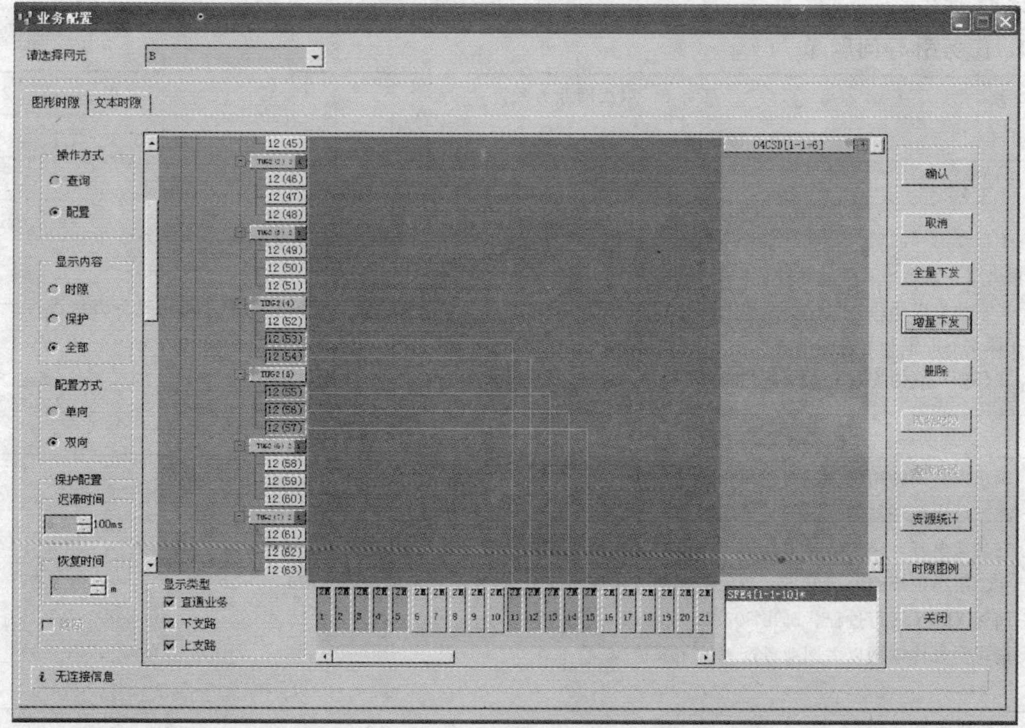

图 6-28　网元 B 10Mbit/s 业务配置结果

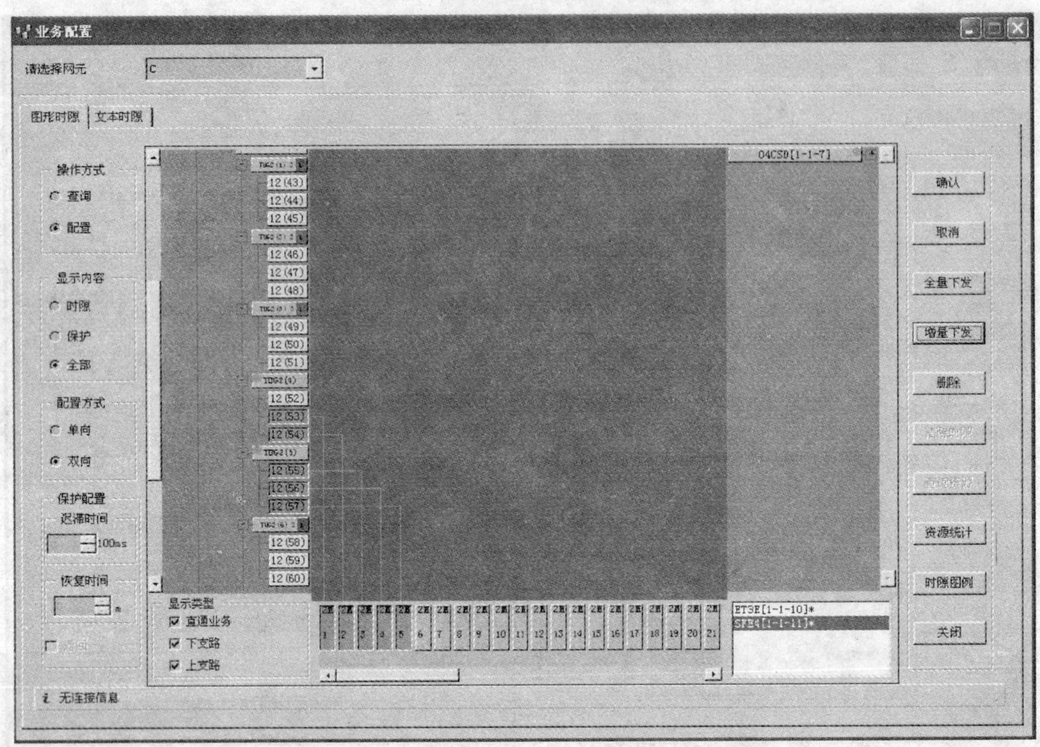

图 6-29 网元 C 10Mbit/s 业务配置结果

【测试评估】

1. 任务引导问题单

<table>
<tr><td>任　　务</td><td colspan="3">任务 6：以太网业务配置</td><td>学　　时</td><td>2</td></tr>
<tr><td>所属项目</td><td>项目 3：传输网业务配置</td><td>班　　级</td><td></td><td>组　　号</td><td></td></tr>
<tr><td colspan="6">1. 说明与要求</td></tr>
<tr><td colspan="6">1）本任务引导问题单是针对“以太网业务配置”这一任务编制，旨在引导学生更好地完成任务必备知识的学习，为计划决策、实施检查等后续环节做好资讯准备工作
2）要求学生以小组为单位，按照下列任务问题的引导，通过采取检索文献、查阅资料、小组讨论等方法进行预习，做好在课堂上汇报和解答的准备
3）在任务实施前完成并上交此表单，问题解答用白纸附在表单后</td></tr>
<tr><td colspan="6">2. 任务引导问题</td></tr>
<tr><td colspan="6">1）画出以太网帧结构，说明各部分涵义
2）在二层出现环路的情况下，请用图形的方式说明广播风暴的形成过程
3）在二层出现环路的情况下，请用图形的方式说明重复帧的形成过程
4）在二层出现环路的情况下，请用图形的方式说明 MAC 地址不稳定的原因
5）简述 VLAN 运行过程，画出 802.1q 帧结构
6）请说明光传输网以太网业务配置的主要流程</td></tr>
<tr><td>任课教师签名</td><td colspan="2"></td><td rowspan="2">成绩评定</td><td colspan="2" rowspan="2"></td></tr>
<tr><td>日　　期</td><td colspan="2"></td></tr>
</table>

2. 任务实施单

任　务	任务6：以太网业务配置			学　时	8
所属项目	项目3：传输网业务配置	班　级		组　号	

1. 任务描述

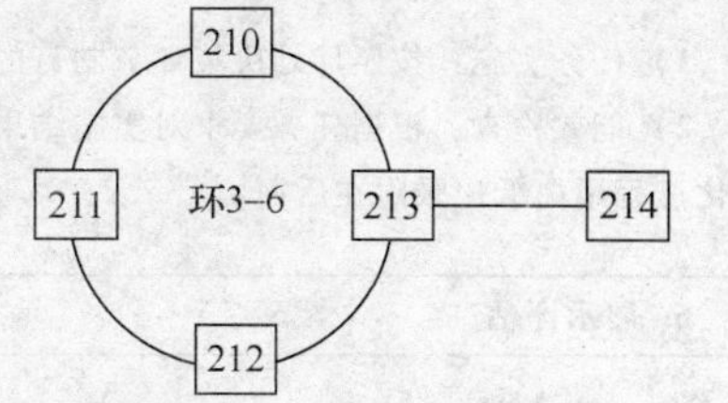

根据项目分解要求，项目软调B组要在A组完成基本业务配置任务的基础上配置接入层B区环3-6所在的环带链结构和C区环3-7、环3-8所在的环形子网支路跨接结构内各网元上配置相关以太网业务。具体配置要求如下所示

（1）环带链结构配置要求

网元211分别与网元210、网元212间有10Mbit/s带宽的以太网业务，且网元211与网元210、网元211与网元212可以通信，网元210与网元212不可以通信

（2）环形子网支路跨接结构配置要求

网元314分别与网元308、网元313间有10Mbit/s带宽的以太网业务，且网元314与网元313、网元314与网元308可以通信，网元313与网元308不可以通信

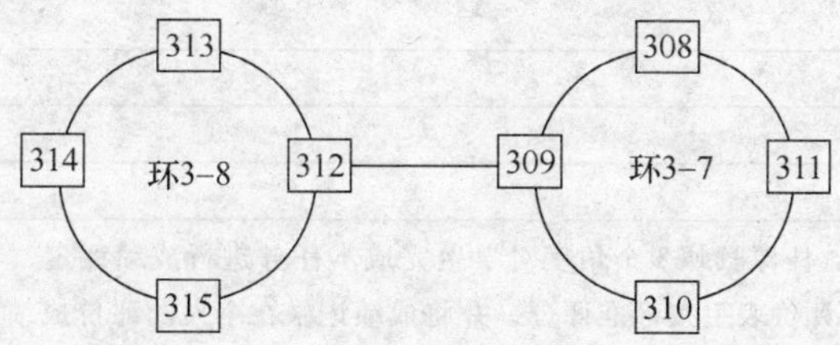

2. 任务分析

通过对本任务进行分析，项目软调B组要完成M县新建智能光城域网络以太网业务配置任务，需要完成以下工作

1）单板配置

2）VLAN划分

3）虚拟局域网配置

4）以太网业务配置

3. 资讯准备

通过任务引导问题单和教师的引导，在前期资讯准备环节，学生对本任务必备知识进行了学习，应达到如下要求

1）掌握以太网交换机的工作原理

2）掌握VLAN的工作原理

3）掌握光传输网以太网业务配置的流程和方法

4. 计划决策

1）人员组织：请组长组织小组成员讨论，根据任务作好人员组织工作，明确分工。具体安排记录如下

2）器材准备：请组长组织小组成员讨论，确定任务实施所需器具和材料。具体清单记录如下

3）方案制订：请组长组织小组成员讨论，制订任务实施最优方案。具体方案用白纸记录附在后面

（续）

<table>
<tr><td>任　务</td><td colspan="3">任务6：以太网业务配置</td><td>学　时</td><td>8</td></tr>
<tr><td>所属项目</td><td>项目3：传输网业务配置</td><td>班　级</td><td></td><td>组　号</td><td></td></tr>
<tr><td colspan="6">5. 实施检查</td></tr>
<tr><td colspan="6">1）任务实施：按照计划决策环节制订的最优方案来实施任务。具体实施过程用白纸记录附在后面
2）能效检查：根据任务要求对实施结果的功能效果进行检查分析，找出故障和缺陷进行优化。具体检查分析和优化过程用白纸记录附在后面</td></tr>
<tr><td colspan="6">6. 展示评估</td></tr>
<tr><td colspan="6">1）展示汇报：请各小组选用合适的方法手段展示汇报任务实施情况
2）小组答辩：教师根据展示汇报情况对小组成员进行提问。具体教师提问及学生回答记录如下
______
______
______
______
______
______
______
3）成绩评定：从学生、组长、任课教师3个角度对学生完成本任务进行成绩评定，学生、组长、任课教师分别在学生自评表、小组评价表、教师评价表上按标准评分，并将成绩记录在个人的评价成绩汇总表上，从而可按比例核算出个人的任务过程评价总分</td></tr>
</table>

3. 任务评价

（1）学生自评

<table>
<tr><td colspan="5">“光传输网组建与维护”学生自评表</td></tr>
<tr><td>学生姓名</td><td></td><td>学号</td><td colspan="2"></td></tr>
<tr><td>任　务</td><td>任务6：以太网业务配置</td><td>组号</td><td colspan="2"></td></tr>
<tr><td colspan="2">评价内容</td><td>评分标准</td><td>自评分</td><td>备注</td></tr>
<tr><td rowspan="3">敬业精神</td><td>1）出勤情况</td><td rowspan="3">20</td><td rowspan="3"></td><td rowspan="3">迟到、早退一次扣2分，旷课一次扣5分，扣完为止，其他酌情评分</td></tr>
<tr><td>2）工作、学习任务参与度和积极性</td></tr>
<tr><td>3）吃苦耐劳、善于钻研的精神</td></tr>
<tr><td rowspan="3">专业能力</td><td>1）掌握以太网交换机的工作原理</td><td rowspan="3">60</td><td rowspan="3"></td><td rowspan="3">按全部掌握、较好掌握、基本掌握、部分掌握4档分别对应60分、48分、36分、20分评分</td></tr>
<tr><td>2）掌握 VLAN 的工作原理</td></tr>
<tr><td>3）掌握光传输网以太网业务配置的流程和方法</td></tr>
</table>

（续）

评价内Z容		评分标准	自评分	备注
方法能力	1）收集整理信息、资料的能力	10		按强、较强、一般、较差4档分别对应10分、8分、6分、3分评分
	2）语言表达能力			
	3）提出问题、解决问题的能力			
	4）组织实施能力			
社会能力	1）交流沟通能力	10		按强、较强、一般、较差4档分别对应10分、8分、6分、3分评分
	2）团队协作能力			
	3）安全、环保、责任意识			
总　分				

（2）小组评价

“光传输网组建与维护”小组评价表								
任务	任务6：以太网业务配置							
组号		学　号						
		学生姓名						
评价内容		评分标准	组长评分					
敬业精神	1）出勤情况	20						
	2）工作、学习任务参与度和积极性							
	3）吃苦耐劳、善于钻研的精神							
专业能力	1）掌握以太网交换机的工作原理	60						
	2）掌握VLAN的工作原理							
	3）掌握光传输网以太网业务配置的流程和方法							
方法能力	1）收集整理信息、资料的能力	10						
	2）语言表达能力							
	3）提出问题、解决问题的能力							
	4）组织实施能力							
社会能力	1）交流沟通能力	10						
	2）团队协作能力							
	3）安全、环保、责任意识							
总　分								
组长签名				日　期				

(3) 教师评价

"光传输网组建与维护"教师评价表			
班 级		组 号	
任 务	任务6：以太网业务配置	任课教师	
评价阶段	评价内容	评分标准	教师评分
资讯准备	1）掌握以太网交换机的工作原理	20	
	2）掌握 VLAN 的工作原理		
	3）掌握光传输网以太网业务配置的流程和方法		
计划决策	1）人员组织安排	20	
	2）器材准备清单		
	3）任务实施方案		
实施检查	1）任务实施过程	40	
	2）任务检查优化		
展示评估	1）展示汇报	20	
	2）小组答辩		
总 分		日 期	

任务7　保护业务配置

【任务描述】

根据项目分解要求，项目软调C组要在A、B组完成基本业务和以太网业务配置任务的基础上完成接入层B区环3-6（来源于任务1图1-28）所在的环带链结构内各网元上保护业务配置。

具体配置要求如下：

1）对网元210与网元214间的电路业务以及网元210与网元212间的电路业务实现通道保护。

2）网元210、网元212之间实现复用段保护。

【任务分析】

要完成保护业务配置，需要完成以下工作：

1）通道保护业务配置。

2）复用段业务配置。

【任务教学设计】

任　　务	任务7：保护业务配置	学时	18	所属项目	项目3：传输网业务配置
教学目标	通过该任务的教学，使学生初步掌握光传输网组网方案规划的一般流程和技能，并在任务学习和实践过程中掌握组网方案规划涉及的必备知识。具体目标如下 1）理解自愈网的基本概念 2）理解SDH自愈保护机制 3）掌握线路保护的类型和工作原理 4）掌握自愈环保护的类型和工作原理 5）掌握光传输网保护业务配置的流程和方法				
	教学内容	学时	教学环节		教学表单
必备知识	1）自愈网的基本概念	1	资讯准备	引导预习	项目任务书、任务引导问题单
	2）SDH自愈保护机制	1		汇报解答	
	3）SDH自愈保护分类	4		课堂讲授	
任务实施	环带链通道保护业务配置	4	计划决策	人员组织	项目任务书、任务实施单
				器材准备	
				方案制订	
	两环通道保护业务配置	4	实施检查	任务实施	项目任务书、任务实施单
				能效检查	
	环带链复用段保护业务配置	4	展示评估	展示汇报	任务实施单、学生自评表、小组评价表、教师评价表、评价成绩汇总表
				小组答辩	
				成绩评定	

【必备知识】

7.1 自愈网的基本概念

随着大容量光纤传输系统和高速数字交换技术的应用，使得越来越多的信息业务集中到较少的节点和线路上，据统计，若一根24芯的光缆被意外切断，则可能同时丢失几十万条话路信息。据美国有关资料分析，如果通信中断1h，航空公司要损失250万美元，投资银行要损失600万美元，如果通信中断两天，足以使投资银行倒闭。可见，通信网络对现代社会的发展影响越来越大。因此，如何提高网络的可靠性，已成为网络运营管理者迫切要考虑的重要问题。而自愈环技术无疑已成为解决上述问题的技术主体。

所谓自愈（Self-healing Network），是指在网络发生故障（例如光纤断）时，无需人为干预，网络自动地在极短的时间内（ITU-T规定为50ms以内），使业务自动从故障中恢复传输，使用户几乎感觉不到网络出了故障。其基本原理是：网络要具备发现替代传输路由并重新建立通信的能力。替代路由可采用备用设备或利用现有设备中的冗余能力，以满足全部或指定优先级业务的恢复。由上可知，网络具有自愈能力的先决条件是有冗余的路由、网元具有强大的交叉能力以及网元具有一定的智能。

7.2 SDH自愈保护机制

实现SDH自愈保护有两种技术：网络保护和网络恢复。

网络保护通常是利用预留容量，为失效通道提供备用通道，使受影响的业务从备用通道到达目的地。因为这种方式能对各种故障中受影响的业务都提供默认的备用传输通道，所以在故障发生后能直接按预定方案操作，快速恢复受到影响的业务，是一种静态的保护方式，不需网管干预。采用这种技术的网络结构有线形和环形两种，其中SDH环网因为具有较完善的保护功能和较灵活的组网方式，是SDH网络结构中应用较广泛的一种，称自愈环。组成自愈环的节点设备是分插复接设备（ADM）。

而网络恢复通常是利用网络的冗余容量，依据特定的算法，为受故障影响的业务重新分配到达目的地的通道。这种为受影响的业务寻找新路由的过程，是一种动态的过程，必须由网管干预，主要用在数字交叉连接设备（DXC）上。

光网络的生存性其实就是光网络的保护与恢复，包括线路、业务节点、电路、光路、业务、信号的保护与恢复。提高生存性的方案很多，如提高光纤线路和节点设备的可靠性、减少串接在系统中单元设备的数量、热备份、倒换保护等。自愈环是利用多路由的网络结构方式，不仅提高了网络的生存能力，而且降低了倒换所需备用路由的成本，在网络规划中起到重要的作用。所以SDH自愈环不仅在中继网和接入网中得到广泛应用，而且在长途网中也普遍应用。

7.3 SDH自愈保护分类

7.3.1 线路保护

链形结构的网络结构在实际工程中有着较为广泛的应用，下面介绍这种结构的自愈能力及其自动保护倒换（APS）的特性。

1. 1+1线路保护

1+1线路保护结构，即每一个工作系统都有一个专用的保护系统，两个系统互为主备用。信号同时在工作段和保护段两个系统发送，也就是在发送端信号永久地与工作段和保护段相连（通常称为并发）。接收端对两个接收信号进行检测并选择连接质量更优的信号（通常称为选收）。这种保护方式可靠性高，但其成本也高。1+1保护结构分为单端倒换和双端倒换。

单端倒换是一种只在被保护实体受影响的一端执行切换动作的保护倒换方法，如图7-1所示。

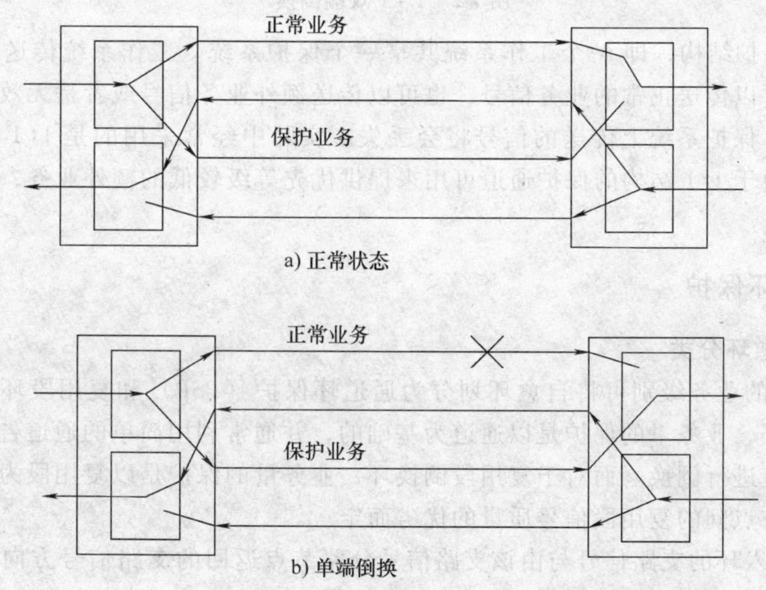

图7-1　1+1单端倒换

双端倒换是一种即使在单向故障的情况下，在被保护实体两端执行切换动作的保护倒换方法，如图7-2所示。

1+1保护结构中单端倒换不需要自动保护倒换协议（APS）的参与，只根据接收信号的故障或缺陷而自动进行，也可接收外部命令实施强制的倒换或锁定：双端倒换需要自动保护倒换协议（APS），由于在1+1保护结构中，工作通路的发送端永久地桥接于工作段和保护段，因此切换与否的判决只是由接收端作出，所以，这种APS操作具有简单、可靠、快速的特点。

2. 1∶*N*线路保护

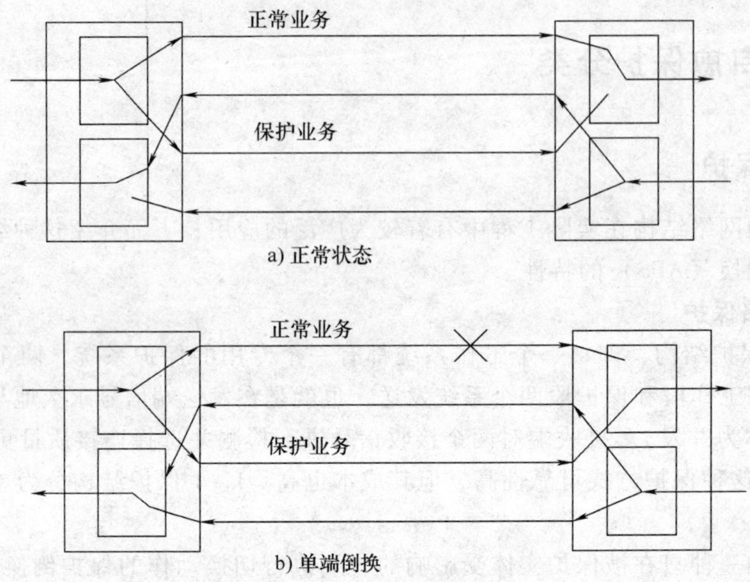

a) 正常状态

b) 单端倒换

图 7-2 1+1 双端倒换

1:N 线路保护结构，即 N 个工作系统共享一个保护系统。工作系统传送正常的业务信号，保护系统可以传送正常的业务信号，也可以传送额外业务信号或者是无效信号。但系统一旦发生倒换，保护系统上传送的信号将会丢失。实际中经常采用的是 1:1 结构，是 1:N 结构的子集。由于 1:1 结构的保护通道可用来提供优先等级较低的额外业务，因而系统效率高于 1+1 方式。

7.3.2 自愈环保护

1. SDH 自愈环分类

1）按保护的业务级别可将自愈环划分为通道环保护（PSP）和复用段环保护（MSP）。对于通道保护环，业务量的保护是以通道为基础的，并通常利用简单的通道告警指示 AIS 信号来决定是否应进行倒换。而对于复用段倒换环，业务量的保护是以复用段为基础的，倒换与否按每一对节点间的复用段信号质量的优劣而定。

2）按照进入环的支路信号与由该支路信号分路节点返回的支路信号方向是否相同来区分，可以将 SDH 环分为单向环和双向环。单向环中所有业务信号按同一方向在环中传输，而双向环中，进入环的支路信号按一个方向传输，由该支路信号分路的节点返回的信号按相反方向传输。

3）按照一对节点间所用光纤的最小数量来区分，还可以划分为二纤环和四纤环。

通常，通道倒换环主要工作在单向二纤方式。而复用段倒换环既可以工作在单向方式，又可以工作在双向方式；既可以是二纤方式，又可以是四纤方式。两者的区别体现在前者往往使用专用保护，即正常情况下保护段也在传业务信号，保护时隙为整个环专用；后者往往使用公用保护，即正常情况下保护段是空闲的，保护时隙由每对节点共享。

2. 通道保护工作原理

（1）二纤单向通道保护环　二纤通道保护环由两根光纤组成两个环，其中一个为主环

S1（逆时针方向），另一个为备环 P1（顺时针方向）。两环的业务流向一定要相反，通道保护环的保护功能是通过网元支路板的“并发优收”功能来实现的，也就是支路板将支路上环业务“并发”到主环 S1 和备环 P1 上，两环上业务完全一样且流向相反，平时网元支路板“优收”主环上支路的业务，如图 7-3 所示。

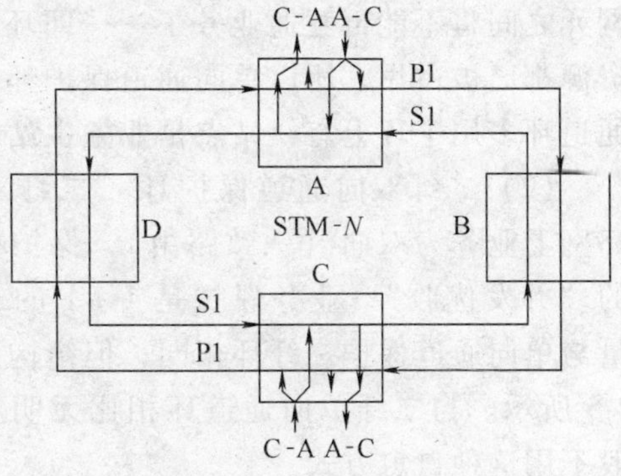

图 7-3　二纤单向通道保护环（正常状态）

若环网中网元 A 与 C 互通业务，网元 A 和 C 都将上环的支路业务“并发”到环 S1 和 P1 上，S1 和 P1 上的所传业务相同且流向相反。在网络正常时，网元 A 和 C 都优收主环 S1 上的业务。那么网元 A 与 C 业务互通的方式是网元 A 到 C 的主环业务由 S1 光纤经过网元 D 穿通传到 C；备环业务由 P1 光纤经过网元 B 穿通传到 C。在网元 C 支路板“优收”主环 S1 上的 A-C 业务，完成网元 A 到网元 C 的业务传输。网元 C 到网元 A 的业务传输与此类似。

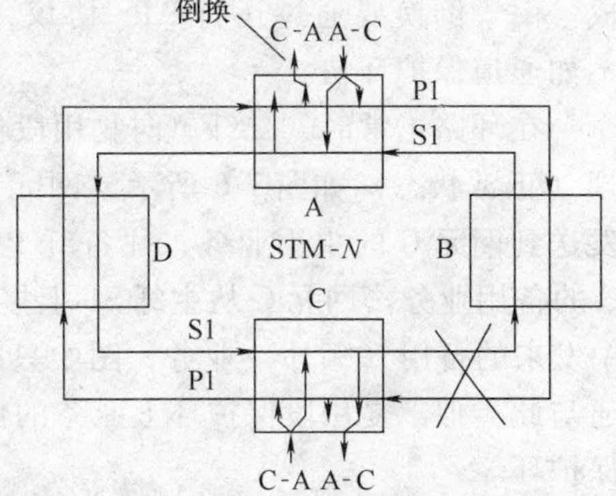

图 7-4　二纤单向通道保护环（倒换状态）

当环网中 B-C 光缆段的光纤同时被切断，因网元支路板的并发功能没有改变，也就是此时 S1 环和 P1 环上的业务还是一样的，如图 7-4 所示。

由于环网中 B-C 间光缆被切断，并不影响网元 A 到 C 的业务，这时网元 A 到 C 的业务并未中断，因此，网元 C 的支路板不进行保护倒换。但网元 C 到 A 的业务，由于网元 B-C 间光纤切断，使网元 C 到 A 的业务无法在 S1 主环上传送。此时由于 S1 环上的 C-A 的业务传不过来，A 网元线路 W 侧产生 R-LOS 告警，所以往下插全“1”-AIS，这时网元 A 的支路板就会收到 S1 环上 TU-AIS 告警信号。网元 A 的支路板收到 S1 光纤上的 TU-AIS 告警后，立即切换到选收 P1 备环光纤上的网元 C 到 A 的业务，于是 C-A 的业务得以恢复，完成环上业务的通道保护。此时网元 A 的支路板处于通道保护倒换状态即已切换到选收备用的环方式。

网元设备发生了通道保护倒换后，支路板同时监测主环 S1 上业务的状态，当连续一段时间未发现 TU-AIS 时，发生切换网元的支路板将优收切回到收主环业务，恢复成正常时的默认状态。

二纤单向通道保护倒换环由于上环业务是并发优收，所以通道业务的保护实际上是 1 + 1 保护。其优点是倒换速度快，业务流向简洁明了，便于配置维护，缺点是网络的业务容量不大。二纤单向保护环的业务容量恒定是 STM-N，与环上的节点数和网元间业务分布无关。例如，当网元 A 和网元 D 之间有一业务占用 X 时隙，由于业务是单向业务，那么 A→D 的业务占用主环的 A-D 光缆段的 X 时隙（占用备环的 A-B、B-C、C-D 光缆段的 X 时隙）；D-A 的业务占用主环的 D-C、C-B、B-A 的 X 时隙（备环的 D-A 光缆段的 X 时隙）。也就是说 A-D 间占 X 时隙的业务会将环上全部光缆的（主环、备环）X 时隙占用，其他业务将不能再使用该时隙了（没有时隙重复利用功能）。这样，当 A-D 之间的业务为 STM-N 时，其他网元之间将不能再互通业务了——即环上无法再增加业务了，因为环上整个 STM-*N* 的时隙资源都已被占用，所以单向通道保护环的最大业务容量是 STM-*N*。需要注意的是，二纤单向通道环多用于环上有一站点是业务主站一业务集中站的情况。

（2）二纤双向通道保护环　二纤双向通道保护环网上业务为双向（一致路由），保护机理也是支路的“并发优收”，业务保护是 1+1 的，网上业务容量与单向通道保护二纤环相同，但结构更复杂，如图 7-5 所示。与二纤单向通道环相比无明显优势，故一般不用这种自愈方式。

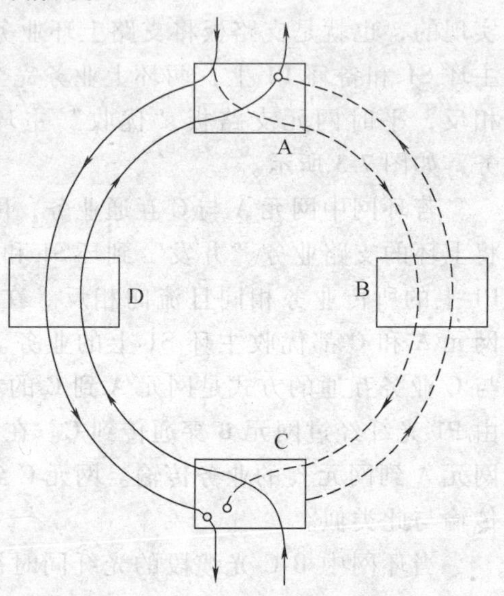

图 7-5　二纤双向通道保护环

3. 复用段保护

（1）二纤单向复用段保护环　复用段保护环所保护的业务单位是复用段级别的业务，需通过 STM-*N* 信号中 K1、K2 字节承载的 APS 协议来控制倒换的完成。由于倒换要通过运行 APS 协议，所以倒换速度不如通道保护环快。

在环路正常时，二纤单向复用段保护环的工作原理（正常状态）如图 7-6 所示，网元 A 往主纤 S1 上发送到网元 C 的主用业务，往备纤 P1 上发送到网元 C 的备用业务。网元 C 从主纤 S1 上接收由网元 A 发来的主用业务，从备纤 P1 上接收由网元 A 发来的备用（额外）业务，图中只画出了收主用业务的情况。网元 C 到网元 A 业务的互通与此类似。复用段保护环上业务的保护方式为 1:1 保护，不是 1+1 的业务，有别于通道保护环。

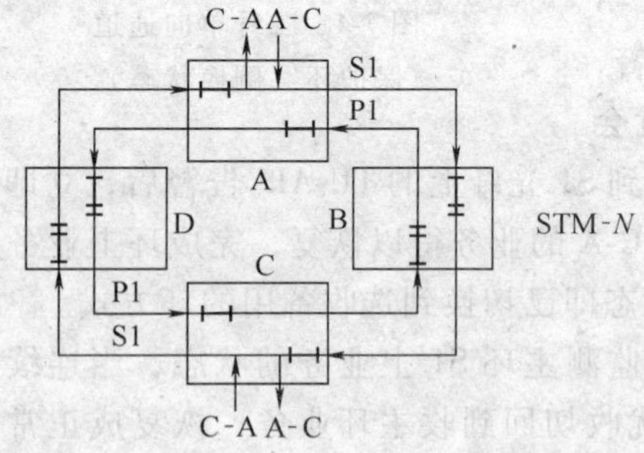

图 7-6　二纤单向复用段保护环的工作原理（正常状态）

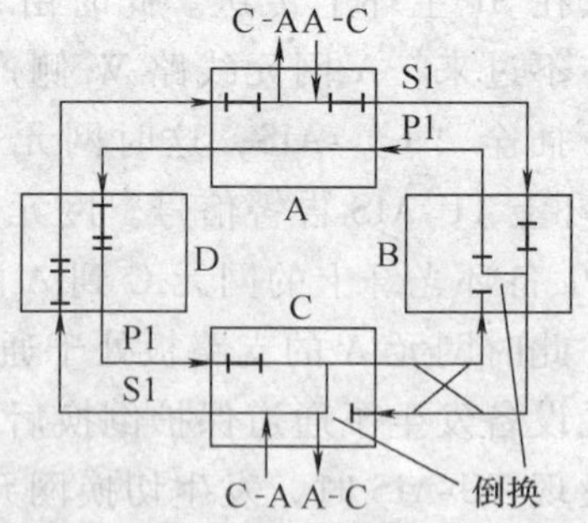

图 7-7　二纤单向复用段保护环的工作原理（倒换状态）

一旦 C-B 段内的光缆都被切断时，在故障断点的两邻近网元 C、B 产生一个环回功能，如图 7-7 所示。

网元 A 到 C 的主用业务先由网元 A 发到 S1 光纤上，到网元 B 环回到 P1 光纤上，这时 P1 光纤上的额外业务被丢掉，改传由网元 A 到 C 的主用业务。再经网元 A、D 穿通，由 P1 光纤传到网元 C，由于网元 C 只从主纤 S1 上提取主用业务，所以这时 P1 光纤上的由网元 A 到 C 的主用业务在网元 C 内环回到 S1 光纤上，网元 C 从 S1 光纤下载 A 到 C 的主用业务。C

到A的主用业务因为C-D-A的主用业务路由未中断，所以C到A的主用业务的传输与正常时无异，只不过备用业务此时被丢弃了。通过这种方式，故障段的业务被恢复，完成自愈功能。

二纤单向复用段环的最大业务容量的推算方法与二纤单向通道环类似，只不过是环上的业务是1∶1保护的。所以在正常时，备环P1上可传送额外业务，因此二纤单向复用段保护环的最大业务容量在正常时为2×STM-N（包括了额外业务），发生保护倒换时为1×STM-N。

二纤单向复用段保护环由于业务容量与二纤单向通道保护环相差不大，倒换速率比二纤单向通道环慢，所以优势不明显，在组网时应用并不多。

(2) 二纤双向复用段倒换环　二纤双向复用段倒换环（也称二纤双向复用段共享环）是一种时隙保护，即将每根光纤的前一半时隙（例如STM-16系统的1#～8#AU4）作为工作时隙，传送主用业务，后一半时隙（例如STM-16系统的9#～16#AU4）作为保护时隙，传送额外业务，也就是说一根光纤的保护时隙用来保护另一根光纤上的主用业务。

在网络正常情况下，二纤双向复用段保护环的保护机理如图7-8所示，网元A到网元C的主用业务放在S1/P2光纤的S1时隙（对于STM-16系统，主用业务只能放在STM-16的1#～8#AU4中），沿S1/P2光纤由网元B穿通传到网元C，网元C从S1/P2光纤上的接收S1时隙所传的业务。网元C到A的主用业务放于S2/P1光纤的S2时隙，经网元B穿通传到网元A，网元A从S2/P1光纤上提取相应的业务。

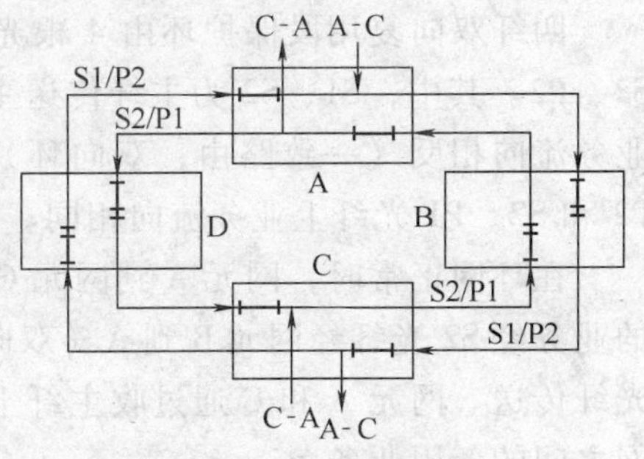

图7-8　二纤双向复用段保护环的保护机理

当环网中B-C间光缆段被切断时，如图7-9所示。网元A到网元C的主用业务沿S1/P2光纤传到网元B，在网元B进行倒换（故障邻近点的网元倒换），将S1/P2光纤上S1时隙的业务全部倒换到S2/P1光纤上的P1时隙上去（例如STM-16系统是将S1/P2光纤上的1#～8#AU4全部倒到S2/P1光纤上的9#～16#AU4），然后，主用业务沿S2/P1光纤经网元A和D穿通传到网元C，在网元C同样执行倒换功能（故障端点站），即将S2/P1光纤上的P1时隙所载的网元A到网元C的主用业务倒换回到S1/P2的S1时隙，网元C提取该时隙的业务，完成接收网元A到网元C的主用业务。网元C到网元A的业务先由网元C将其主用业务S2倒换到S1/P2光纤的P2时隙上，然后，主用业务沿S1/P2光纤经网元D和A穿通到达网元B，在网元B处同样执行倒换功能，将S1/P2光纤的P2时隙业务倒换到S2/P1光纤的S2时隙上去，经S2/P1光纤传到网元A落地。这样就完成了环网在故障时业务的自愈。

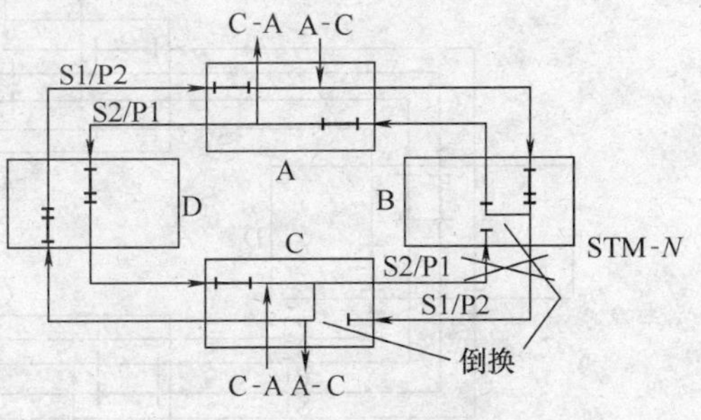

图7-9　二纤双向复用段保护环（倒换状态）

P1、P2时隙在线路正常时也可以用来传送额外业务。当光缆故障时，额外业务被中断，P1、P2时隙作为保护时隙传送主用业务。

二纤双向复用段保护环的业务容量即最大业务量为（$K/2$）×STM-N，K 为网元数（$K \leqslant 16$）。这是在一种极限情况下的最大业务量，即环网上只存在相邻节点的业务，不存在跨节点业务。这时每个光缆段均为相邻互通业务的网元专用，例如 A-D 光缆段只传输 A 与 D 之间的双向业务，D-C 光缆段只传输 D 与 C 之间的双向业务等。相邻网元间的业务不占用其他光缆段的时隙资源，这样各个光缆段都最大传送 1/2×STM-N 的业务（时隙可重复利用），而环上的光缆段的个数等于环上网元的节点数，所以这时网络的业务容量达到最大（$K/2$）×STM-N。

（3）四纤双向复用段倒换环　前面讲的通道及两纤单向复用段自愈方式，网上业务的容量与网元节点数无关，随着环上网元的增多，平均每个网元可上、下的最大业务随之减少，网络信道利用率不高。例如，二纤单向通道环为 STM-16 系统时，若环上有 16 个网元节点，平均每个 2.5Gbit/s 的节点设备最大上、下业务只有一个 STM-1，这对资源是很大的浪费。为克服这种情况，出现了四纤双向复用段保护环这种自愈方式，这种自愈方式环上业务量随着网元节点数的增加而增加。

四纤双向复用段保护环由 4 根光纤组成，如图 7-10 所示，这 4 根光纤分别为 S1、P1、S2、P2。其中，S1、S2 为主纤传送主用业务；P1、P2 为备纤传送备用业务。S1 与 S2 光纤业务流向相反（一致路由，双向环），S1、P1 和 S2、P2 两对光纤上业务流向也相反，S1、P2 和 S2、P1 光纤上业务流向相同。

在环网正常时，网元 A 到网元 C 的主用业务从 S1 光纤经网元 B 到 C，网元 C 到网元 A 的业务经 S2 光纤经网元 B 到 A（双向业务）。网元 A 与网元 C 的额外业务分别通过 P1 和 P2 光纤传送。网元 A 和 C 通过收主纤上的业务互通两网元之间的主用业务，通过备纤互通两网之间的备用业务。

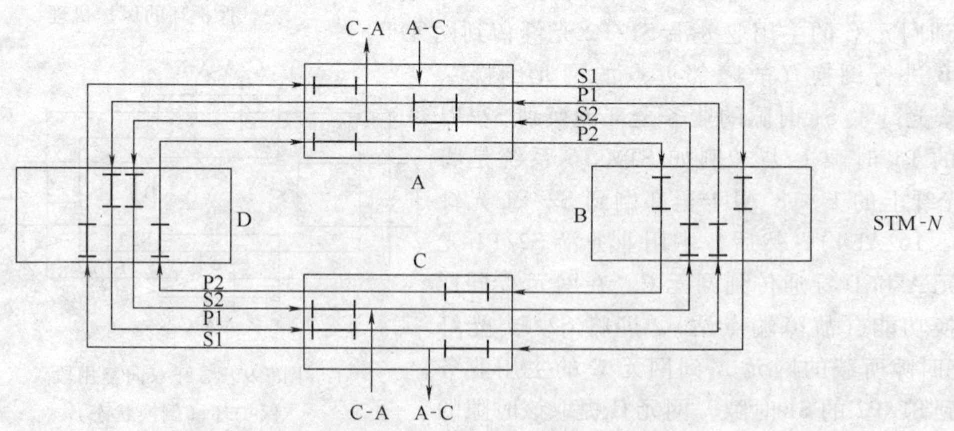

图 7-10　四纤双向复用段保护环

当环网中 B-C 间光缆段光纤全被切断后，在故障点邻近的两网元 B、C 设备内有一个环回功能，如图 7-11 所示（故障邻近点的网元执行环回功能）。这时，网元 A 到 C 的主用业务沿 S1 光纤传到 B 网元，在此 B 网元执行环回功能，将 S1 光纤上的网元 A 到 C 的主用业务环到 P1 光纤上传输（P1 光纤上的额外业务被中断）经网元 A 和 D 穿通（其他网元执行穿通功能）传到网元C，在网元C处P1光纤上的业务环回到S1光纤上（故障邻近点的网元环回），网元C通过接收主纤S1上的业务，接收到网元A到网元C的主用业务。网元C到网元A的业务先由网元C将其主用业务环到P2光纤上，P2光纤上的额外业务被中断，然后沿P2光纤穿通经过网元D和A传到网元B，在网元B处执行环回功能将P2光纤上的网元C到A的主用业务环回到S2光纤上，再由S2光纤传回到网元A，由网元A下主纤S2上的业务。通过这种环回和穿通方式完成了业务的复用段保护，使网络自愈。

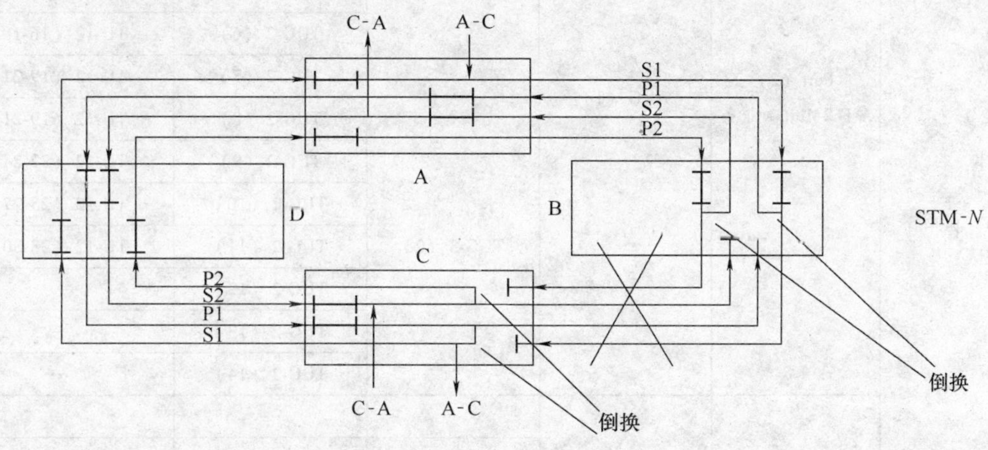

图7-11　四纤双向复用段保护环

当B-C间光缆段光纤全被切断后，在故障点邻近的两网元B、C设备内有一个环回功能，如图7-10所示（故障邻近点的网元执行环回功能）。这时，网元A到C的主用业务沿S1光纤传到B网元，在此B网元执行环回功能，将S1光纤上的网元A到C的主用业务环到P1光纤上传输（P1光纤上的额外业务被中断）经网元A和D穿通（其他网元执行穿通功能）传到网元C，在网元C处P1光纤上的业务环回到S1光纤上（故障邻近点的网元环回），网元C通过接收主纤S1上的业务，接收到网元A到网元C的主用业务。网元C到网元A的业务先由网元C将其主用业务环到P2光纤上，P2光纤上的额外业务被中断，然后沿P2光纤穿通经过网元D和A传到网元B，在网元B处执行环回功能将P2光纤上的网元C到A的主用业务环回到S2光纤上，再由S2光纤传回到网元A，由网元A下主纤S2上的业务。通过这种环回和穿通方式完成了业务的复用段保护，使网络自愈。倒换时涉及的单板较多，容易出现故障，而且设备的研发难度也较大。四纤环由于要求系统有较高的冗余度，成本较高，故用得并不多。

【任务实施】

7.4　通道保护业务配置步骤

1. 时隙配置

在明确网元间保护业务量后，应及时进行时隙配置，具体规划如下。

1）网元A保护时隙配置见表7-1。

表 7-1　网元 A 时隙配置表

光接口板	端口	AUG	TUG-3	TUG-2	TU-12
O4CSD [1-1-6]	Port（2）A-E 2Mbit/s 业务	AUG（1）	TUG-3（1）	TUG-2（1）	TU-12（1-3）
				TUG-2（2）	TU-12（4-6）
				TUG-2（3）	TU-12（7-9）
				TUG-2（4）	TU-12（10-12）
				TUG-2（5）	TU-12（13-15）
				TUG-2（6）	TU-12（16-18）
				TUG-2（7）	TU-12（19-21）
			TUG-3（2）	TUG-2（8）	TU-12（19-21）
				TUG-2（9）	TU-12（22-24）
				TUG-2（10）	TU-12（25-27）
				TUG-2（11）	TU-12（28-30）
				TUG-2（12）	—
				TUG-2（13）	—
				TUG-2（14）	—
	Port（1）A-C 34Mbit/s 业务	AUG（1）	—	—	—
			—	—	—
			—	—	—
		AUG（2）	TUG-3（1）	—	—
			—	—	—

2）网元 C 时隙配置见表 7-2。

表 7-2　网元 C 时隙配置表

光接口板	端口	AUG	TUG-3	TUG-2	TU-12
O4CSD [1-1-7]	Port（1）A-C 34Mbit/s 业务	AUG（1）	—	—	—
			—	—	—
			—	—	—
		AUG（2）	TUG-3（1）	—	—
			—	—	—
			—	—	—

3）网元 E 时隙配置见表 7-3。

4）A-E 2Mbit/s 保护业务在网元 B 穿通时隙配置见表 7-4。

5）A-E 2Mbit/s 保护业务在网元 C 穿通时隙配置表见表 7-5。

6）A-E 2Mbit/s 保护业务在网元 D 穿通时隙配置表见表 7-6。

7）A-C 34Mbit/s 保护业务在网元 D 穿通时隙配置表见表 7-7。

表 7-3　网元 E 时隙配置表

光接口板	端口	AUG	TUG-3	TUG-2	TU-12
O1CSD［1-1-7］	Port（2） A-E 2Mbit/s 业务	AUG（1）	TUG-3（1）	TUG-2（1）	TU-12（1-3）
				TUG-2（2）	TU-12（4-6）
				TUG-2（3）	TU-12（7-9）
				TUG-2（4）	TU-12（10-12）
				TUG-2（5）	TU-12（13-15）
				TUG-2（6）	TU-12（16-18）
				TUG-2（7）	TU-12（19-21）
			TUG-3（2）	TUG-2（8）	TU-12（19-21）
				TUG-2（9）	TU-12（22-24）
				TUG-2（10）	TU-12（25-27）
				TUG-2（11）	TU-12（28-30）
				TUG-2（12）	—
				TUG-2（13）	—
				TUG-2（14）	—

表 7-4　网元 B 时隙配置表

光接口板	端口	AUG	TUG-3	TUG-2	TU-12
O4CSD［1-1-6］	Port（1） A-E 2Mbit/s 业务	AUG（1）	TUG-3（1）	TUG-2（1）	TU-12（1-3）
				TUG-2（2）	TU-12（4-6）
				TUG-2（3）	TU-12（7-9）
				TUG-2（4）	TU-12（10-12）
				TUG-2（5）	TU-12（13-15）
				TUG-2（6）	TU-12（16-18）
				TUG-2（7）	TU-12（19-21）
			TUG-3（2）	TUG-2（8）	TU-12（19-21）
				TUG-2（9）	TU-12（22-24）
				TUG-2（10）	TU-12（25-27）
				TUG-2（11）	TU-12（28-30）
				TUG-2（12）	—
				TUG-2（13）	—
				TUG-2（14）	—
	Port（2） A-E 2Mbit/s 业务	AUG（1）	TUG-3（1）	TUG-2（1）	TU-12（1-3）
				TUG-2（2）	TU-12（4-6）
				TUG-2（3）	TU-12（7-9）
				TUG-2（4）	TU-12（10-12）
				TUG-2（5）	TU-12（13-15）
				TUG-2（6）	TU-12（16-18）
				TUG-2（7）	TU-12（19-21）

（续）

光接口板	端口	AUG	TUG-3	TUG-2	TU-12
O4CSD［1-1-6］	Port（2）A-E 2Mbit/s 业务	AUG（1）	TUG-3（2）	TUG-2（8）	TU-12（19-21）
				TUG-2（9）	TU-12（22-24）
				TUG-2（10）	TU-12（25-27）
				TUG-2（11）	TU-12（28-30）
				TUG-2（12）	—
				TUG-2（13）	—
				TUG-2（14）	—

表 7-5 网元 C 时隙配置表

光接口板	端口	AUG	TUG-3	TUG-2	TU-12
O4CSD［1-1-7］	Port（1）A-E 2Mbit/s 业务	AUG（1）	TUG-3（1）	TUG-2（1）	TU-12（1-3）
				TUG-2（2）	TU-12（4-6）
				TUG-2（3）	TU-12（7-9）
				TUG-2（4）	TU-12（10-12）
				TUG-2（5）	TU-12（13-15）
				TUG-2（6）	TU-12（16-18）
				TUG-2（7）	TU-12（19-21）
			TUG-3（2）	TUG-2（8）	TU-12（19-21）
				TUG-2（9）	TU-12（22-24）
				TUG-2（10）	TU-12（25-27）
				TUG-2（11）	TU-12（28-30）
				TUG-2（12）	—
				TUG-2（13）	—
				TUG-2（14）	—
	Port（2）A-E 2Mbit/s 业务	AUG（1）	TUG-3（1）	TUG-2（1）	TU-12（1-3）
				TUG-2（2）	TU-12（4-6）
				TUG-2（3）	TU-12（7-9）
				TUG-2（4）	TU-12（10-12）
				TUG-2（5）	TU-12（13-15）
				TUG-2（6）	TU-12（16-18）
				TUG-2（7）	TU-12（19-21）
			TUG-3（2）	TUG-2（8）	TU-12（19-21）
				TUG-2（9）	TU-12（22-24）
				TUG-2（10）	TU-12（25-27）
				TUG-2（11）	TU-12（28-30）
				TUG-2（12）	—
				TUG-2（13）	—
				TUG-2（14）	—

表 7-6　网元 D 时隙配置表

<table>
<tr><th>光接口板</th><th>端口</th><th>AUG</th><th>TUG-3</th><th>TUG-2</th><th>TU-12</th></tr>
<tr><td rowspan="28">O4CSD [1-1-7]</td><td rowspan="14">Port (1)
A-E 2Mbit/s 业务</td><td rowspan="14">AUG (1)</td><td rowspan="7">TUG-3 (1)</td><td>TUG-2 (1)</td><td>TU-12 (1-3)</td></tr>
<tr><td>TUG-2 (2)</td><td>TU-12 (4-6)</td></tr>
<tr><td>TUG-2 (3)</td><td>TU-12 (7-9)</td></tr>
<tr><td>TUG-2 (4)</td><td>TU-12 (10-12)</td></tr>
<tr><td>TUG-2 (5)</td><td>TU-12 (13-15)</td></tr>
<tr><td>TUG-2 (6)</td><td>TU-12 (16-18)</td></tr>
<tr><td>TUG-2 (7)</td><td>TU-12 (19-21)</td></tr>
<tr><td rowspan="7">TUG-3 (2)</td><td>TUG-2 (8)</td><td>TU-12 (19-21)</td></tr>
<tr><td>TUG-2 (9)</td><td>TU-12 (22-24)</td></tr>
<tr><td>TUG-2 (10)</td><td>TU-12 (25-27)</td></tr>
<tr><td>TUG-2 (11)</td><td>TU-12 (28-30)</td></tr>
<tr><td>TUG-2 (12)</td><td>—</td></tr>
<tr><td>TUG-2 (13)</td><td>—</td></tr>
<tr><td>TUG-2 (14)</td><td>—</td></tr>
<tr><td rowspan="14">Port (2)
A-E 2Mbit/s 业务</td><td rowspan="14">AUG (1)</td><td rowspan="7">TUG-3 (1)</td><td>TUG-2 (1)</td><td>TU-12 (1-3)</td></tr>
<tr><td>TUG-2 (2)</td><td>TU-12 (4-6)</td></tr>
<tr><td>TUG-2 (3)</td><td>TU-12 (7-9)</td></tr>
<tr><td>TUG-2 (4)</td><td>TU-12 (10-12)</td></tr>
<tr><td>TUG-2 (5)</td><td>TU-12 (13-15)</td></tr>
<tr><td>TUG-2 (6)</td><td>TU-12 (16-18)</td></tr>
<tr><td>TUG-2 (7)</td><td>TU-12 (19-21)</td></tr>
<tr><td rowspan="7">TUG-3 (2)</td><td>TUG-2 (8)</td><td>TU-12 (19-21)</td></tr>
<tr><td>TUG-2 (9)</td><td>TU-12 (22-24)</td></tr>
<tr><td>TUG-2 (10)</td><td>TU-12 (25-27)</td></tr>
<tr><td>TUG-2 (11)</td><td>TU-12 (28-30)</td></tr>
<tr><td>TUG-2 (12)</td><td>—</td></tr>
<tr><td>TUG-2 (13)</td><td>—</td></tr>
<tr><td>TUG-2 (14)</td><td>—</td></tr>
</table>

表 7-7　网元 D 时隙配置表

<table>
<tr><th>光接口板</th><th>端口</th><th>AUG</th><th>TUG-3</th><th>TUG-2</th><th>TU-12</th></tr>
<tr><td rowspan="7">O4CSD [1-1-7]</td><td rowspan="7">Port (1)
A-E 2Mbit/s 业务</td><td rowspan="7">AUG (1)</td><td rowspan="7">TUG-3 (1)</td><td>TUG-2 (1)</td><td>TU-12 (1-3)</td></tr>
<tr><td>TUG-2 (2)</td><td>TU-12 (4-6)</td></tr>
<tr><td>TUG-2 (3)</td><td>TU-12 (7-9)</td></tr>
<tr><td>TUG-2 (4)</td><td>TU-12 (10-12)</td></tr>
<tr><td>TUG-2 (5)</td><td>TU-12 (13-15)</td></tr>
<tr><td>TUG-2 (6)</td><td>TU-12 (16-18)</td></tr>
<tr><td>TUG-2 (7)</td><td>TU-12 (19-21)</td></tr>
</table>

（续）

光接口板	端口	AUG	TUG-3	TUG-2	TU-12
O4CSD［1-1-7］	Port（1） A-E 2Mbit/s 业务	AUG（1）	TUG-3（2）	TUG-2（8）	TU-12（19-21）
				TUG-2（9）	TU-12（22-24）
				TUG-2（10）	TU-12（25-27）
				TUG-2（11）	TU-12（28-30）
				TUG-2（12）	—
				TUG-2（13）	—
				TUG-2（14）	—
	Port（2） A-E 2Mbit/s 业务	AUG（1）	TUG-3（1）	TUG-2（1）	TU-12（1-3）
				TUG-2（2）	TU-12（4-6）
				TUG-2（3）	TU-12（7-9）
				TUG-2（4）	TU-12（10-12）
				TUG-2（5）	TU-12（13-15）
				TUG-2（6）	TU-12（16-18）
				TUG-2（7）	TU-12（19-21）
			TUG-3（2）	TUG-2（8）	TU-12（19-21）
				TUG-2（9）	TU-12（22-24）
				TUG-2（10）	TU-12（25-27）
				TUG-2（11）	TU-12（28-30）
				TUG-2（12）	—
				TUG-2（13）	—
				TUG-2（14）	—

2. 具体配置步骤

1）在客户端操作窗口中，选择 SDH 网元，单击“设备管理→SDH 管理→业务配置”菜单项，弹出配置对话框，如图 5-50 所示。

2）根据规划要求配置 A-E 之间 30 个 2Mbit/s 保护业务，在配置对话框中，将 2Mbit/s 业务一一对应，然后单击“增量下发”按钮即可完成，网元 A 结果如图 7-12 所示，网元 E 结果如图 7-13 所示。需要注意的是，此时保护业务是从网元 A 的另外一个端口添加。

3）A-E 2Mbit/s 保护业务在网元 B 穿通时的配置方法同基本业务穿通配置方法一样，这里不再详述，配置结果如图 7-14 所示。

4）A-E 2Mbit/s 保护业务，在网元 C、D 穿通时配置方法同上，配置结果分别如图 7-15、图 7-16 所示。

5）A-C 34Mbit/s 保护业务配置方法与 2Mbit/s 保护业务配置方法一样，这里不再赘述。

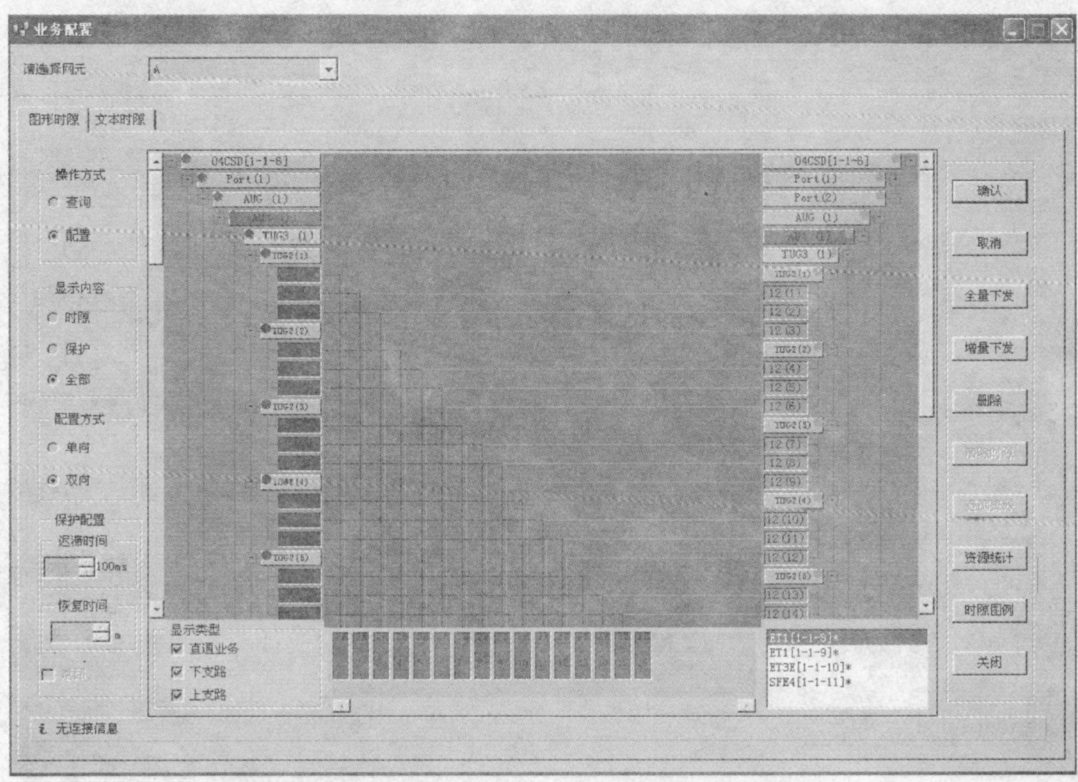

图 7-12　网元 A 2Mbit/s 保护业务配置结果

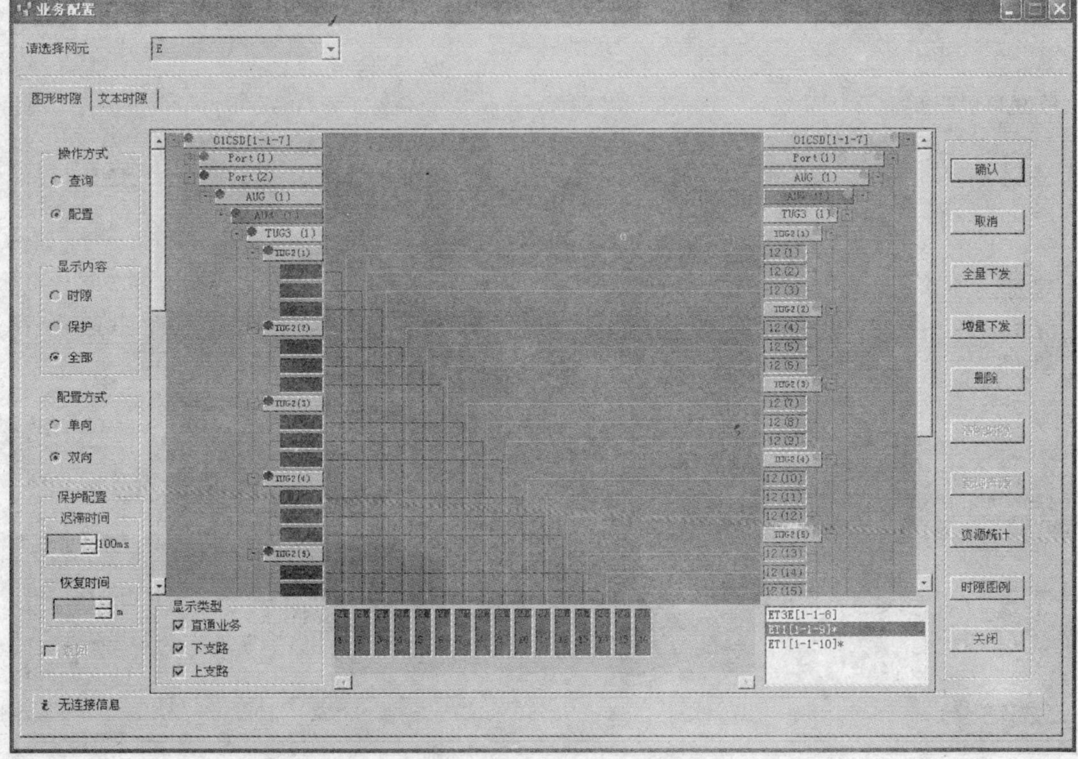

图 7-13　网元 E 2Mbit/s 保护业务配置结果

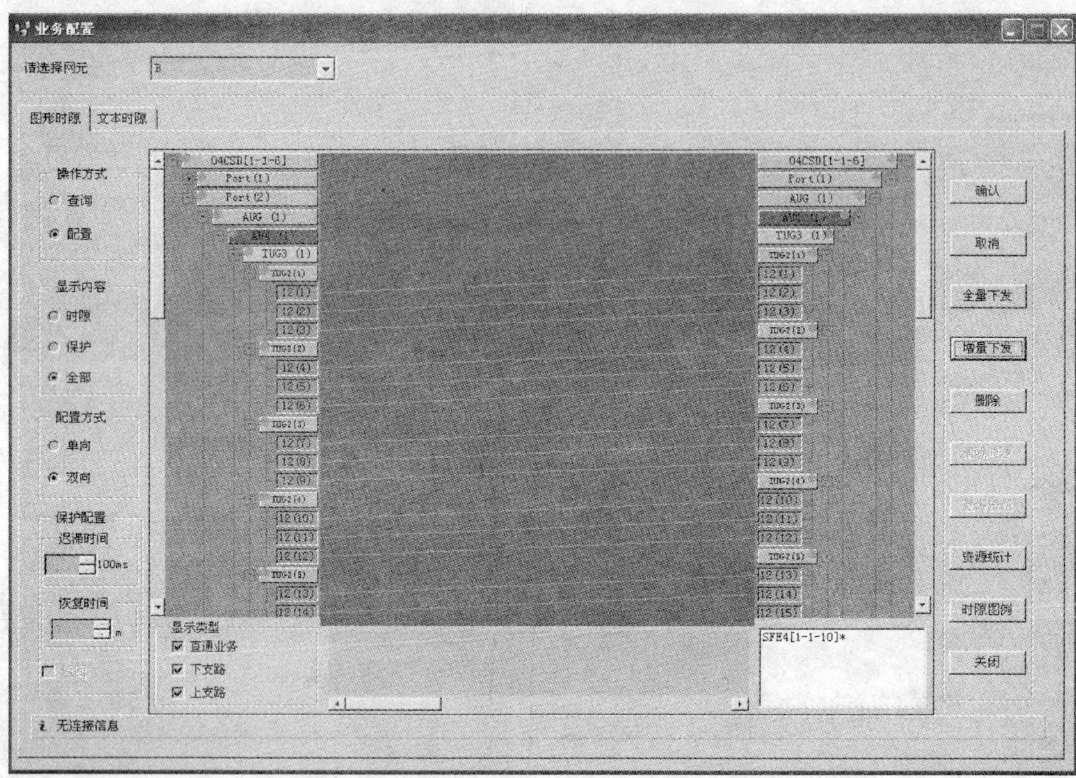

图 7-14　A-E 2Mbit/s 保护业务在网元 B 穿通时配置结果

图 7-15　A-E 2Mbit/s 保护业务在网元 C 穿通时配置结果

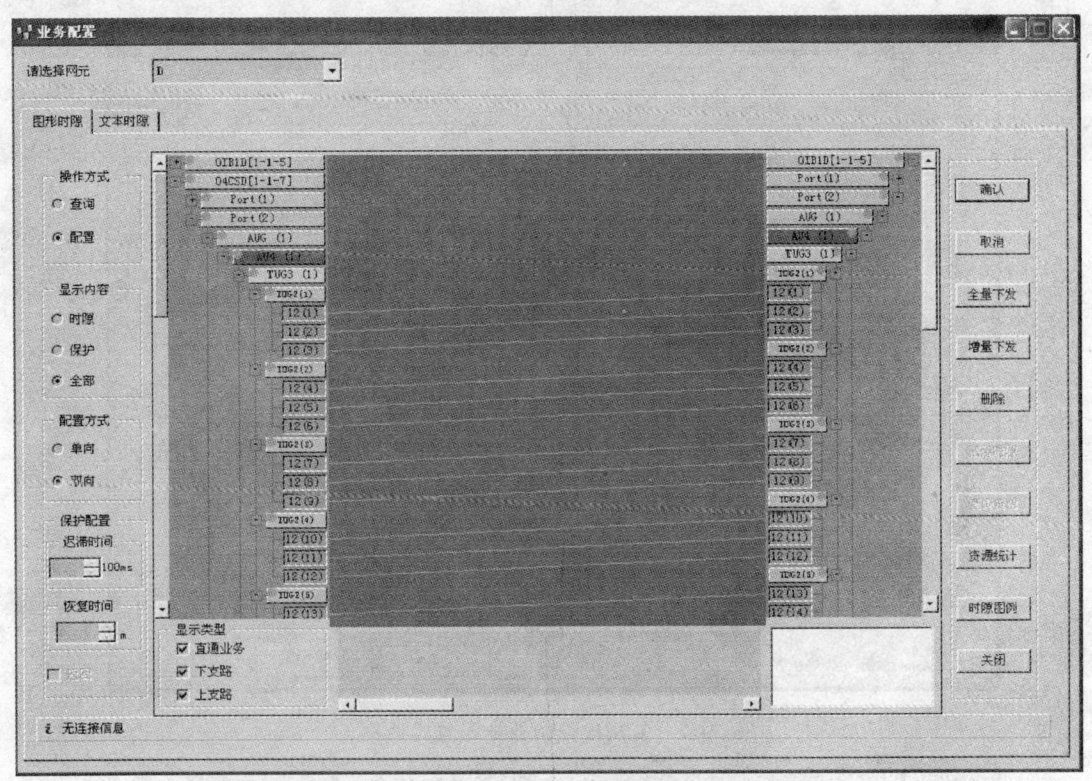

图 7-16　A-E 2Mbit/s 保护业务在网元 D 穿通时配置结果

7.5　复用段保护业务配置步骤

1. 复用段保护组分配

在时隙分配和业务具体配置之前，首先要进行复用段保护组相关配置，具体规划见表 7-8。

表 7-8　复用段保护组规划

保护组 ID	保护组名称	保护类型	包含网元
1	保护组 1	SDH 环形复用段两纤双向共享（不带额外业务）	A、B、C、D

2. 具体配置步骤

1）在客户端操作窗口中，选择 SDH 网元，单击"设备管理→公共管理→复用段保护配置"菜单项，弹出复用段保护配置对话框，如图 7-17 所示。

2）单击"新建"按钮，在弹出的窗口中根据规划要求进行配置，然后单击"确定按钮"，得到如图 7-18 所示结果。

3）在"保护组网元树"区域，选中"保护组 1"，然后将"网元"区域中的需要添加的网元 A、B、C、D 添加上，然后单击"应用"按钮，得到配置结果如图 7-19 所示。

4）选中"保护组 1"，然后单击"下一步"，弹出如图 7-20 所示的对话框。

5）然后单击"下一步"，进入复用段保护业务配置对话框，如图 7-21 所示。

6）单击"配置"按钮，然后选中网元端口，单击"确认"，再单击"应用"按钮，得

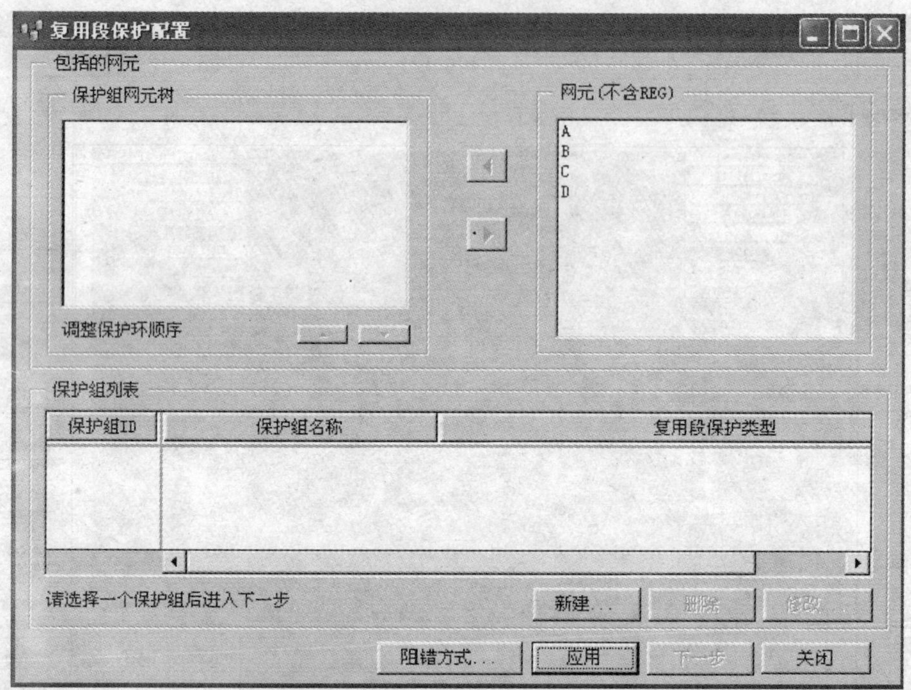

图 7-17 复用段保护业务配置对话框

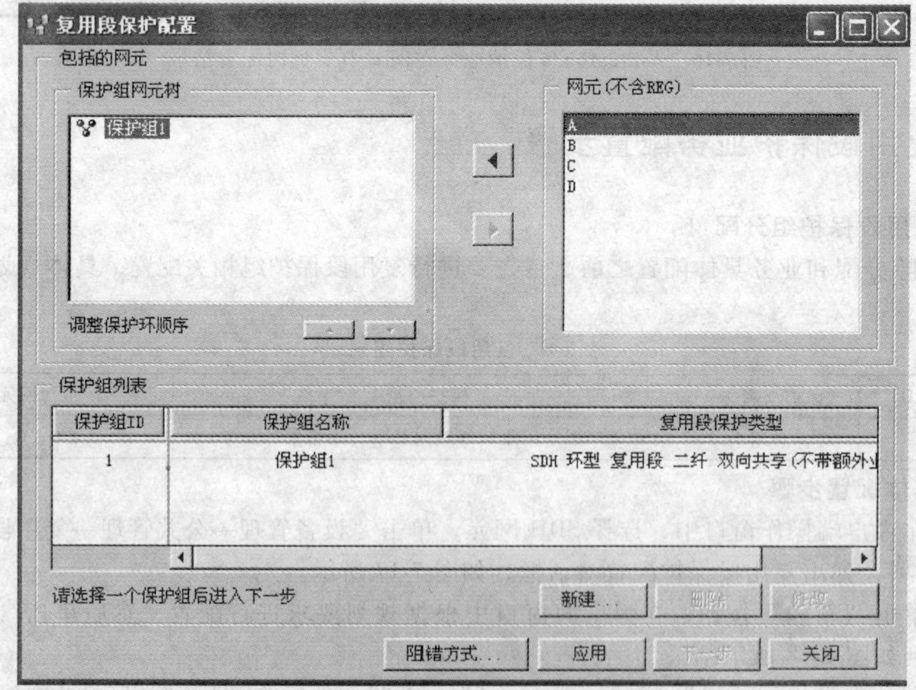

图 7-18 复用段保护组配置结果

到配置结果如图 7-22 所示。最后，单击“关闭”按钮退出配置窗口。

7）在客户端操作窗口中，选择 SDH 网元，单击“维护→诊断→APS 操作”菜单项，弹出配置对话框，如图 7-23 所示。

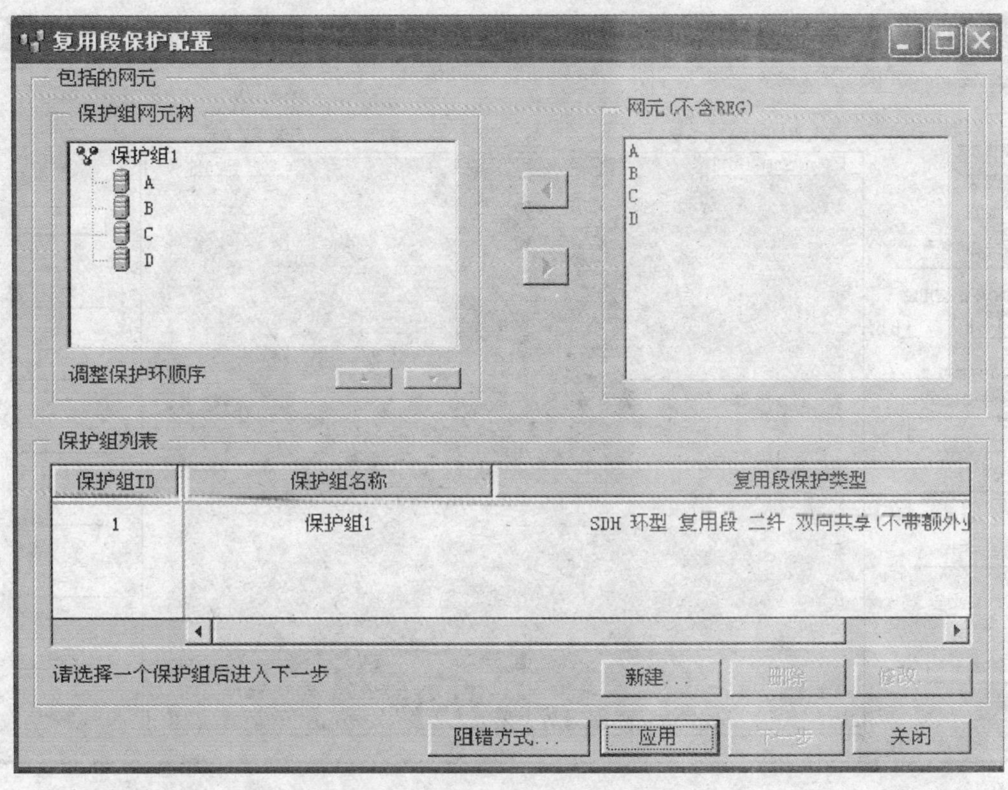

图 7-19　复用段保护组配置结果

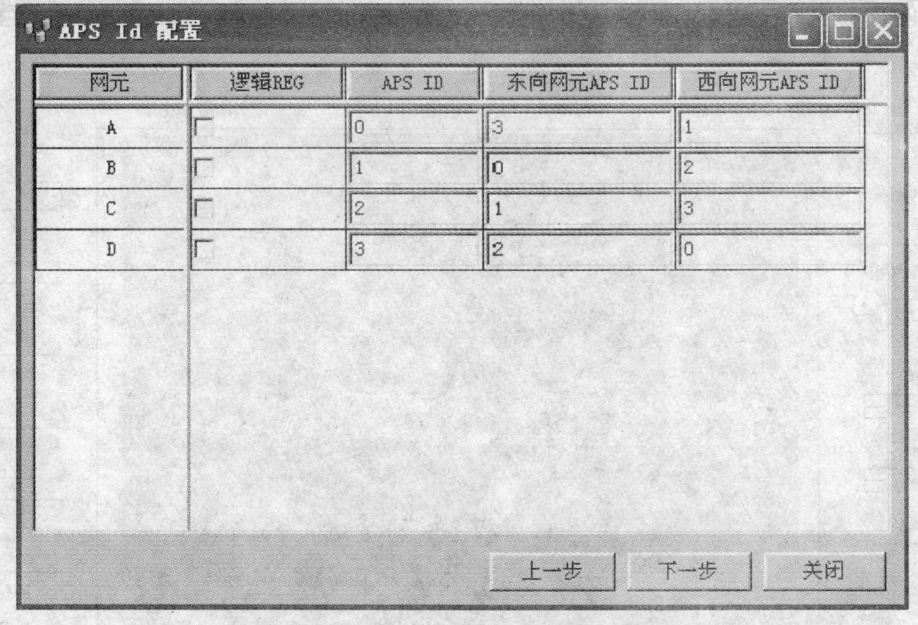

图 7-20　APS ID 配置对话框

8）选中网元 A，单击“启动”下拉菜单，然后单击应用即可，得到结果如图 7-24 所示。

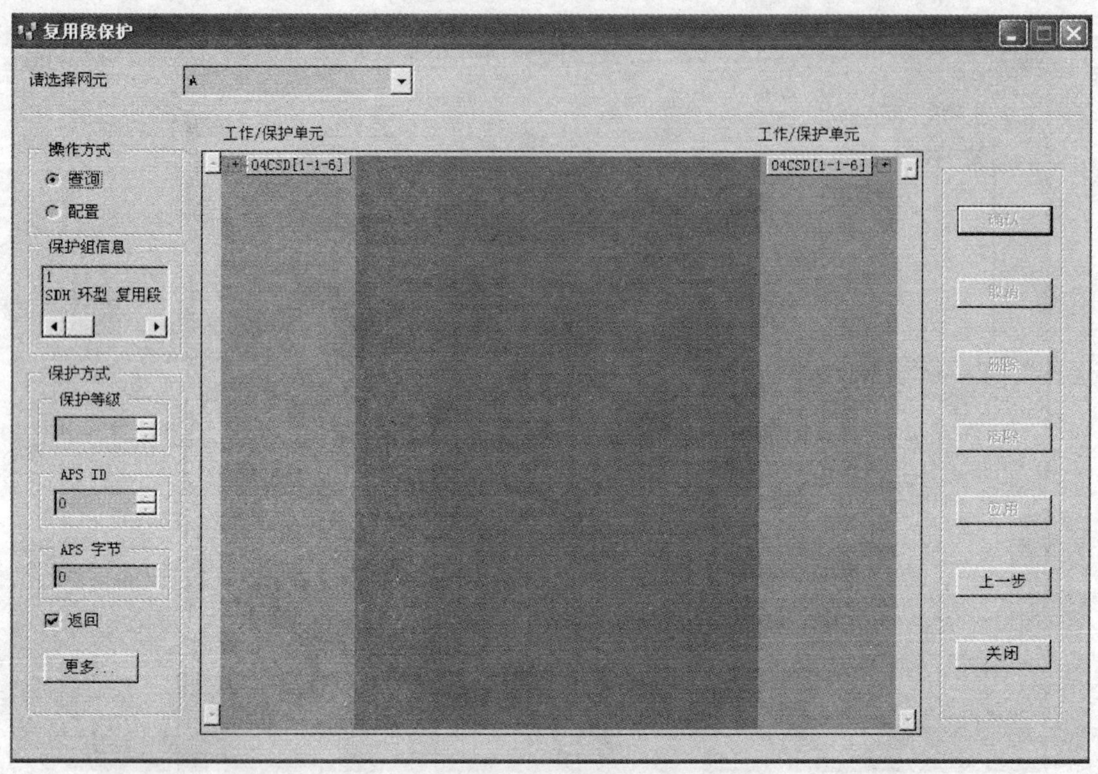

图 7-21 复用段保护业务配置对话框

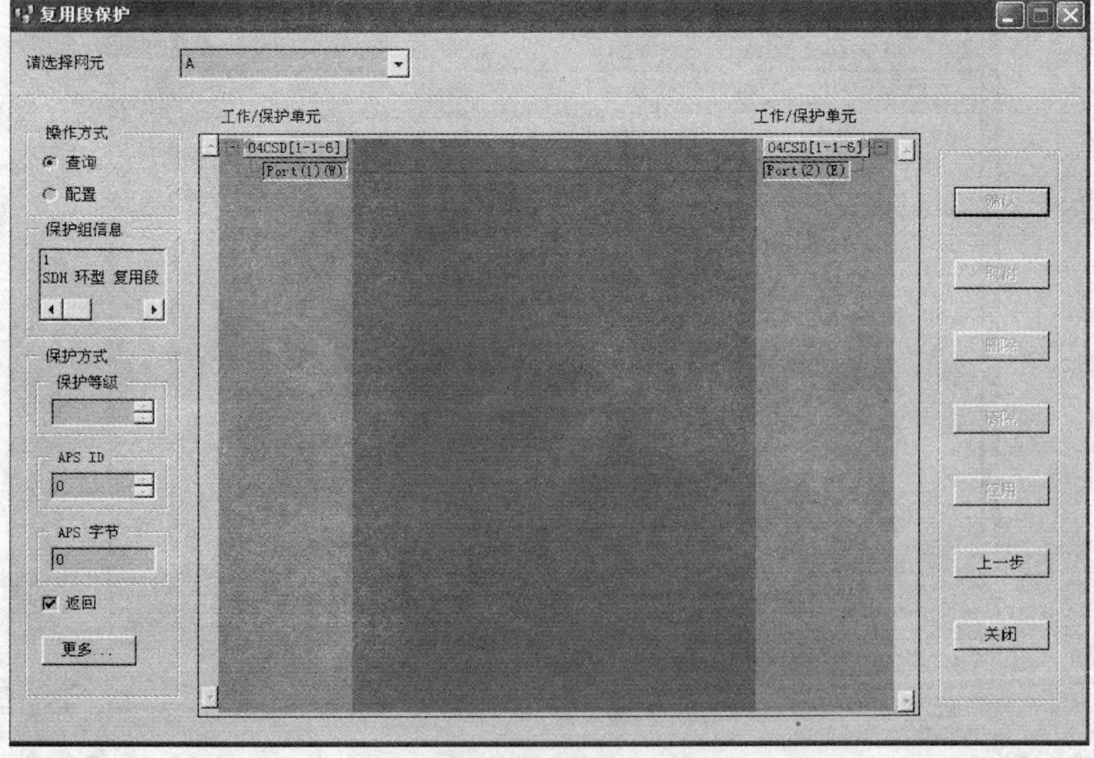

图 7-22 复用段保护业务配置结果

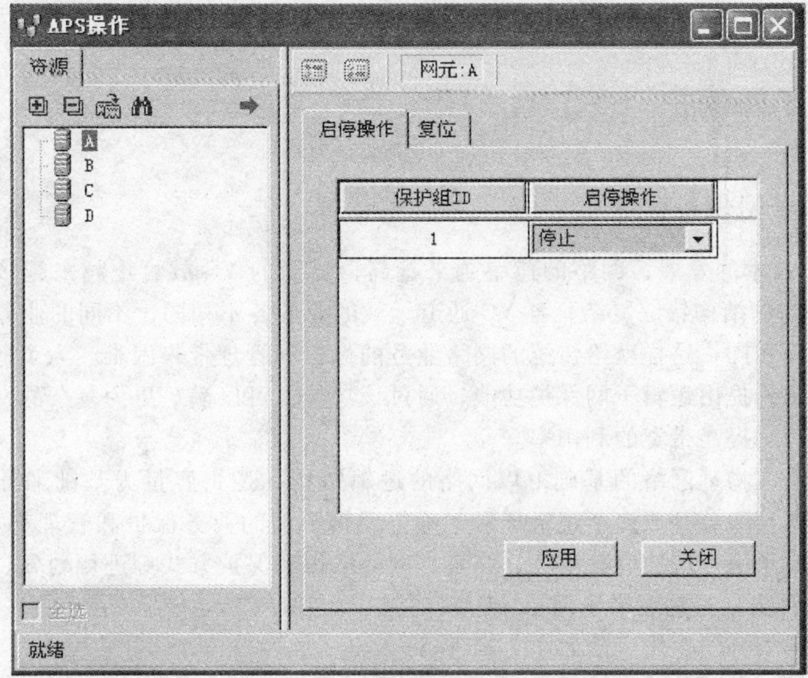

图 7-23　APS 操作窗口

图 7-24　APS 操作配置结果

【扩展知识】

7.6　逻辑子网保护

7.6.1　逻辑子网保护概述

随着SDH技术的发展，网络的速率越来越高，复用的VC数量也越来越多。在实际应用中，SDH网络的结构错综复杂，各VC通道承载的业务各不相同，不同的业务对网络的安全性要求也各不相同，这样就给传统的网络业务的保护和管理带来困难。为了适应网络承载业务的各种需求，提出逻辑子网保护功能，通过该功能，可以满足更为复杂的网络结构，增强网络的安全性，提高带宽的利用率。

逻辑子网是在物理网络的基础上以网络的逻辑结构和逻辑容量为基础来分割网络的方法，可以将物理网络分割成多个逻辑子网，每个逻辑子网的业务保护和管理都可独立进行，互不干涉。逻辑子网可以按业务种类、容量、网络结构和保护方式等进行划分。

1. 按业务种类划分的逻辑子网

按业务种类划分的逻辑子网如图7-25所示。

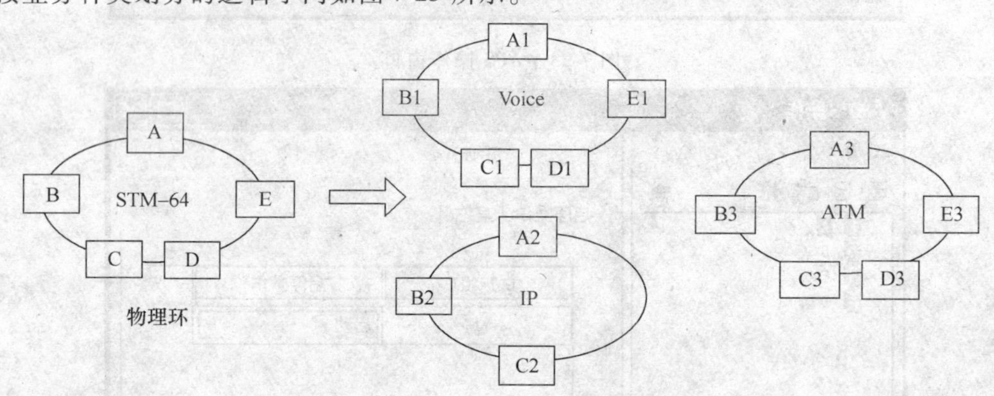

图7-25　按业务种类划分的逻辑子网

在图7-25中，在物理网络中承载了各种类型不同的业务，如Voice、IP和ATM等，这些业务在网络中的分布可能不尽相同，并且它们所需的告警信息也不一样，为了便于网络的管理和配置，可以把这个物理网络划为不同功能的逻辑子网来分别管理与配置。因此，把原物理网络根据业务类型的不同划分成以Voice、IP和ATM为主的3个逻辑子网。在这3个逻辑子网中，分别完成对Voice、IP和ATM等信号的告警监测、性能上报、业务配置和功能维护等工作，从而使网络的维护、管理大大简化。这样，在使用设备时就可以超脱对设备实体的依赖与限制，使维护、管理工作可以上升到逻辑上的网络层面，层次更加清晰明了。在图中，A1、A2、A3等均为逻辑子设备，其中，逻辑子设备A1、A2、A3共同构成了物理上的设备A。逻辑子设备的类型可以是ADM、REG、TM，这要视其在网络中的位置而定。

2. 按容量划分的逻辑子网

按容量划分的逻辑子网如图7-26所示。

逻辑子网可以按容量来分，根据子网所需容量大小可以分成各种组网方式。这种分法在

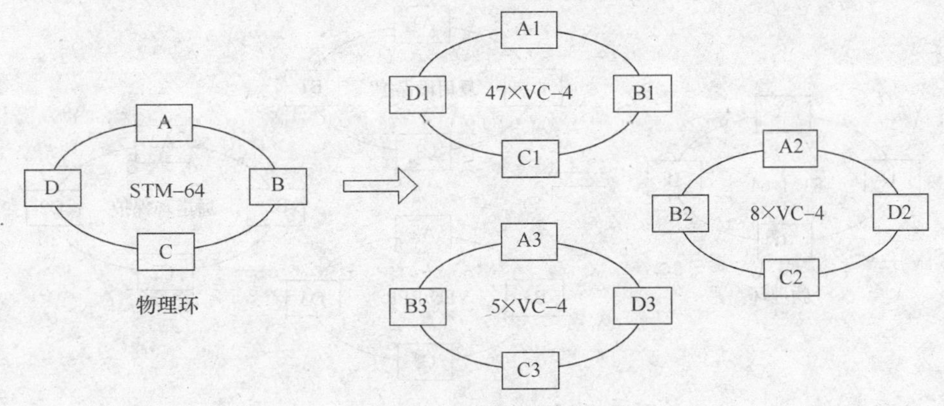

图 7-26　按容量划分的逻辑子网

运营商对外出租电路时非常有用，可以假设某运营商在自己使用网络的同时又出租电路给别人，而受租者要求对自己所租电路进行管理和配置，在这种情形下，传统的网络管理方式就很难满足要求。在采用逻辑子网后，人们可以把这几种类型的需求按容量大小划分为相应数量的逻辑子网，分别给各用户使用、管理，从而非常轻松地满足客户的各种需求。

3. 按网络结构划分的逻辑子网

按网络结构划分的逻辑子网如图 7-27 所示。

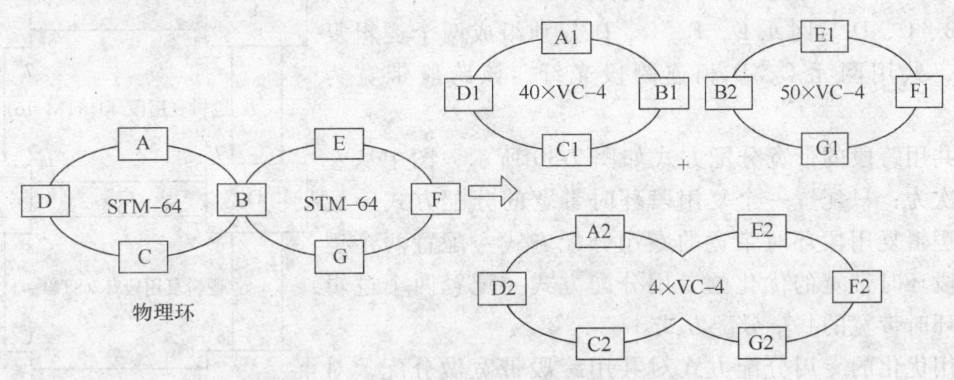

图 7-27　按网络结构划分的逻辑子网

逻辑子网可以按网络的结构来划分。如图 7-27 所示，物理网络为两个相切环，在逻辑子网的划分中，可以根据环中的业务分配划分两个不过环业务组成的逻辑子网和一个过环业务组成的逻辑子网，从而完成逻辑子网的划分。这种划分方法在网络结构复杂的情况下非常有用，可以将通过不同节点的跨环业务划分到一个逻辑子网中，从而简化逻辑网络结构，优化网络的保护与管理，提高整个网络的安全性。

4. 按保护方式划分的逻辑子网

按保护方式划分的逻辑子网如图 7-28 所示。

逻辑子网可以根据网络中的保护方式来划分。在图 7-28 中，可以把物理网络中的各种保护如复用段保护、通道环保护、VP-RING、VLAN、VPN、RPR 等分别划成逻辑子网。各种保护在各自的环内独立完成，各子网之间没有任何影响。在中兴 SDH 设备组成的网络中，在同一根光纤中可以同时存在多个复用段保护、多个通道保护、多个其他保护方式，这样在网络保护方面就突破了国际标准中的相关保护的局限，使网络更加灵活、安全，更加能够满

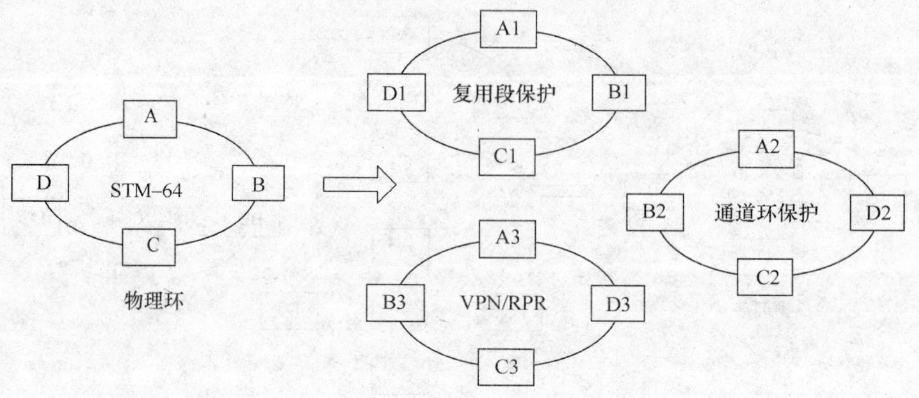

图 7-28 按保护方式划分的逻辑子网

足不同用户的实际组网需求。

7.6.2 逻辑子网保护的应用

下面由一些例子来说明逻辑子网应用情况。

1. STM-16 速率两纤环与 STM-4 速率两纤环

高速两纤环与低速两纤环组网方式如图 7-29 所示。网元 A、B、C、D 与网元 E、F、C、D 分别组成两个逻辑复用段环，共用网元 C、D 相连跨段光纤，该跨段带宽为 STM-16。

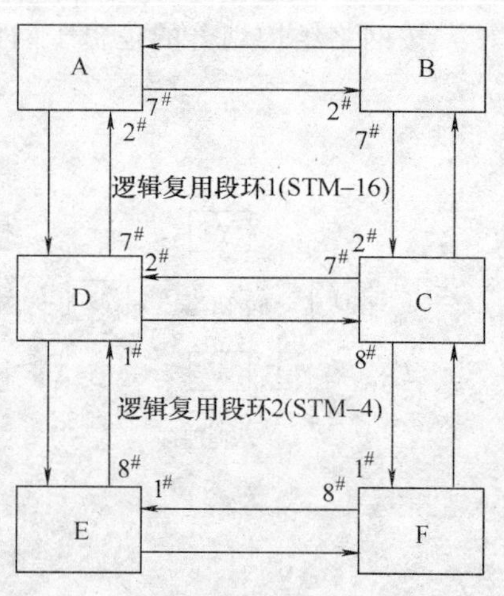

图 7-29 高速两纤环与低速两纤环组网方式

对共用跨段的带宽分配方式如图 7-30 所示，图中从左到右依次为：只配置一个复用段环时带宽的分配方式→配置两个逻辑复用段环时带宽的专用分配方式→配置两个逻辑复用段环时带宽的优化的专用分配方式→配置两个逻辑复用段环时带宽的共享分配方式。

采用优化的专用分配方式对共用跨段带宽做分配，对两个逻辑子网的具体配置如图 7-31 所示。逻辑复用段环 1 中网元 A 与网元 B 相连方向的 7#槽位光板的 1~8 AU 为工作 AU，7#槽位光板的 9~16 AU 为保护 AU。网元 A 与网元 D 相连方向的 2#槽位光板的 1~8 AU 为工作 AU，2#槽位光板的 9~16 AU 为保护 AU。阴影标记区域中标记内容为物理共用跨段的带宽的具体分配方式。

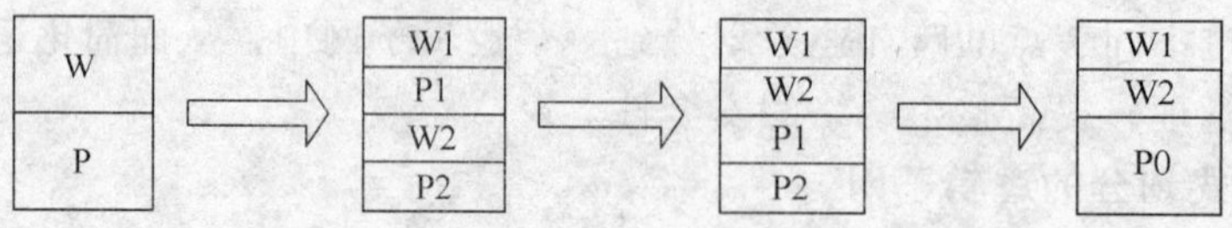

图 7-30 高速两纤环与低速两纤环组合时共用带宽的分配方式

2. STM-16 速率四纤环与 STM-4 速率四纤环

高速四纤环与低速四纤环组网图如图 7-32 所示，网元 A、B、C、D 与网元 E、F、C、D

分别组成两个逻辑复用段环，共用网元 C、D 相连跨段光纤，该跨段带宽为（STM-16） ×2。

逻辑复用段环 1 中各网元两个方向的工作时隙、保护时隙配置

$$\frac{2^{\#}1\sim8\text{AU}}{2^{\#}9\sim16\text{AU}}\text{A}\frac{7^{\#}1\sim8\text{AU}}{7^{\#}9\sim16\text{AU}}\quad\frac{2^{\#}1\sim8\text{AU}}{2^{\#}9\sim16\text{AU}}\text{B}\frac{7^{\#}1\sim8\text{AU}}{7^{\#}9\sim16\text{AU}}\quad\frac{2^{\#}1\sim8\text{AU}}{2^{\#}9\sim16\text{AU}}\text{C}\frac{7^{\#}1\sim4\text{AU}}{7^{\#}9\sim16\text{AU}}\quad\frac{2^{\#}1\sim4\text{AU}}{2^{\#}9\sim16\text{AU}}\text{D}\frac{7^{\#}1\sim8\text{AU}}{7^{\#}9\sim16\text{AU}}$$

逻辑复用段环 2 中各网元两个方向的工作时隙、保护时隙配置

$$\frac{8^{\#}1\sim2\text{AU}}{8^{\#}3\sim4\text{AU}}\text{E}\frac{1^{\#}1\sim2\text{AU}}{1^{\#}3\sim4\text{AU}}\quad\frac{8^{\#}1\sim2\text{AU}}{8^{\#}3\sim4\text{AU}}\text{F}\frac{1^{\#}1\sim2\text{AU}}{1^{\#}3\sim4\text{AU}}\quad\frac{8^{\#}1\sim2\text{AU}}{8^{\#}3\sim4\text{AU}}\text{C}\frac{7^{\#}5\sim6\text{AU}}{7^{\#}7\sim8\text{AU}}\quad\frac{2^{\#}5\sim6\text{AU}}{2^{\#}7\sim8\text{AU}}\text{D}\frac{1^{\#}1\sim2\text{AU}}{1^{\#}3\sim4\text{AU}}$$

图 7-31　高速两纤环与低速两纤环组合时两逻辑复用段环内各网元保护配置

对共用跨段的带宽分配方式如图 7-33 所示，图中从左到右依次为：只配置一个复用段环时带宽的分配方式→配置两个逻辑复用段环时带宽的专用分配方式→配置两个逻辑复用段环时带宽的优化的专用分配方式→配置两个逻辑复用段环时带宽的共享分配方式。

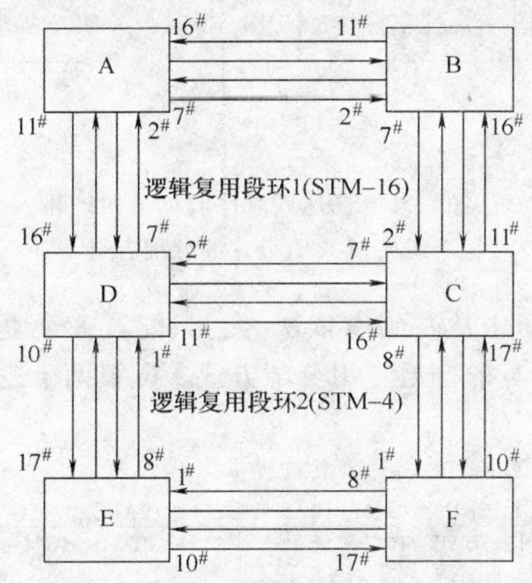

图 7-32　高速四纤环与低速四纤环组网

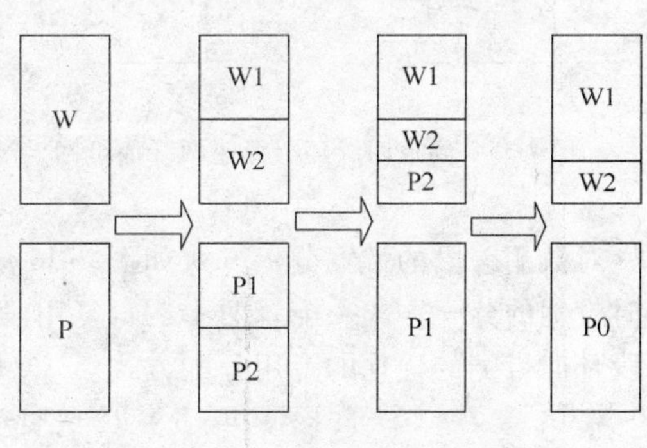

图 7-33　高速四纤环与低速四纤环组合时共用带宽的分配方式

采用优化的专用分配方式对共用跨段带宽做分配，对两个逻辑子网的具体配置如图 7-34 所示。逻辑复用段环 1 中网元 A 与网元 B 相连方向的 $7^{\#}$槽位光板的 1 ~ 16 AU 为工作 AU，$16^{\#}$槽位光板的 1 ~ 16 AU 为保护 AU。网元 A 与网元 D 相连方向的 $2^{\#}$槽位光板的 1 ~ 16 AU 为工作 AU，$11^{\#}$槽位光板的 1 ~ 16 AU 为保护 AU。阴影标记区域中标记内容为物理共用跨段的带宽的具体分配方式。

逻辑复用段环 1 中各网元两个方向的工作时隙、保护时隙配置

$$\frac{2^{\#}1\sim16\text{AU}}{11^{\#}1\sim16\text{AU}}\text{A}\frac{7^{\#}1\sim16\text{AU}}{16^{\#}9\sim16\text{AU}}\quad\frac{2^{\#}1\sim8\text{AU}}{11^{\#}19\sim16\text{AU}}\text{B}\frac{7^{\#}1\sim16\text{AU}}{16^{\#}1\sim16\text{AU}}\quad\frac{2^{\#}1\sim16\text{AU}}{11^{\#}1\sim16\text{AU}}\text{C}\frac{7^{\#}1\sim8\text{AU}}{16^{\#}1\sim16\text{AU}}\quad\frac{2^{\#}1\sim8\text{AU}}{11^{\#}1\sim16\text{AU}}\text{D}\frac{7^{\#}1\sim16\text{AU}}{16^{\#}1\sim16\text{AU}}$$

逻辑复用段环 2 中各网元两个方向的工作时隙、保护时隙配置

$$\frac{8^{\#}1\sim4\text{AU}}{17^{\#}1\sim4\text{AU}}\text{E}\frac{1^{\#}1\sim4\text{AU}}{10^{\#}1\sim4\text{AU}}\quad\frac{8^{\#}1\sim4\text{AU}}{17^{\#}1\sim4\text{AU}}\text{F}\frac{1^{\#}1\sim4\text{AU}}{10^{\#}1\sim4\text{AU}}\quad\frac{8^{\#}1\sim4\text{AU}}{17^{\#}1\sim4\text{AU}}\text{C}\frac{7^{\#}9\sim12\text{AU}}{7^{\#}13\sim16\text{AU}}\quad\frac{2^{\#}9\sim12\text{AU}}{2^{\#}13\sim16\text{AU}}\text{D}\frac{1^{\#}1\sim4\text{AU}}{10^{\#}1\sim4\text{AU}}$$

图 7-34　高速四纤环与低速四纤环组合时两逻辑复用段环内各网元保护配置

3. STM-16 速率四纤环与 STM-4 速率两纤环

高速四纤环与低速两纤环组网图如图 7-35 所示。网元 A、B、C、D 与网元 E、F、C、D

分别组成两个逻辑复用段环，共用网元 C、D 相连跨段光纤，该跨段带宽为（STM-16）×2。

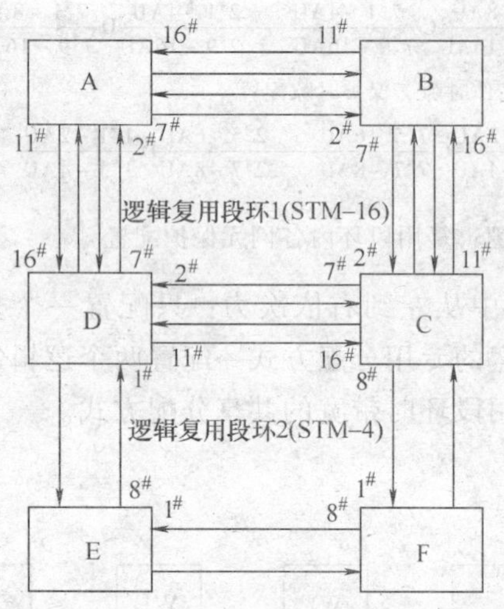

图 7-35　高速四纤环与低速两纤环组网

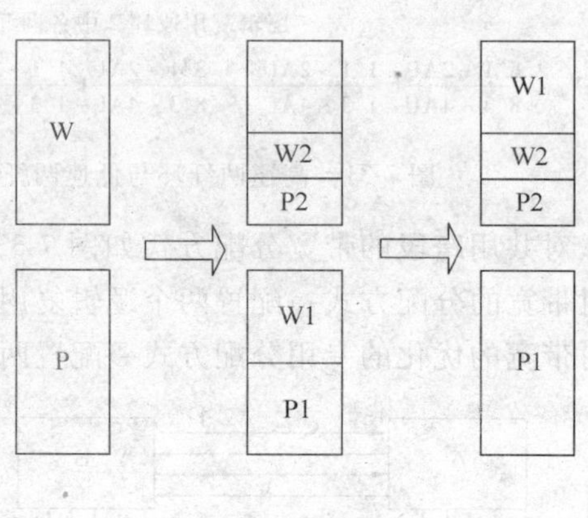

图 7-36　高速四纤环与低速两纤环组合时共用带宽的分配方式

对共用跨段的带宽分配方式如图 7-36 所示，图中从左到右依次为：只配置一个复用段环时带宽的分配方式→配置两个逻辑复用段环时带宽的普通专用分配方式→配置两个逻辑复用段环时带宽的优化的专用分配方式。

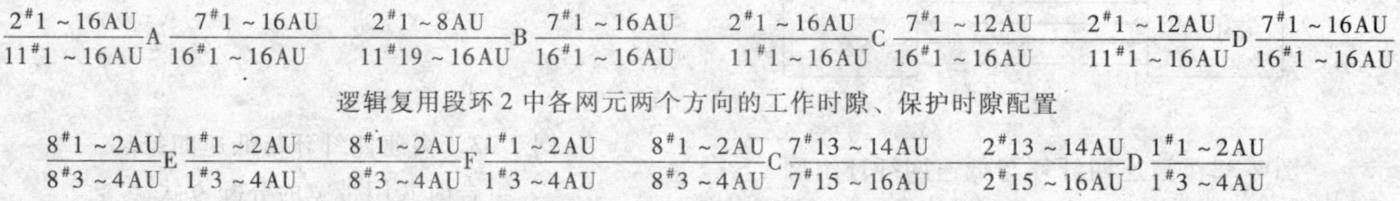

逻辑复用段环 1 中各网元两个方向的工作时隙、保护时隙配置

2#1~16AU	A	7#1~16AU	2#1~8AU	B	7#1~16AU	2#1~16AU	C	7#1~12AU	2#1~12AU	D	7#1~16AU
11#1~16AU		16#1~16AU	11#19~16AU		16#1~16AU	11#1~16AU		16#1~16AU	11#1~16AU		16#1~16AU

逻辑复用段环 2 中各网元两个方向的工作时隙、保护时隙配置

8#1~2AU	E	1#1~2AU	8#1~2AU	F	1#1~2AU	8#1~2AU	C	7#13~14AU	2#13~14AU	D	1#1~2AU
8#3~4AU		1#3~4AU	8#3~4AU		1#3~4AU	8#3~4AU		7#15~16AU	2#15~16AU		1#3~4AU

图 7-37　高速四纤环与低速两纤环组合时两逻辑复用段环内各网元保护配置

采用优化的专用分配方式对共用跨段带宽做分配，对两个逻辑子网的具体配置如图 7-37 所示。逻辑复用段环 1 中网元 A 与网元 B 相连方向的 7#槽位光板的 1～16 AU 为工作 AU，16#槽位光板的 1～16 AU 为保护 AU。网元 A 与网元 D 相连方向的 2#槽位光板的 1～16 AU 为工作 AU，11#槽位光板的 1～16 AU 为保护 AU。阴影标记区域中标记内容为物理共用跨段的带宽的具体分配方式。

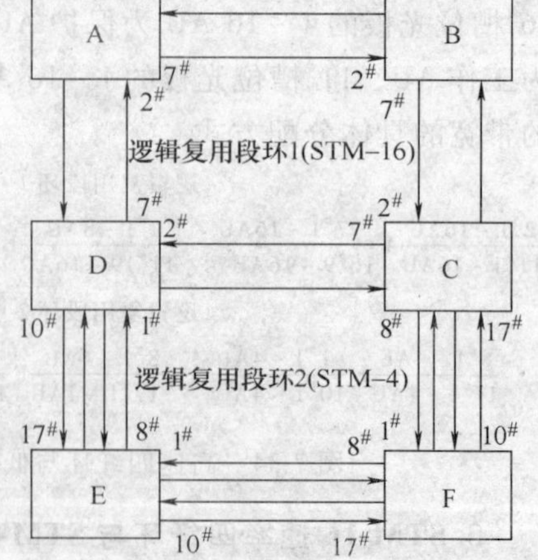

图 7-38　高速两纤环与低速四纤环组网

4. STM-16 速率两纤环与 STM-4 速率四纤环

高速两纤环与低速四纤环组网如图 7-38 所示，网元 A、B、C、D 与网元 E、F、C、D 分别组成两个逻辑复用段环，共用网元 C、D 相连跨段光纤，该跨段带宽为 STM-16。

对共用跨段的带宽分配方式如图 7-39 所示，图中从左到右依次为：只配置一个复用段环时带宽的分配方式→配置两个逻辑复用段环时带宽的专用分配方式→配置两个逻辑复用段环时带宽的优化的专用分配方式→配置两个逻辑复用段环时带宽的共享分配方式。

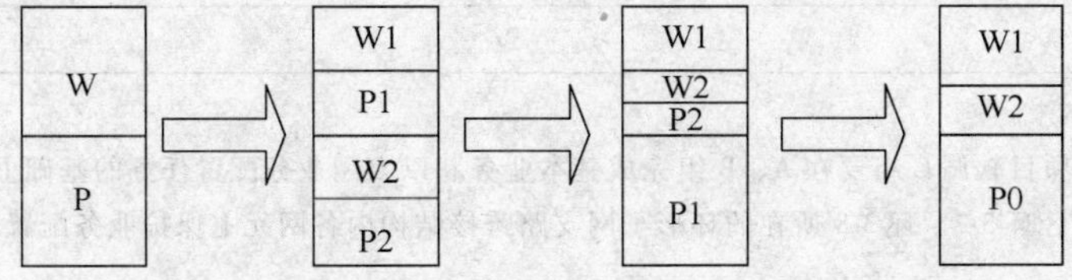

图 7-39　高速两纤环与低速四纤环组合时共用带宽的分配方式

采用优化的专用分配方式对共用跨段带宽做分配，对两个逻辑子网的具体配置如图 7-40 所示。逻辑复用段环 1 中网元 A 与网元 B 相连方向的 7#槽位光板的 1 ~ 8 AU 为工作 AU，7#槽位光板的 9 ~ 16 AU 为保护 AU。网元 A 与网元 D 相连方向的 2#槽位光板的 1 ~ 8 AU 为工作 AU，2#槽位光板的 9 ~ 16 AU 为保护 AU。阴影标记区域中标记内容为物理共用跨段的带宽的具体分配方式。

逻辑复用段环 1 中各网元两个方向的工作时隙、保护时隙配置

$$\frac{2^{\#}1\sim8\text{AU}}{2^{\#}9\sim16\text{AU}}\text{A}\ \frac{7^{\#}1\sim8\text{AU}}{7^{\#}9\sim16\text{AU}}\ \frac{2^{\#}1\sim8\text{AU}}{2^{\#}9\sim16\text{AU}}\text{B}\ \frac{7^{\#}1\sim8\text{AU}}{7^{\#}9\sim16\text{AU}}\ \frac{2^{\#}1\sim8\text{AU}}{2^{\#}9\sim16\text{AU}}\text{C}\ \frac{7^{\#}1\text{AU}}{7^{\#}9\sim16\text{AU}}\ \frac{2^{\#}1\text{AU}}{2^{\#}9\sim16\text{AU}}\text{D}\ \frac{7^{\#}1\sim8\text{AU}}{7^{\#}9\sim16\text{AU}}$$

逻辑复用段环 2 中各网元两个方向的工作时隙、保护时隙配置

$$\frac{8^{\#}1\sim4\text{AU}}{17^{\#}1\sim4\text{AU}}\text{E}\ \frac{1^{\#}1\sim4\text{AU}}{10^{\#}1\sim4\text{AU}}\ \frac{8^{\#}1\sim4\text{AU}}{17^{\#}1\sim4\text{AU}}\text{F}\ \frac{1^{\#}1\sim4\text{AU}}{10^{\#}1\sim4\text{AU}}\ \frac{8^{\#}1\sim4\text{AU}}{17^{\#}1\sim4\text{AU}}\text{C}\ \frac{7^{\#}2\sim4\text{AU}}{7^{\#}5\sim8\text{AU}}\ \frac{2^{\#}2\sim4\text{AU}}{2^{\#}5\sim8\text{AU}}\text{D}\ \frac{1^{\#}1\sim4\text{AU}}{10^{\#}1\sim4\text{AU}}$$

图 7-40　高速两纤环与低速四纤环组合时两逻辑复用段环内各网元保护配置

【测试评估】

1. 任务引导问题单

<table>
<tr><td>任　务</td><td colspan="3">任务 7：保护业务配置</td><td>学　时</td><td colspan="2">6</td></tr>
<tr><td>所属项目</td><td>项目 3：传输网业务配置</td><td>班　级</td><td colspan="2"></td><td>组　号</td><td></td></tr>
<tr><td colspan="7">一、说明与要求</td></tr>
<tr><td colspan="7">1）本任务引导问题单是针对“保护业务配置”这一任务编制，旨在引导学生更好地完成任务必备知识的学习，为计划决策、实施检查等后续环节做好资讯准备工作
2）要求学生以小组为单位，按照下列任务问题的引导，通过采取检索文献、查阅资料、小组讨论等方法进行预习，作好在课堂上汇报和解答的准备
3）在任务实施前完成并上交此表单，问题解答用白纸附在表单后</td></tr>
<tr><td colspan="7">二、任务引导问题</td></tr>
<tr><td colspan="7">1）网络保护和网络恢复分别什么含义
2）1 + 1 线路保护和 1:1 线路保护有何区别
3）说明二纤双向通道保护工作原理。它和二纤单向通道保护有什么不同
4）说明二纤单向复用段保护工作原理
5）说明二纤双向复用段保护工作原理。它和四纤双向复用段保护有什么不同
6）说明通道保护业务配置步骤
7）说明复用段保护业务配置步骤</td></tr>
<tr><td>任课教师签名</td><td colspan="3"></td><td rowspan="2" colspan="2">成绩评定</td><td rowspan="2"></td></tr>
<tr><td>日　期</td><td colspan="3"></td></tr>
</table>

2. 任务实施单

<table>
<tr><td>任　务</td><td colspan="3">任务 7：保护业务配置</td><td>学　时</td><td colspan="2">12</td></tr>
<tr><td>所属项目</td><td colspan="2">项目 3：传输网业务配置</td><td>班　级</td><td colspan="2"></td><td>组　号</td></tr>
<tr><td colspan="8">1. 任务描述</td></tr>
<tr><td colspan="8">根据项目分解要求，项目软调 C 组要在 A、B 组完成基本业务和以太网业务配置任务的基础上完成接入层 B 区环 3-6 所在的环带链结构和 C 区环 3-7、环 3-8 所在的环形子网支路跨接结构内各网元上保护业务配置。具体配置要求如下所示
（1）环带链结构配置要求
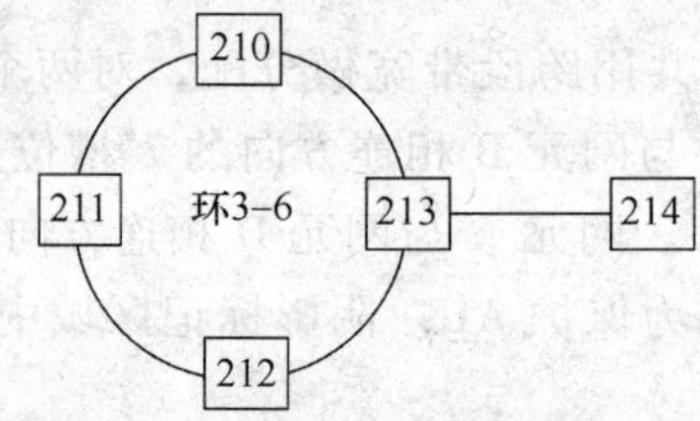

核心网元和具体业务要具备保护功能。对网元 210 与网元 214 以及网元 210 与网元 212 间的电路业务实现通道保护；对网元 210、网元 212 之间实现复用段保护
（2）环形子网支路跨接结构配置要求
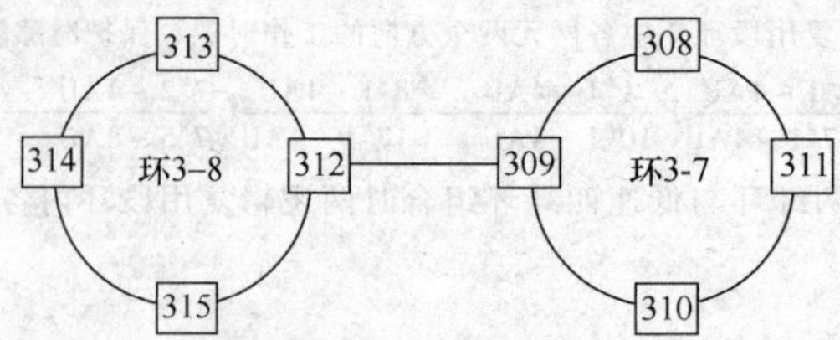

核心网元和具体业务要具备保护功能。对网元 314 与网元 310 以及网元 315 与网元 311 间的电路业务实现通道保护；对网元 314、网元 308 之间实现复用段保护</td></tr>
<tr><td colspan="8">2. 任务分析</td></tr>
<tr><td colspan="8">通过对本任务进行分析，项目软调 C 组要完成 M 县新建智能光城域网络保护业务配置任务，需要完成以下工作
1）通道保护业务配置
2）复用段保护业务配置</td></tr>
<tr><td colspan="8">3. 资讯准备</td></tr>
<tr><td colspan="8">通过任务引导问题单和教师的引导，在前期资讯准备环节，学生对本任务必备知识进行了学习，应达到如下要求
1）理解自愈网的基本概念
2）理解 SDH 的自愈保护机制
3）掌握线路保护的类型和工作原理
4）掌握自愈环保护的类型和工作原理
5）掌握光传输网保护业务配置的流程和方法</td></tr>
</table>

（续）

4. 计划决策
1）人员组织：请组长组织小组成员讨论，根据任务作好人员组织工作，明确分工。具体安排记录如下
2）器材准备：请组长组织小组成员讨论，确定任务实施所需器具和材料。具体清单记录如下
3）方案制订：请组长组织小组成员讨论，制订任务实施最优方案。具体方案用白纸记录附在后面
5. 实施检查
1）任务实施：按照计划决策环节制订的最优方案来实施任务。具体实施过程用白纸记录附在后面 2）能效检查：根据任务要求对实施结果的功能效果进行检查分析，找出故障和缺陷进行优化。具体检查分析和优化过程用白纸记录附在后面
6. 展示评估
1）展示汇报：请各小组选用合适的方法手段展示汇报任务实施情况 2）小组答辩：教师根据展示汇报情况对小组成员进行提问。具体教师提问及学生回答记录如下
3）成绩评定：从学生、组长、任课教师3个角度对学生完成本任务进行成绩评定，学生、组长、任课教师分别在学生自评表、小组评价表、教师评价表上按标准评分，并将成绩记录在个人的评价成绩汇总表上，从而可按比例核算出个人的任务过程评价总分

3. 任务评价

（1）学生自评

“光传输网组建与维护”学生自评表

学生姓名		学号		
任　　务	任务7：保护业务配置	组号		
评价内容		评分标准	自评分	备注
敬业精神	1）出勤情况	20		迟到、早退一次扣2分，旷课一次扣5分，扣完为止，其他酌情评分
	2）工作、学习任务参与度和积极性			
	3）吃苦耐劳、善于钻研的精神			

（续）

评价内容		评分标准	自评分	备注
专业能力	1）理解自愈网的基本概念	60		按全部掌握、较好掌握、基本掌握、部分掌握4档分别对应60分、48分、36分、20分评分
	2）理解SDH的自愈保护机制			
	3）掌握线路保护的类型和工作原理			
	4）掌握自愈环保护的类型和工作原理			
方法能力	1）收集整理信息、资料的能力	10		按强、较强、一般、较差4档分别对应10分、8分、6分、3分评分
	2）语言表达能力			
	3）提出问题、解决问题的能力			
	4）组织实施能力			
社会能力	1）交流沟通能力	10		按强、较强、一般、较差4档分别对应10分、8分、6分、3分评分
	2）团队协作能力			
	3）安全、环保、责任意识			
总　分				

（2）小组评价

"光传输网组建与维护"小组评价表								
任务	任务7：保护业务配置							
组号		学　号						
		学生姓名						
评价内容		评分标准	组长评分					
敬业精神	1）出勤情况	20						
	2）工作、学习任务参与度和积极性							
	3）吃苦耐劳、善于钻研的精神							
专业能力	1）理解自愈网的基本概念	60						
	2）理解SDH的自愈保护机制							
	3）掌握线路保护的类型和工作原理							
	4）掌握自愈环保护的类型和工作原理							
方法能力	1）收集整理信息、资料的能力	10						
	2）语言表达能力							
	3）提出问题、解决问题的能力							
	4）组织实施能力							
社会能力	1）交流沟通能力	10						
	2）团队协作能力							
	3）安全、环保、责任意识							
总　分								
组长签名			日期					

（3）教师评价

"光传输网组建与维护"教师评价表			
班　　级		组　　号	
任务	任务7：保护业务配置	任课教师	
评价阶段	评价内容	评分标准	教师评分
资讯准备	1）理解自愈网的基本概念	20	
	2）理解SDH的自愈保护机制		
	3）掌握线路保护的类型和工作原理		
	4）掌握自愈环保护的类型和工作原理		
计划决策	1）人员组织安排	20	
	2）器材准备清单		
	3）任务实施方案		
实施检查	1）任务实施过程	40	
	2）任务检查优化		
展示评估	1）展示汇报	20	
	2）小组答辩		
总　　分		日期	

项目 4　传输网维护

【项目描述】

在项目软调组完成 M 县新建智能光城域网络的业务配置工作后，网络可投入运营，为了确保传输网络能够长期稳定地正常运行，必须对网络进行日常的维护和管理，对网络的运行状态进行监测和控制，在网络出现故障的情况下要及时有效地解决问题，使其能够有效、安全、可靠、经济地提供服务。

M 县电信运营商将该新建光城域网络的维护工作交给项目维护组完成。

【项目分解】

在项目实施过程中，可将该项目分解成两个任务完成，具体如下：

1）传输网日常维护。

2）传输网故障处理。

【项目教学设计】

<table>
<tr><td>项　目</td><td>项目 4：传输网维护</td><td>学　时</td><td>12</td></tr>
<tr><td>教学目标</td><td>通过该项目的教学，使学生初步掌握光传输网维护的基本方法和技能，并在项目学习和实践过程中掌握光传输网日常维护和故障处理所涉及的必备知识</td><td>教学内容</td><td>任务 8：日常维护（4 学时）
任务 9：故障处理（6 学时）
项目 4 考核（2 学时）</td></tr>
<tr><td rowspan="3">教学资料</td><td rowspan="3">1）教师用表单：项目教学设计（项目 4）、任务教学设计（任务 8、任务 9）
2）学生用表单：项目任务书（项目 4）、任务引导问题单（任务 8、任务 9）、任务实施单（任务 8、任务 9）
3）评价用表单：学生自评表（任务 8、任务 9）、小组评价表（任务 8、任务 9）、教师评价表（任务 8、任务 9）、评价成绩汇总表
4）教材、课程标准、授课计划、教案及备课笔记、辅助课件、学生名册</td><td>教学器具</td><td>ZXMP S320 设备、E300 软件、计算机</td></tr>
<tr><td>教学环境</td><td>多媒体教室
现代通信综合实训中心</td></tr>
<tr><td>教学方法</td><td>1）必备知识：分组教学法、引导教学法、讲授教学法、讨论教学法、现场教学法
2）任务实施过程：分组教学法、现场教学法、演示教学法、讨论教学法、实践教学法</td></tr>
<tr><td>学生知识能力要求</td><td colspan="3">1）具备数字通信技术、数据通信、程控交换技术、光传输理论及实践基础
2）具有良好的实践操作能力
3）具备一定的自主学习、分析问题、解决问题的能力
4）具备一定的团队协作、沟通表达能力</td></tr>
<tr><td>教师知识能力要求</td><td colspan="3">1）具备较高的光传输技术理论和实践水平
2）具备较高的光传输网日常维护和故障处理能力
3）具备运用各种教学方法实施教学的组织和控制能力</td></tr>
</table>

（续）

教学策略	1）分组教学。将班级学生5~6人分为一组，每组设置一名组长，组长全面负责项目实施的各项事宜，鼓励学生团结协作，共同完成任务 2）四环节教学。按资讯准备、计划决策、实施检查及展示评估4个环节分阶段完成教学。资讯准备阶段要求各小组根据任务引导问题单中的引导问题检索文献、查阅资料、小组讨论，在教师的引导下完成任务必备知识的学习，为后续环节做好准备；计划决策阶段要求各小组通过讨论制订任务实施计划，确定任务实施最优方案；实施检查阶段要求各小组根据计划方案来完成任务的实施和检查优化；展示评估阶段要求各小组展示汇报任务实施情况，并采用学生自评、小组评价、教师评价3种方式对每个任务按标准评分，从而按比例核算出各小组成员的任务过程评价总分。项目完成后，进行技术必备知识和任务实施的考核，结合每个任务的得分，按比例核算出各小组成员本项目的总评分 3）引导教学。提前给学生发放项目任务书、任务引导问题单等学习表单和资源，引导学生自主学习，使学生在学习过程中一直处于积极主动的主体地位。教师在整个过程中只起到解惑、组织好课堂的指导作用，锻炼学生的自学能力、创新能力、职业能力
考核评价	项目总评＝任务过程评价×70%＋项目考核×30% 任务过程评价＝学生自评×10%＋小组评价×40%＋教师评价×50% 学生自评＝敬业精神×20%＋专业能力×60%＋方法能力×10%＋社会能力×10% 小组评价＝敬业精神×20%＋专业能力×60%＋方法能力×10%＋社会能力×10% 教师评价＝资讯准备×20%＋计划决策×20%＋实施检查×40%＋展示评估×20% 项目考核＝技术考核×50%＋任务实施考核×50%

任务8　日 常 维 护

【任务描述】

根据项目分解要求，项目维护 A 组要对 M 县新建智能光城域网络进行日常维护，使网络保持通畅，及时发现解决问题，减少意外故障发生，提高设备的使用寿命。

【任务分析】

通过对本任务进行分析，项目维护 A 组要完成 M 县新建智能光城域网络日常维护任务，需要完成以下工作：

1）机房维护。

2）设备维护。

3）网管维护。

【任务教学设计】

<table>
<tr><td>任　务</td><td colspan="2">任务8：日常维护</td><td>学时</td><td>4</td><td>所属项目</td><td>项目4：传输网维护</td></tr>
<tr><td>教学目标</td><td colspan="6">通过该任务的教学，使学生初步掌握光传输网日常维护操作方法和技能，并在任务学习和实践过程中掌握日常维护涉及的必备知识。具体目标如下
1）理解日常维护的目的、分类、方法及注意事项
2）熟悉日常维护内容
3）掌握日常维护操作方法
4）熟悉日常维护过程</td></tr>
<tr><td colspan="3">教学内容</td><td>学时</td><td colspan="2">教学环节</td><td>教学表单</td></tr>
<tr><td rowspan="3">必备知识</td><td colspan="2" rowspan="2">1）日常维护概念
2）日常维护内容</td><td rowspan="2">1</td><td rowspan="3">资讯准备</td><td>引导预习</td><td rowspan="3">项目任务书、任务引导问题单</td></tr>
<tr><td>汇报解答</td></tr>
<tr><td colspan="2">3）日常维护操作方法</td><td>1</td><td>课堂讲授</td></tr>
<tr><td rowspan="8">任务实施</td><td rowspan="8">日常维护</td><td rowspan="3">1）机房维护</td><td rowspan="8">2</td><td rowspan="3">计划决策</td><td>人员组织</td><td rowspan="3">项目任务书、任务实施单</td></tr>
<tr><td>器材准备</td></tr>
<tr><td>方案制订</td></tr>
<tr><td rowspan="2">2）设备维护</td><td rowspan="2">实施检查</td><td>任务实施</td><td rowspan="2">项目任务书、任务实施单</td></tr>
<tr><td>能效检查</td></tr>
<tr><td rowspan="3">3）网管维护</td><td rowspan="3">展示评估</td><td>展示汇报</td><td rowspan="3">任务实施单、学生自评表、小组评价表、教师评价表、评价成绩汇总表</td></tr>
<tr><td>小组答辩</td></tr>
<tr><td>成绩评定</td></tr>
</table>

【必备知识】

8.1　日常维护概念

1. 日常维护的目的

日常维护的目的是及时发现问题并妥善解决问题，使设备保持良好的运行状态。周期性的日常维护是设备正常运行的保证。

2. 日常维护的分类

（1）日例性维护　日例性维护是指每天都要进行的设备维护项目。在维护的过程中随时了解设备的日常运行情况，发现问题并及时解决。

（2）周期性维护　周期性维护是指按时间段定期进行的设备维护项目。在维护的过程中了解设备的工作状态和性能变化，及时解决故障隐患。周期性维护分为季度维护和年度维护两类。

（3）突发性维护　突发性维护是指在设备发生故障或网络调整时需要及时进行故障处理的设备维护项目。

3. 日常维护的常用方法

（1）观察法　观察法是维护人员在遇到故障时最先使用的方法，主要是指通过告警现象来判断部分故障。对观察结果的正确判断是对故障正确分析和正确处理的关键环节。

（2）指示灯状态分析　设备单板的指示灯反映了设备的运行状态。通过查看单板和用户端设备的指示灯状态，快速定位故障部位并大致判定故障原因。

（3）告警日志分析　告警日志是指网管终端显示的日志信息。通过查看网管终端上显示出的当前告警和历史告警日志，判断系统是否正常运行，发生故障后定位故障。故障排除后，当前的告警信息应该消除。

（4）互换法　互换法主要用于故障范围复杂的场合。当不能定位故障部位时，用备用部件替换掉发生故障的部件，以此定位和判断故障部位。

（5）112 外线测试　通过 112 测试系统测量用户外线的电压、电容等参数，从而判断用户外线的状况。

（6）在线测试　通过线路测试仪测试用户线端口、线路。

（7）ping　对于业务网络和网管网络的故障，通常采用<ping>各节点 IP 地址的方法定位故障。

（8）拔插法　对最初发现某种电路板故障时可以通过拔插电路板的方法，排除因接触不良或处理器异常的故障。

（9）隔离法　当系统部分故障时，可以将与其相关的设备分离或甩开，来判断是否是相互影响造成的故障。

（10）自检法　当系统或电路板重新上电时，通过自检来判断故障。设备在重新上电自检时，可以根据面板上指示灯判断电路板是否自身存在问题。

（11）按压法　采用按压芯片、电缆接头等方法来排除因接触不好所产生的故障。

（12）综合法　将以上的方法综合起来，加上自己平时的维护经验，可以彻底排除故障。

4. 日常维护的注意事项

1）保持机房清洁干净，机房的温度、湿度应达到设备要求，空调损坏应及时修复，尤其是在寒暑季节，注意防尘防潮，防止鼠虫进入。

2）保证系统一次电源的稳定可靠，定期检查系统接地和防雷地的情况，尤其是在雷雨季节来临前和雷雨后应检查防雷系统，确保设施完好。

3）建立完善的机房维护制度，对维护人员的日常工作进行规范。应有详细的值班日志，对系统的日常运行情况、版本情况、数据变更情况、升级情况和问题处理情况等做好详细的记录，便于出现问题后进行分析和处理。

4）严禁在设备的计算机终端上玩游戏和上网，禁止在计算机终端中装入任何与系统无关的软件或将计算机挪作他用。

5）网管口令应该按级设置，严格管理，定期更改，并只向维护人员分发。

6）维护人员应该进行上岗前的培训，了解一定的设备和相关网络知识，维护操作时要按照设备相关手册的说明来进行，接触设备硬件前应佩戴防静电手环，避免因人为因素造成事故。

7）不要盲目复位设备、加载或改动设备数据。改动数据前要做好数据备份，修改数据后应保证一周内设备运行正常，才能删除备份数据，改动数据时要及时做好记录。

8）机房应备有维护设备常用的工具和仪表，应定期检测仪表，确保仪表的准确性。

9）经常检查备品备件，要保证常用备品备件的库存和完好性。备品备件与坏品坏件分开保存，并做好标记进行区别。常用的备品备件在用完时要及时补充。

10）维护过程中需要的软件和资料应就近存放，在需要使用时能及时获得。

11）机房照明应达到维护的要求，灯具损坏应及时修复，不要有照明死角。

12）发现故障应及时处理，无法处理的问题应及时与设备供应商当地办事处联系。

13）将客户支持中心以及当地办事处的联络方法放在醒目的位置，注意时常更新最新的联络方法。

8.2　日常维护内容

日常维护操作包括机房环境维护、设备检查维护和网管检查维护3部分，每部分检查具体项目及间隔周期见表8-1。

表8-1　日常维护内容

维护项目		维护周期
机房环境	机房温度	1天
	机房湿度	1天
	设备工作电压	1天
	机房空调	1天
	洁净度	2周
设备检查	设备声音告警检查	1天
	机柜指示灯检查	1天
	单板指示灯检查	0.5天
	风扇检查和清理防尘网	2周
	公务电话检查	2周
	业务检查	2周

（续）

维护项目		维护周期
网管检查	更改登录口令	1月
	浏览树检查	1天
	拓扑图监视	1天
	告警监视	1天
	性能监视	1天
	查询系统配置	不定期
	查询用户操作日志	不定期
	报表打印	不定期
	备份数据	不定期

8.3 日常维护操作方法

8.3.1 插尾纤

尾纤是连接设备外部光口或者 ODF 架法兰盘的一段光纤，并且两头带有相应的接头。尾纤接头种类见表 8-2。

表 8-2 尾纤接头种类

连接器型号	描述	外形图	连接器型号	描述	外形图
FC/PC	圆形光纤接头/微凸球面研磨抛光	FC/PC	FC/APC	圆形光纤接头/面呈 8°角并做微凸球面研磨抛光	FC/APC
SC/PC	方形光纤接头/微凸球面研磨抛光	SC/PC	SC/APC	方形光纤接头/面呈 8°角并做微凸球面研磨抛光	SC/APC
ST/PC	卡接式圆形光纤接头/微凸球面研磨抛光	ST/PC	ST/APC	卡接式圆形光纤接头/面呈 8°角并做微凸球面研磨抛光	ST/APC

1. 拔 FC/PC 插头尾纤

先将 FC/PC 插头外部的活动螺钉拧松，然后适度用力将插头拔出，拔出后应立即用外挂防尘帽套上插头，防止空气中的灰尘污染端面。

2. 拔 SC/PC 插头尾纤

用拔纤器夹住插头的塑胶侧面，适度用力将插头拔出，拔出后应立即用外挂防尘帽套上插头，防止空气中的灰尘污染端面。

3. 安装 FC/PC 插头尾纤

首先必须将尾纤插头与光接口对准，对准后适度用力推入，避免损伤光适配器的陶瓷内管或者插头端面。将尾纤插头完全插入后，拧紧外套活动螺钉即可。

4. 安装 SC/PC 插头尾纤

使尾纤插头上的定位块向右，将插头与光接口对准后适度用力推入，避免损伤光适配器的陶瓷内管或者插头端面。将尾纤插头完全插入卡紧即可。

8.3.2　环回

环回是使信息从网元的发端口发送出去再从自己的收端口接收回来的操作，是在检查传输通路故障时常用的手段，可以在分离通信链路的情况下逐级确认网元的故障点，检测节点和传输线路的工作状态，帮助人们快速准确地定位故障点网元，甚至故障点单板，同时可以方便设备的开通和调试。环回的方法有硬件环回和软件环回，环回信号可以是光信号或电信号。

1. 硬件环回

从信号流向的角度来讲，硬件环回方向一般都是向设备内方向，因此也称之为硬件自环。电信号与光信号自环的操作类似，下面以光接口的硬件自环操作为例说明。

光口的硬件自环是指用尾纤将光板的发光口和收光口连接起来以达到信号环回的目的，光口的硬件自环有本板自环和交叉自环两种方式。本板自环是指用一根尾纤将本板上收发两个光口连接起来；交叉自环是指用尾纤连接一个方向光板的“T”口和另一个方向光板的“R”口或者一个方向光板的“R”口和另一个方向光板的“T”口。

2. 软件环回

网管软件环回不仅可以环回光信号或电信号，还可以指定线路环回或单一信道（包括光监控信道）环回。根据环回方向的不同，环回可以分为线路侧环回和终端侧环回。光线路板或光支路板向光口环回的称线路侧环回，反方向称终端侧环回；电支路板向电支路口环回的称终端侧环回，反方向称线路侧环回。设备环回方向如图 8-1 所示。

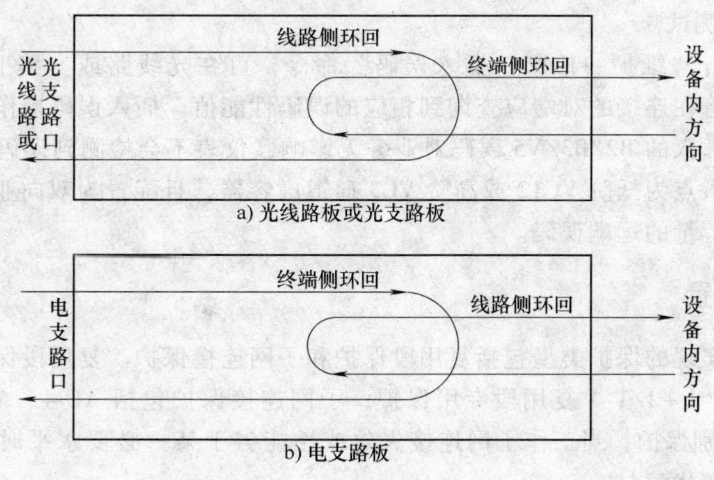

图 8-1　设备环回方向

8.3.3 光功率测试

1. 发送光功率测试

发送光功率测试示意图如图 8-2 所示。

将光功率计的接收光波长设置为与被测光板的发送光波长相同。将尾纤的一端连接到所要测试光板的发光口，将尾纤的另一端连接到光功率计的测试输入口，待光功率稳定后，读出光功率值，即为该光板的发送光功率。

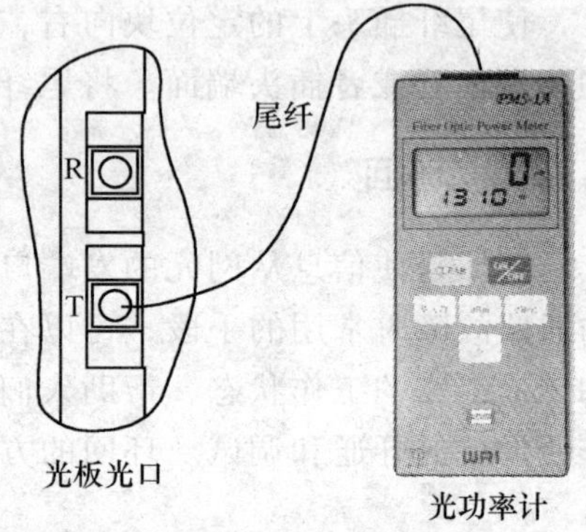

图 8-2 发送光功率测试示意图

2. 接收光功率测试

将光功率计的接收光波长设置为与被测光波长相同。在本站选择连接相邻站发光口的尾纤，此尾纤正常情况下连接在本站光板的收光口上。将此尾纤连接到光功率计的测试输入口，待光功率稳定后，读出光功率值，即为该光板的实际接收光功率。

8.3.4 误码测试

1. 使用误码仪测试

使用误码仪进行测试时，有在线测试和离线测试两种方法。误码的测试点为设备提供给用户的业务接入点，如 2Mbit/s、34Mbit/s、140Mbit/s、155Mbit/s 等物理接口。

（1）在线测试方法　先选定一条正在使用的业务通道，直接在该通道对应接口相连接的 DDF 或者 ODF 的监测接头上挂表进行在线误码监视。正常情况下应无误码。

（2）离线测试方法　先选定一条业务通道，找到此业务通道在本站的 PDH/SDH 接口和在对端站的 PDH/SDH 接口，然后在对端站的 PDH/SDH 接口利用网管软件作线路侧环回或者在 DDF 架上作硬件环回，在本站相应的 PDH/SDH 接口挂表测试误码正常情况下应无误码。

2. 网管软件测试

通过网管执行“维护→诊断→插入误码”命令，可在光线路或支路上强制插入误码，如果插入成功，将在连接的对端应查询到相应的误码性能值。插入误码操作可以用来判断通道的状况。人工插入的 B2/B3/V5 误码对业务无影响，仪表不会检测到误码，仅能从网管终端查询；如果插入点为低阶 VC12 或高阶 VC3 通道虚容器，且配置为双向业务，则插入点单板应检测到大致等量的远端误码。

8.3.5 倒换设置

传输设备可实现的保护类型包括复用段保护和子网连接保护。复用段保护包括二纤双向复用段共享保护、1+1/1:1 复用段专用保护；子网连接保护包括 AU-4、AU-3、TU-3、TU-12 以及 TU-11 级别保护，当工作子网连接失效或性能劣于某一必要水平时，工作子网连接待由保护子网连接代替。

通过网管可以设定倒换状态，外部倒换操作包括“消除”、“保护闭锁”、“强制倒换”

和“人工倒换”。优先级别从高到低的排列为：清除—保护闭锁—强制倒换—人工倒换。各种倒换操作的意义如下：

1）清除：指清除所有外部倒换控制指令。

2）保护闭锁：指拒绝对保护段/通道的接入。

3）强制倒换：指除非有一个相等或者更高优先级别的倒换指令在生效，否则不论倒换段/通道是否有故障，系统都将倒换到工作/保护段/通道。

4）人工倒换：指除非有一个相等或者更高优先级别的倒换指令在生效。

8.3.6 单板复位

单板复位操作包括硬件复位和软件复位。

1. 硬件复位

在NCP的面板上有一个复位孔，标识为RESET，复位孔内装有复位开关，按下复位开关，可以复位NCP上的核心控制器及其他芯片。

2. 软件复位

通过网管软件，可以执行对单板的复位操作，网管中的复位操作分硬复位和软复位两种类型，硬复位指对单板内所有芯片进行复位，软复位指仅对单板内的应用程序进行复位。

【任务实施】

8.4 日常维护过程

8.4.1 机房环境维护操作

应经常检查机房环境，确保达到系统正常运行的要求，具体要求见表8-3。

表8-3 机房环境要求

维护项目	要求
机房温度	−5～45℃
机房湿度	5%～95%
设备工作电压	直流电压范围为−40～−57V（不同设备有所不同）
机房空调	运转正常
洁净度	直径大于5μm灰尘的浓度≤3×10^4粒/m^3，不能有导电性、导磁性和腐蚀性灰尘
机柜内散热风扇	运转正常
设备单板	各单板指示灯工作正常

8.4.2 设备维护操作

1. 设备声音告警检查

（1）操作目的　在日常维护中，设备的告警声更容易引起维护人员的注意。因此，在日常维护中应该保证设备告警时能够发出声音。

（2）操作方法　人为制造告警，如：利用网管软件进行“告警反转”操作，检查告警声音。

(3) 检查标准 发生告警时，ZXMP S320设备和列头柜应能发出告警声音。

2. 机柜指示灯观察

(1) 操作目的 机柜指示灯作为监视设备运行状态的途径之一，在日常维护中具有非常重要的作用，应定期检查列头柜、设备告警门板上的指示灯是否正常，保证指示灯的状态可以正确反映设备是否有告警以及告警的级别。

(2) 操作方法 观察机柜顶部的指示灯状态。

(3) 检查标准 在设备正常工作时，机柜指示灯应该只有绿灯亮。机柜指示灯的含义见表8-4。

表8-4 机柜指示灯的含义

指示灯	名称	状态	
		亮	灭
红灯	主要告警指示灯	设备有主要告警，一般伴有声音告警	设备无主要告警
黄灯	一般告警指示灯	设备有一般告警	设备无一般告警
绿灯	电源指示灯	设备供电电源正常	设备供电电源中断

3. 单板指示灯观察

(1) 操作目的 机柜顶部的指示灯的告警状态仅可预示本端设备的故障隐患或者对端设备存在的故障。因此，在观察机柜指示灯后，还需进一步观察设备各单板的告警指示灯，了解设备的运行状态。

(2) 操作方法 观察单板的指示灯状态。

(3) 检查标准 在设备正常工作时，机柜指示灯应该只有绿灯亮。

4. 风扇检查和防尘单元的定期清理

(1) 操作目的 良好的散热是保证设备长期正常运行的关键，设备运行时应确保风扇运行。在设备连续运行较长时间后，灰尘会堵塞风扇单元下部的防尘单元，造成设备散热不良，严重时可能损坏设备。因此，必须定期检查风扇的运行情况和通风情况。

(2) 操作方法

1) 观察风扇运行情况，在网管软件中执行“风扇配置”命令查询配置信息。

2) 将防尘网由防尘单元底部抽出，进行检查。

(3) 检查标准

1) 风扇运行平稳，转速均匀，发出持续的“嗡嗡”声，无异常声响。

2) 网管软件中风扇转速不应配置为“0”。

3) 防尘单元里的防尘网无积灰。

5. 公务电话检查

(1) 操作目的 公务电话对于系统的维护有着特殊的作用，是网络维护人员定位故障、处理故障的重要通信工具，因此在日常维护中，维护人员需要经常对公务电话作一些例行检查，以保证公务电话的畅通。

(2) 操作方法

1) 如果本站不是中心站，定期从本站向中心站拨打公务电话，并请中心站回拨本站进行公务电话测试。

2）如果本站是中心站，应定期依次拨打各站点，检查公务电话工作是否正常。

(3) 检查标准　各站点间能够打通公务电话，通话语音清晰无杂音。

6. 业务检查——误码测试

(1) 操作目的　误码特性测试是对整个传输网长期稳定运行性能的一项测试，在例行维护中，应在不影响现有运行业务的情况下，定期检测业务通道，以此来判断所有业务通道的性能是否正常。

(2) 操作方法

1）对于两站之间存在空闲的业务通道的情况，可以对空闲的业务通道进行测试，检测两站间的业务通道质量。

2）对于两站之间不存在空闲的业务通道的情况，可以考虑在业务量较小时，临时将用于保护的业务通道断开进行误码测试，检测两站间的业务通道质量。

3）对于以上两种条件均不具备的，可以利用网管软件查询业务性能和告警，检测两站间的业务通道质量。

(3) 检查标准　所有业务通道无误码。

8.4.3　网管例行维护操作

1. 用户管理

(1) 操作目的　为防止非法用户登录网管软件，保障设备正常运行和业务安全，应定期更改网管用户的登录口令，并对网管操作人员指定合适的操作权限。

(2) 操作方法

1）网管软件中提供了4种用户等级：系统管理员、系统维护员、系统操作员和系统监视员，每种级别的用户具有特定的操作权限。用户应当为每一个网管操作人员指定不同的用户名、口令和管理对象，根据每个用户的实际操作权限指定不同的用户级别。

2）定期更改网管操作人员的登录口令。

(3) 检查标准

1）网管操作人员应能用指定用户名登录网管，并具有被指定的操作权限。

2）网管操作人员能定期更改登录口令。

2. 拓扑图监视

(1) 操作目的　用户可以通过导航树、拓扑图、网元图标以及网元安装窗口，对当前子网、网元的运行状态进行监视，并可由告警时发出的声音和告警标志的颜色来判断告警级别。

(2) 操作方法　在网管软件的客户端操作窗口中，查看导航树、拓扑图中的网元图标。

(3) 检查标准

1）网元图标应凸出，网元图标上没有“×”符号和告警标识。

2）光连接正常时，表示光连接的连线为实线。光连接断开时，表示光连接的连线为虚线。

3）导航树、拓扑图中的图标、标识含义说明如下：

① 网元存在警告告警时，网元图标为黄色，标识“W”。

② 网元存在次要告警时，网元图标为棕红色，标识“m”。

③ 网元存在主要告警时，网元图标为红色，标识“M”。

④ 网元存在严重（紧急）告警时，网元图标为红色，标识“C”。

⑤ 网元存在不可靠告警时，网元图标为天蓝色，标识“?”。

3. 告警监视

（1）操作目的　通过监视网元的告警信息，用户可以了解网元当前的工作状态，及时发现和处理网元的告警信息。

（2）操作方法

1）在网管软件的客户端操作窗口中，打开监视窗，实时监视所有网元的告警信息。

2）在网管软件的客户端操作窗口中，查询网元的当前告警或历史告警信息。

（3）检查标准

1）网元无当前告警信息。

2）网元无未确认的历史告警信息。

4. 查询系统配置

（1）操作目的　在网管软件中，可以通过配置菜单对网络的配置信息进行查询。这样查询到的是在网管软件中的网络配置，但未必是网元的实际配置，为了获得网元的实际配置和当前工作状态，还经常要进行上载数据、取当前状态、倒换信息查询等操作。

（2）操作方法

1）在网管软件的客户端操作窗口中，查询当前网络的配置信息。

2）查询网元当前配置数据。

3）查询网元的倒换信息。

（3）检查标准

1）当前网络配置、网元配置与实际组网相符。

2）无倒换事件。

5. 查询用户操作日志

（1）操作目的　可以检查是否有非法用户入侵，是否有误操作影响系统运行，是网管的安全保障之一。

（2）操作方法　在网管软件的客户端操作窗口中，查询用户操作日志。

（3）检查标准

1）无非法用户登录。

2）无影响系统运行、业务功能的用户操作。

6. 备份数据

（1）操作目的　网络运行维护中，应当注意经常对系统数据进行备份，以备在网络故障、网管数据丢失的情况下，快速恢复网络数据。

（2）操作方法　在网管软件的客户端操作窗口中，执行数据备份操作。

【测试评估】

1. 任务引导单

任　　务	任务8：日常维护			学　　时	2
所属项目	项目4：传输网维护	班　　级		组　　号	
1. 说明与要求					
1）本任务引导问题单是针对“日常维护”这一任务编制，旨在引导学生更好地完成任务必备知识的学习，为计划决策、实施检查等后续环节做好资讯准备工作 2）要求学生以小组为单位，按照下列任务问题的引导，通过采取检索文献、查阅资料、小组讨论等方法进行预习，做好在课堂上汇报和解答的准备 3）在任务实施前完成并上交此表单，问题解答用白纸附在表单后					
2. 任务引导问题					
1）对光传输网进行日常维护的目的是什么 2）日常维护有哪些类型和方法 3）日常维护有哪些重要的注意事项 4）如果你是维护工程师，你将如何开展每天的工作					
任课教师签名			成绩评定		
日　　期					

2. 任务实施单

任　　务	任务8：日常维护			学　　时	2
所属项目	项目4：传输网维护	班　　级		组　　号	
1. 任务描述					
根据项目分解要求，项目维护A组要对M县新建智能光城域网络进行日常维护，使网络保持通畅，及时发现解决问题，减少意外故障发生，提高设备的使用寿命。					
2. 任务分析					
通过对本任务进行分析，项目维护A组要完成M县新建智能光城域网络日常维护任务，需要完成以下工作 1）机房维护 2）设备维护 3）网管维护					
3. 资讯准备					
通过任务引导问题单和教师的引导，在前期资讯准备环节，学生对本任务必备知识进行了学习，应达到如下要求 1）理解日常维护的目的、分类、方法及注意事项 2）熟悉日常维护内容 3）掌握日常维护操作方法 4）熟悉日常维护过程					
4. 计划决策					
1）人员组织：请组长组织小组成员讨论，根据任务作好人员组织工作，明确分工。具体安排记录如下					

（续）

<table>
<tr><td>2）器材准备：请组长组织小组成员讨论，确定任务实施所需器具和材料。具体清单记录如下
3）方案制订：请组长组织小组成员讨论，制订任务实施最优方案。具体方案用白纸记录附在后面</td></tr>
<tr><td>5. 实施检查</td></tr>
<tr><td>1）任务实施：按照计划决策环节制订的最优方案来实施任务。具体实施过程用白纸记录附在后面
2）能效检查：根据任务要求对实施结果的功能效果进行检查分析，找出故障和缺陷进行优化。具体检查分析和优化过程用白纸记录附在后面</td></tr>
<tr><td>6. 展示评估</td></tr>
<tr><td>1）展示汇报：请各小组选用合适的方法手段展示汇报任务实施情况
2）小组答辩：教师根据展示汇报情况对小组成员进行提问。具体教师提问及学生回答记录如下
3）成绩评定：从学生、组长、任课教师3个角度对学生完成本任务进行成绩评定，学生、组长、任课教师分别在学生自评表、小组评价表、教师评价表上按标准评分，并将成绩记录在个人的评价成绩汇总表上，从而可按比例核算出个人的任务过程评价总分</td></tr>
</table>

3. 任务评价

（1）学生自评

<table>
<tr><th colspan="5">“光传输网组建与维护”学生自评表</th></tr>
<tr><td>学生姓名</td><td></td><td>学号</td><td colspan="2"></td></tr>
<tr><td>任　务</td><td>任务8：日常维护</td><td>组号</td><td colspan="2"></td></tr>
<tr><td colspan="2">评价内容</td><td>评分标准</td><td>自评分</td><td>备注</td></tr>
<tr><td rowspan="3">敬业精神</td><td>1）出勤情况</td><td rowspan="3">20</td><td rowspan="3"></td><td rowspan="3">迟到、早退一次扣2分，旷课一次扣5分，扣完为止，其他酌情评分</td></tr>
<tr><td>2）工作、学习任务参与度和积极性</td></tr>
<tr><td>3）吃苦耐劳、善于钻研的精神</td></tr>
<tr><td rowspan="4">专业能力</td><td>1）理解日常维护的目的、分类、方法及注意事项</td><td rowspan="4">60</td><td rowspan="4"></td><td rowspan="4">按全部掌握、较好掌握、基本掌握、部分掌握4档分别对应60分、48分、36分、20分评分</td></tr>
<tr><td>2）熟悉日常维护内容</td></tr>
<tr><td>3）掌握日常维护操作方法</td></tr>
<tr><td>4）熟悉日常维护过程</td></tr>
</table>

（续）

评价内容		评分标准	自评分	备注
方法能力	1）收集整理信息、资料的能力	10		按强、较强、一般、较差 4 档分别对应 10 分、8 分、6 分、3 分评分
	2）语言表达能力			
	3）提出问题、解决问题的能力			
	4）组织实施能力			
社会能力	1）交流沟通能力	10		按强、较强、一般、较差 4 档分别对应 10 分、8 分、6 分、3 分评分
	2）团队协作能力			
	3）安全、环保、责任意识			
总　分				

（2）小组评价

“光传输网组建与维护”小组评价表

任务	任务 8：日常维护							
组号		学　号						
		学生姓名						
评价内容		评分标准	组长评分					
敬业精神	1）出勤情况	20						
	2）工作、学习任务参与度和积极性							
	3）吃苦耐劳、善于钻研的精神							
专业能力	1）理解日常维护的目的、分类、方法及注意事项	60						
	2）熟悉日常维护内容							
	3）掌握日常维护操作方法							
	4）熟悉日常维护过程							
方法能力	1）收集整理信息、资料的能力	10						
	2）语言表达能力							
	3）提出问题、解决问题的能力							
	4）组织实施能力							
社会能力	1）交流沟通能力	10						
	2）团队协作能力							
	3）安全、环保、责任意识							
总　分								
组长签名			日　期					

（3）教师评价

“光传输网组建与维护”教师评价表			
班　　级		组　　号	
任　　务	任务 8：日常维护	任课教师	
评价阶段	评价内容	评分标准	教师评分
资讯准备	1）理解日常维护的目的、分类、方法及注意事项	20	
	2）熟悉日常维护内容		
	3）掌握日常维护操作方法		
	4）熟悉日常维护过程		
计划决策	1）人员组织安排	20	
	2）器材准备清单		
	3）任务实施方案		
实施检查	1）任务实施过程	40	
	2）任务检查优化		
展示评估	1）展示汇报	20	
	2）小组答辩		
总　　分		日　　期	

任务9 故障处理

【任务描述】

根据项目分解要求，项目维护B组要及时对M县新建智能光城域网络运行过程中出现的故障进行处理，确保网络在出现故障之后能够迅速、准确地定位故障点，并排除故障，恢复网络的正常运行。

【任务分析】

通过对本任务进行分析，项目维护B组要能顺利完成M县新建智能光城域网络故障处理任务，需要积累故障分析和处理的经验以备不时之需，因此完成以下工作：

1）案例分析。

2）常见故障处理。

【任务教学设计】

<table>
<tr><td>任务</td><td colspan="2">任务9：故障处理</td><td>学时</td><td>6</td><td>所属项目</td><td colspan="2">项目4：传输网维护</td></tr>
<tr><td>教学目标</td><td colspan="7">通过该任务的教学，使学生初步掌握光传输网故障处理的基本流程和技能，并在任务学习和实践过程中掌握故障处理涉及的必备知识。具体目标如下
1）掌握故障处理的基本原则
2）掌握故障处理的基本流程
3）理解各类故障的原因
4）理解各种故障定位分析方法
5）理解SDH设备的典型故障处理流程
6）通过案例分析初步掌握故障分析和处理的技巧</td></tr>
<tr><td colspan="3">教学内容</td><td>学时</td><td colspan="2">教学环节</td><td colspan="2">教学表单</td></tr>
<tr><td rowspan="2">必备知识</td><td colspan="2">1）故障处理的基本原则
2）故障处理流程
3）故障原因分析</td><td>1</td><td rowspan="2">资讯准备</td><td>引导预习
汇报解答
课堂讲授</td><td colspan="2" rowspan="2">项目任务书、任务引导问题单</td></tr>
<tr><td colspan="2">4）故障定位分析方法
5）故障分类</td><td>1</td><td></td></tr>
<tr><td rowspan="5">任务实施</td><td rowspan="4">案例分析</td><td>1）B1误码分析</td><td rowspan="5">2</td><td rowspan="2">计划决策</td><td>人员组织
器材准备
方案制订</td><td colspan="2" rowspan="2">项目任务书、任务实施单</td></tr>
<tr><td>2）业务瞬断分析</td><td></td></tr>
<tr><td>3）时钟丢失分析</td><td>实施检查</td><td>任务实施
能效检查</td><td colspan="2">项目任务书、任务实施单</td></tr>
<tr><td>4）保护倒换分析</td><td rowspan="2">展示评估</td><td rowspan="2">展示汇报
小组答辩
成绩评定</td><td colspan="2" rowspan="2">任务实施单、学生自评表、小组评价表、教师评价表、评价成绩汇总表</td></tr>
<tr><td></td><td>常见故障处理</td></tr>
</table>

【必备知识】

9.1 故障处理的基本原则

机房维护人员维护工作中，不免会遇见设备出现故障，在处理故障时，应该遵循一“查看”、二“询问”、三“思考”、四“动手”的基本原则。

（1）查看　维护人员首先到达现场后，应仔细查看设备的故障现象，包括设备的故障点、告警原因、严重程度和危害程度等。只有全面了解设备的故障现象，才能透过现象看本质。

（2）询问　观察完故障现象后，应询问现场操作人员，有没有直接原因造成此故障，比如是否有人修改数据、删除文件、更换电路板，停电，雷击等情况。

（3）思考　根据现场查看的故障现象和询问的结果，结合自己的知识进行分析，进行故障定位，判断故障点和故障原因。

（4）动手　通过前面3个步骤找出故障点后，维护人员通过修改配置数据、更换板及芯片等手段解决、排除故障。

9.2 故障处理流程

常见传输设备的故障处理流程如图9-1所示。

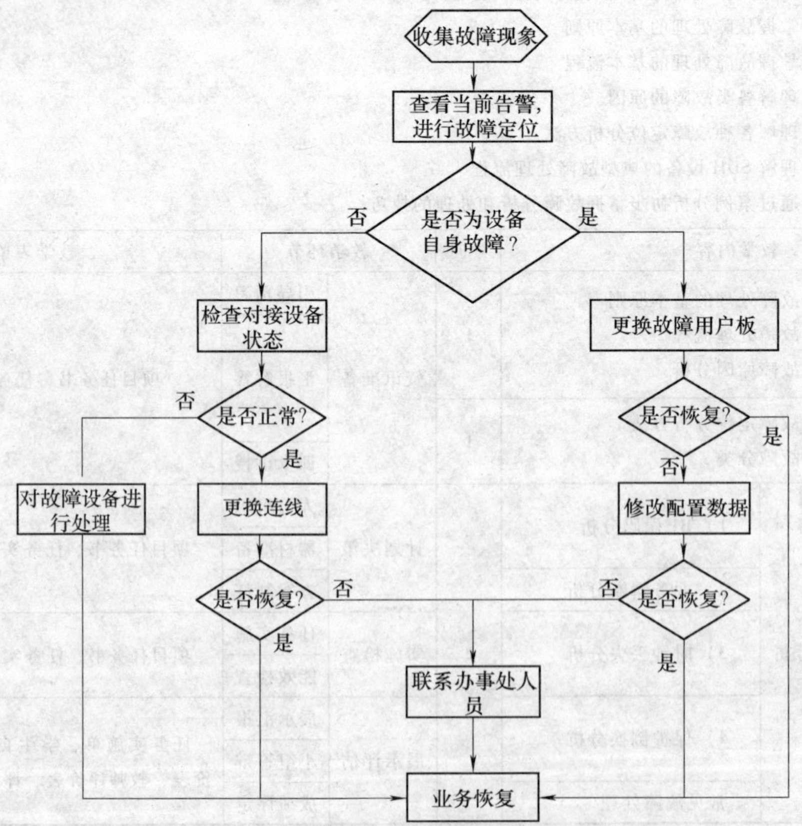

图9-1　常见传输设备的故障处理流程

9.3 故障原因分析

1. 工程问题

工程问题是指由于工程施工不规范、工程质量差等原因造成的设备故障。此类问题有的在工程施工期间就能暴露出来，有的可能在设备运行一段时间或某些外因作用下才会暴露出来，为设备的稳定运行埋下隐患。产品的工程施工规范是根据产品的自身特点并在一些经验教训的基础上总结出来的规范性说明文件，因此，严格按工程规范施工安装，认真细致地按规范要求进行单点和全网的调试和测试，是阻止此类问题出现的有效手段。

2. 外部原因

外部原因主要包括供电电源故障（如设备掉电、供电电压过低等），交换机故障，光纤故障（如光纤性能劣化、损耗过高，或光纤损断，光纤接头接触不良等），中继电缆脱落、损坏或接触不良，设备接地不良，设备周围环境劣化等。

3. 操作不当

此类问题一般都是因为维护人员对产品了解不够深入所导致，这也是在维护工作中最容易出现的情况。对设备的一些细节性的性能特点及注意事项，对新老设备的一些特点和差别以及新旧版本的一些特点和差别不是非常清楚的情况下，就贸然开通，往往就会产生一些问题。此类问题一般在现场改网、扩容、新老设备混用、新老版本混用、升级、使用新版本的备板、使用一些未经系统联调的板件的情况下易出现。

4. 设备对接问题

传输设备传送业务种类的繁多造成对接设备的复杂，同时，各种业务对传输通道的性能要求也不完全相同，所以在实际使用中有时会存在对接问题，主要表现在线缆连接错误，设备接地问题，传输、交换网络之间时钟同步问题，SDH 帧结构中开销字节的定义不同等。

5. 设备原因

主要包括设备自然损坏或板件的配合问题。一般在设备运行较长时间后，板件因老化出现的自然损坏。其特点是：设备已使用较长时间，在故障之前设备基本正常，故障只是在个别点、个别板件出现，或在一些外因作用下出现。

9.4 故障定位

1. 观察分析法

当系统发生故障时，在设备和网管上将出现相应的告警信息。通过观察设备上的告警灯运行情况，可以及时发现故障。故障发生时，网管上会记录非常丰富的告警事件和性能数据信息，通过分析这些信息，并结合 SDH 帧结构中的开销字节和 SDH 告警原理机制，可以初步判断故障类型和故障点的位置。

需要注意的是，通过网管采集告警和性能信息时，必须保证网络中各网元的当前运行时间设置和网管的时间一致。如果时间设置上有偏差，会导致对网元告警、性能信息采集的错误和不及时。网元当前运行时间的设置在“维护管理”菜单中，使用“时间管理”项中的“校准”操作可将 SMCC 服务器的当前时间来校准所选子网的时间。

2. 测试法

通过观察分析法不能解决的问题，如组网、业务以及故障信息相当复杂的情况和无明显告警和性能信息上报的特殊故障情况，可以利用网管提供的维护功能进行测试，判断故障点和故障类型。下面以环回为例进行说明。

环回操作是定位故障点最有效和常用的方法，要求维护人员熟练掌握。环回不需要对告警和性能做太深入的分析，缺点是会影响业务。

进行环回操作前，首先必须确定需要环回的通道、时隙，环回的单板，环回的方向。对于同时出问题的业务，一般都具有一定的相关性，因此对环回通道进行选择时，应该坚持从多个有故障的网元中选择一个网元，从所选择网元的多个有故障的业务通道中选择一个业务通道，对所选择的业务通道逐个方向分析的原则。

进行环回操作时，先将故障业务通道的业务流程进行分解，画出业务路由图，将业务的源和宿、经过的网元、所占用的通道和时隙号罗列出来，然后逐段环回，定位故障网元。故障定位到网元后通过线路侧和支路侧环回基本定位出可能存在故障的单板。最后结合其他处理办法，确认故障单板予以更换排除故障。

3. 拔插法

对最初发现某种电路板故障时，可以通过插拔一下电路板和外部接口插头的方法，排除因接触不良或处理器异常的故障。在插拔过程中，应严格遵循单板插拔的操作规范。插拔单板时，若不按规范执行，还可能导致板件损坏等其他问题的发生。

4. 替换法

当用拔插法不能解决故障时，可以考虑替换法。替换法就是使用一个工作正常的物件去替换一个被怀疑工作不正常的物件，从而达到定位故障、排除故障的目的。这里的物件，可以是一段线缆、一块单板或一个设备。

替换法适用于排除传输外部设备的问题，如光纤、中继电缆、交换机、供电设备等；或故障定位到单站后，用于排除单站内单板的问题。如某站光板有告警，怀疑是收发光纤接反的问题，则可将收、发两根光纤互换，若互换后，光板告警消失，就说明确实光纤接反；再如支路板某个2Mbit/s时隙有“CV性能超值”或者“2Mbit/s信号丢失”的告警，怀疑是交换机或中继线的问题，则可与其他正常通道互换一下，若互换后告警发生了转移，则说明是外部中继电缆或交换机的问题，若互换后故障现象不变，则可能是传输的问题。

替换法的优点在于方法简单，对维护人员要求不高，是比较实用的方法，但对备件有要求。

5. 配置数据分析法

在某些特殊情况下，如外界环境的突然改变，或由于误操作，可能会导致设备的配置数据遭到破坏或改变，导致业务中断等故障的发生。此时，故障定位到网元单站后，可通过查询、分析设备当前的配置数据。对于网管误操作，还可以通过查看网管的用户操作日志来进行确认。

显然，配置数据分析法也适用于故障定位到网元后，故障的进一步分析。该方法可以查清真正的故障原因，但该方法定位故障的时间相对较长，且对维护人员的要求非常高，一般只有对设备非常熟悉且经验非常丰富的维护人员才能使用。

6. 更改配置法

更改配置法更改的配置内容可以包括时隙配置、板位配置、单板参数配置等。因此更改配置法适用于故障定位到单个站点后，排除由于配置错误导致的故障。

如怀疑支路板的某些通道或某一块支路板有问题，可以更改时隙配置，将业务下到另外的通道或另一块支路板；若怀疑某个槽位有问题，可通过更改板位配置进行排除；若怀疑某一个 VC-4 有问题可以将时隙调整到另一个 VC-4；在升级扩容改造中，若怀疑新的配置有错，可以重新下发原配置以定位是否是配置问题。

当通过更改时隙配置不能将故障确切地定位到是哪块单板的问题（线路板、交叉板、支路板还是后背板问题）时，需进一步通过替换法进行故障定位。因此该方法适用于没有备板的情况下，初步定位故障类型，并使用其他业务通道或板位暂时恢复业务。

由于更改配置法操作起来比较复杂，对维护人员的要求较高。因此，除非在没有备板的情况下用于临时恢复业务，或用于定位指针调整问题，一般情况不推荐使用。此外在使用该方法前，应备份原有配置，同时对所进行的步骤予以详细记录，以便于故障定位。

7. 仪表测试法

仪表测试法一般用于排除传输设备外部问题以及与其他设备的对接问题。

如怀疑电源供电电压过高或过低，可以用万用表进行测试；若怀疑传输设备与其他设备无法对接是由于接地造成的，则可用万用表测量对接通道发送端和接收端的同轴端口屏蔽层之间的电压值，若电压值超过 500mV，则可认为接地有问题，若怀疑无法对接是由于信号不对，则可通过相应的分析仪表观察帧信号是否正常、开销字节是否正常、是否有异常告警等。

通过仪表测试法分析定位故障，比较准确。缺点是对仪表有需求，同时对维护人员的要求也比较高。

8. 经验处理法

在一些特殊的情况下，如由于瞬间供电异常，低压或外部强烈的电磁干扰，致使传输设备某些单板进入异常工作状态。此时的故障现象，如业务中断、ECC 通信中断等，可能伴随相应的告警，也可能没有任何告警，检查各单板的配置数据可能也是完全正常的。经验证明，在这种情况下，通过复位单板、网元掉电重启、重新下发配置或将业务倒换到备用通道等手段，可有效地及时排除故障、恢复业务。

实际应用中，建议尽量少使用该方法来处理，因为该方法不利于故障原因的彻底查清。遇到这种情况，除非情况紧急，一般还是应尽量使用前面介绍的几种方法，或通过正确渠道请求技术支援，尽可能地将故障定位出来，以消除设备内外的隐患。

9.5　故障分类

SDH 设备的典型故障包括通信故障、业务中断故障、误码类故障、同步类故障、公务类故障、设备对接故障和网管连接故障等，下面分别进行详细讲述。

9.5.1　通信故障

1. 故障原因

传输设备侧或交换机侧的故障导致通信业务的中断或者大量误码产生。

2. 处理流程

通信故障处理流程如图 9-2 所示。

1）发生故障后，启动备用通道保证现有通信业务的正常进行。

2）定位故障点，对故障进行定界和定性，确定究竟是传输侧故障还是交换侧故障。定位故障点应当采取测试法，建议使用环回操作。环回可以通过在 DDF 架上做硬件环回实现，也可以通过传输设备做软件环回实现，同时接入误码仪测试通道环中信号的优劣。如果用软件在传输设备上实现环回，必须分清支路环回和 AU 环回、终端侧环回和线路侧环回。

3）如果故障定界到交换侧，与交换班组协调处理。如果定位在传输侧，就按照如图 9-3 所示的流程进行传输故障的分类。

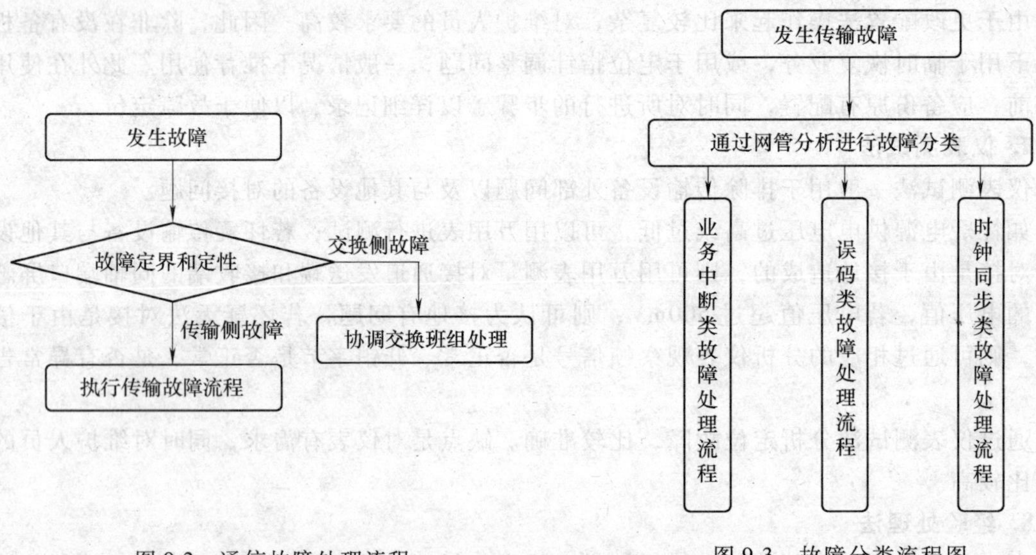

图 9-2 通信故障处理流程

图 9-3 故障分类流程图

4）判断故障种类后，按照相应的故障处理流程排除故障。

9.5.2 业务中断故障

1. 故障原因

（1）外部原因 包括供电电源故障，光纤、电缆故障等。

（2）操作不当 由于误操作，设置了光路或支路通道的环回；由于误操作，更改、删除了配置数据。

（3）设备原因 单板失效或性能劣化。

2. 处理流程

1）在本端网元选择故障通道中的支路收发端口接入误码仪，采用测试法逐级环回，定位故障网元。

① 高阶通道、管理单元环回原则。依次从本端网元的故障光方向做故障 AU 的终端侧环回、临近网元的近端光路故障 AU 的线路侧环回、临近网元的远端光路故障 AU 的终端侧环回、次临近网元的近端光路故障 AU 的线路侧环回、次临近网元的远端光路故障 AU 的终端侧环回……末端网元的近端光路故障 AU 的线路侧环回、末端网元的对应支路的线路侧环回。逐级环回示意图如图 9-4 所示。

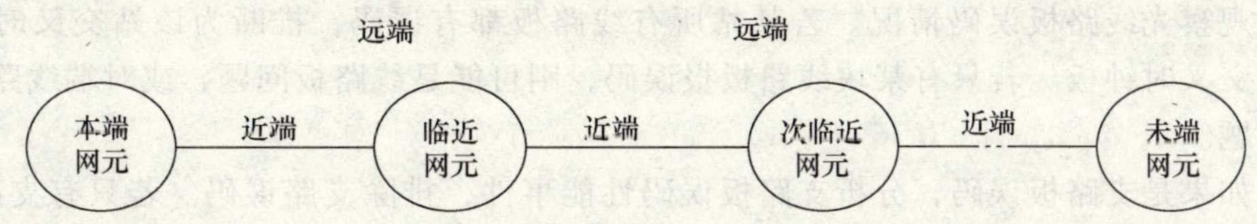

图 9-4　逐级环回示意图

②　低阶通道环回原则。依次将本端该支路时隙在临近网元、次临近网元……末端网元的光路时隙直通配置更改为时隙下支路。从临近网元新配的支路做线路侧环回、次临近网元新配的支路做线路侧环回……末端网元的对应支路做线路侧环回。

2）观察设备指示灯的运行情况，分析设备故障。如某块单板红、绿指示灯均熄灭，而其他板正常，则可能该单板失效或有故障，更换该单板即可排除故障。

3）分析网管的告警和性能。根据故障反映出来的告警和性能定位故障单板并加以更换。

9.5.3　误码类故障

1. 故障原因

(1) 外部原因　包括光纤接头不清洁或连接不正确；光纤性能劣化、损耗过高；设备接地不好；设备附近有干扰源；设备散热不好，工作温度过高等。

(2) 设备原因　包括交叉时钟板与线路板、支路板配合不好；时钟同步性能不好；单板失效或性能不好等。

2. 处理流程

1）采用测试法定位误码的发源地。误码字节包括 B1、B2、B3 和 V5 字节，其级别由高到低顺序为 B1→B2→B3→V5。对于网管上报的性能应首先处理高级别性能，如果高级别性能处理后还有低级别性能上报，再处理低级别的性能。正常情况下，必须保证在业务运行的任意时刻，网管采集任意单板的性能值为零性能值。

①　检查光线路板的收发光功率是否在指标内。如果两端光线路板的发光功率均在正常指标范围内，但收光功率低于接收灵敏度或没有光输入，此时应检查光线路板收口到 ODF 的尾纤连接和耦合情况。

②　如果在两端 ODF 上的接收光功率都偏低或接收无光，说明光缆线路有问题。此时必须联系光缆线路维护人员及时处理，然后通过尾纤自环光线路板输入、输出来定位是本端网元光口故障还是对端网元光口故障。自环必须保证收口光功率在该类光线路板的接收光范围（过载点和灵敏度之间）内。

③　如果自环本光线路板后，没有再上报 B1/B2 性能，说明本光线路板无故障。同样，如果自环对端光线路板后，对端光线路板也没有再上报 B1/B2 性能，说明对端光线路板无故障。

2）如果是光线路板误码，分析光线路板误码性能事件，排除线路误码，常用步骤如下：

①　排除外部的故障原因，如接地不好、工作温度过高、光线路板接收光功率过低或过高等问题。

② 观察光线路板误码情况。若某站所有线路板都有误码，推断为该站交叉时钟板问题，更换交叉时钟板。若只有某块线路板报误码，则可能是线路板问题，或对端线路板，或光纤的问题。

③ 如果是支路板误码，分析支路板误码性能事件，排除支路误码。若只有支路误码，则可能是支路板或交叉时钟板的问题，应更换支路板或交叉时钟板。

9.5.4 时钟同步类故障

1. 故障原因

（1）外部原因 包括光纤接反、外时钟质量问题等。

（2）操作不当 包括时钟源配置错误，出现一个子网中同时有两个时钟源的情况；时钟源级别设置错误；时钟对抽等。

（3）设备问题 包括线路板故障，提供的线路时钟质量不好；交叉时钟板故障，提供的时钟源质量不好；交叉时钟板故障，给各单板分配的工作时钟质量不好等。

2. 处理流程

1）检查网管的时钟配置，避免时钟对抽等人为的错误操作，并将正确的时钟配置下发至 NCP，保持网管数据与 NCP 数据的一致。

2）通过网管检查光路和支路是否有 AU-PTR（管理单元指针）/TU-PTR（支路单元指针）的性能超值。如果只有 TU-PTR，说明该支路板故障，更换即可。

3）如果 AU-PTR/TU-PTR 同时存在，先处理 AU-PTR，处理后如果还有 TU-PTR，继续处理 TU-PTR。产生 AU-PTR 的单板有光线路板和交叉时钟板，具体处理流程如下：

① 检查收光功率，并查询 B1/B2 性能值。如果收光功率正常，光线路板 B1/B2 性能值为 0，说明 AU-PTR 来源于网元设备内部。

② 检查交叉时钟板对时钟的锁定情况。如果时钟不能锁定，可以通过网管操作倒换交叉时钟板。

③ 如果倒换后时钟锁定并 AU-PTR 消除，更换原主用交叉时钟板。

④ 如果倒换后时钟仍不能锁定并同样伴随 AU-PTR，更改时钟提取光方向。如果 AU-PTR 消除，说明原光线路板光接口或对端光接口故障。

9.5.5 网管连接故障

1. 故障原因

（1）外部原因 包括供电电源故障，如设备掉电、供电电压过低等；以及光纤故障，如光纤性能劣化、损耗过高等。

（2）操作不当 网管连接配置有误。

（3）设备故障 包括网卡故障、光线路板故障、交叉时钟板故障、网元有大量的性能数据上报到网管，造成 ECC 通道阻塞等。

2. 处理流程

1）排除外部原因，如掉电、光纤性能劣化等。

2）检查网管配置是否有误。

3）采用测试法，逐段自环定位故障网元。

4）采用观察分析法对光线路板、交叉时钟板进行检查。

9.5.6 公务故障

1. 故障原因

（1）外部原因　包括掉电、光纤折断等。

（2）操作不当　包括公务板（OW 板）、光线路板配置错误等。

（3）设备原因　包括光线路板、OW 板故障等。

2. 处理流程

1）检查光路是否有告警。因为光路不通，公务也不能通。

2）检查公务电话是否出现故障，可更换电话测试。

3）检查 OW 板，观察指示灯及网管告警，可采用拔插法、替换法确定公务板是否产生故障。

4）检查 OW 板、光线路板的配置。

9.5.7 以太网业务故障

1. 故障原因

（1）外部原因　包括电源故障，如设备掉电；以及线缆故障，如断纤、网线错连、错用交叉网线和直连网线等。

（2）操作不当　包括以太网配置错误，如未启用端口、VLAN 配置错误等。

（3）设备故障　包括光板故障、SFE4 板故障等。

2. 处理流程

1）排除外部原因，如掉电、断纤、网线未正常连接等。

2）采用配置数据分析法检查网管中以太网板配置是否有误。

3）采用替换法，使用正常的单板替换故障单板。

9.5.8 设备对接故障

1. 故障原因

1）光纤或电缆错连。

2）与其他厂商提供的设备对接时，一方设备接地有问题，或双方设备不共地。

3）传输、交换各自的网络内部时钟同步，但两个网络之间不同步。

4）各厂商 SDH 帧结构中开销字节的定义不同。

2. 处理流程

1）检查设备间物理连接的正确性，防止电缆的漏焊、虚焊、接触不良。

2）检查对接设备两侧的告警和性能，以帮助定位故障。

3）检查双方设备的接地和共地情况。接地问题通常是由于两个对接的设备未能真正的共地，接地电阻值达不到指标要求，DDF 配线架未按要求接地。机房一般采用联合接地的方式，对于未采用联合接地方式的站点，硬件安装时更要仔细测试，以保证设备之间真正共地。检查同轴端口的屏蔽层接地情况。

4）检查全网的时钟同步。有些厂商的交换机设备、GSM 设备，对全网的时钟同步性能要求较高。如果通过 SDH 传输网络后，交换机下面的模块局和母局的时钟不同步，就可能会产生中继滑码、拨号上网用户业务中断，甚至通话经常中断。首先检查传输设备本身时钟是否有问题，如不是传输设备时钟的问题，则考虑全网时钟规划是否合理，如不合理，可适当调整全网的时钟同步方案，使全网时钟同步。

5）检查对接设备的 SDH 帧结构中开销字节的定义是否不同。

【任务实施】

9.6 案例分析

9.6.1 光功率过弱导致 B1 误码

1. 系统概述

某局本地传输网由 6 端网元组成，构成一个通道保护环结构，传输速率为 622Mbit/s。网络结构如图 9-5 所示，中心局设在网元 A。

光纤连接关系如下：A 网元的 4#O4CSD 的 1 号端口接 F 网元 4#O4CSD 的 2 号端口。各网元间与中心点 A 网元都有 2Mbit/s 业务。

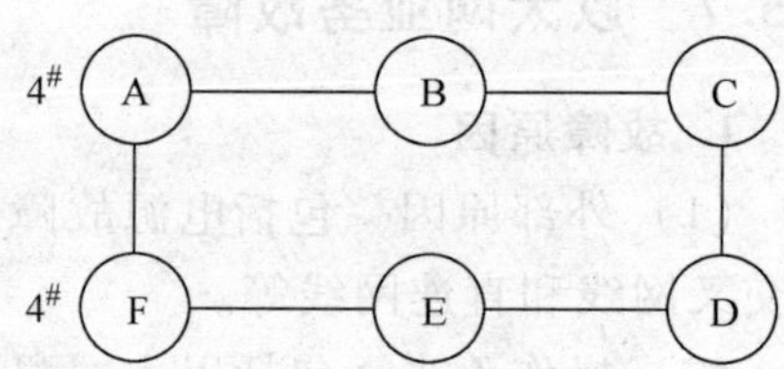

图 9-5 光功率过弱导致 B1 误码的网络结构

2. 故障现象

从网管上查询监视的性能数据，在 A 站发现该站 4#O4CSD 端口 1 线路上每 15min 内有大量 B1 BBE、B2 BBE、B3 BBE 误码。检查 F 站，发现该站的 4#O4CSD 端口 2 有 B2 FEBBE、B3 FEBBE 误码。支路无误码。

3. 故障分析

首先分析线路上的性能数据。线路上共有 B1、B2、B3 这 3 种误码监测开销字节，分别监测各自产生点和终结点之间的路由质量。

其中，B1 字节监测两站再生段间的路由，误码在再生段内终结，即 A、B 两网元的 B1 误码不会下传到网元 C；B2 字节监测两站复用段之间的路由，误码在复用段内终结，A、B 两网元为 ADM 网元，故 B2 误码不会下传到网元 C；而 B3 字节则只监测两站间某高阶通道间的路由。显然，B3 监测的路由包括 B2 和 B1 监测的路由，而 B2 监测的路由包括 B1 监测的路由。而同一 AU 业务在 B、C 两网元都下业务。故 A、B 两网元产生的 B3 不会下传到网元 C。支路无误码是因为支路板收的是另一方向，故支路板无误码。从数据误码分析误码产生在 A、B 两网元之间。

4. 故障处理

测量网元 A 收网元 F 的光功率，发现光功率为 -33.5dB，而 O4CSD 板接收灵敏度为 -28dB，光功率过低。在网元 A 配线架处测量光功率也为 -33dB，说明尾纤无问题。在网元 F 配线架处测量发光功率为 -17dB，将网元 F 光口尾纤清洁，插好，在网元 F 配线架处测量为 -10dB。网元 A 收光 -25dB。然后查询性能，误码消失，问题解决。

9.6.2　PWA 板导致业务出现瞬断

1. 系统概述

某局本地传输网由 3 端网元组成，构成一个无保护链结构，传输速率为 155Mbit/s。网络结构如图 9-6 所示，中心局设在网元 A。

光纤连接关系如下：网元 A 的 $7^{\#}$OIB1-1（第一个光口）接网元 B$7^{\#}$OIB1-2，网元 B 的 $7^{\#}$OIB1-1 接网元 C 的 $7^{\#}$OIB1-2。各网元间都有 2Mbit/s 业务。

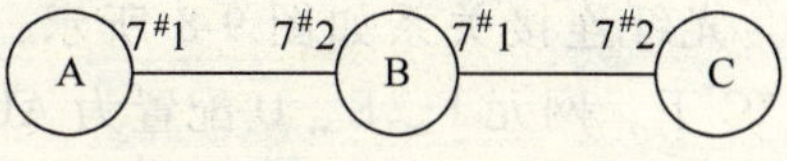

图 9-6　PWA 板导致业务出现瞬断的网络结构

2. 故障现象

从网管上发现网元 B 与 C 出现业务中断，大概几分钟后业务又恢复。同时在网元 A 的 $7^{\#}$OIB1-1 与网元 C 的 $7^{\#}$OIB1-2 出现 OFS 告警，2Mbit/s 业务出现 AIS 及 UAS 告警。

3. 故障分析

先定位故障网元。由于网元 A 的 $7^{\#}$OIB1-1 与网元 C 的 $7^{\#}$OIB1-2 同时出现 OFS 告警，而由于 A、C 网元出现故障导致业务不通的可能性很小。因此基本可以排除 A 与 C 网元的故障，把故障定位在网元 B。

对于网元 B 导致该现象可能是由于该网元的交叉板、时钟板、电源板及 $7^{\#}$OIB1 板。

4. 故障处理

倒换交叉板及时钟板，故障依旧。更换 $7^{\#}$OIB1 板，在更换时发现，在插板时所有的单板都出现复位现象。故怀疑电源板的供电电路出现问题或者背板总线出现故障。更换电源板后，故障消失。

9.6.3　时钟板报定时输入丢失

1. 系统概述

某局本地传输网由 6 端网元组成，构成一个通道保护环结构，传输速率为 155Mbit/s，网络结构如图 9-7 所示，中心局设在网元 A。

2. 故障现象

网元 B 时钟源配置为抽线路时钟，但网元 B 时钟板始终报输入定时源丢失，取当前定时源为内时钟。网元 B 两端光板性能正常，业务正常。

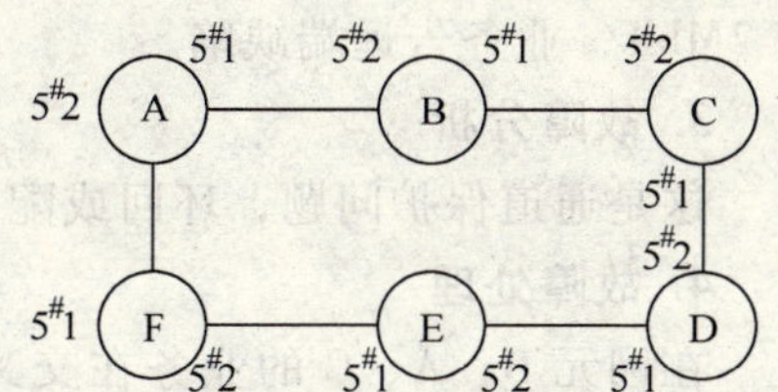

图 9-7　时钟板报定时输入丢失的网络结构

3. 故障分析

时钟板报定时输入丢失，引起本点为内时钟。所以先要解决时钟源丢失的问题。此问题一般是光路问题引起，或者光板、时钟板有问题。

4. 故障处理

查询光路性能，性能为零，说明光路正常。可能由于板件原因，带备板到现场，发现 2XSM 150V2 的 OIB1 板插在设备上，故障消失。

9.6.4 通道环倒换不成功

1. 系统概述

某局本地传输网由 6 端网元组成，构成一个通道保护环结构，传输速率为 155Mbit/s，网络结构如图 9-8 所示，中心局设在网元 A。

光纤连接关系如图 9-8 所示：AUG-2 业务在网元 B、C 下，网元 F、E、D 配置为 AUG 直通。

2. 故障现象

断网元 A 到网元 B 光纤，业务正常。断网元 A 到网元 F 光纤，网元 B、C AUG-2 业务断。

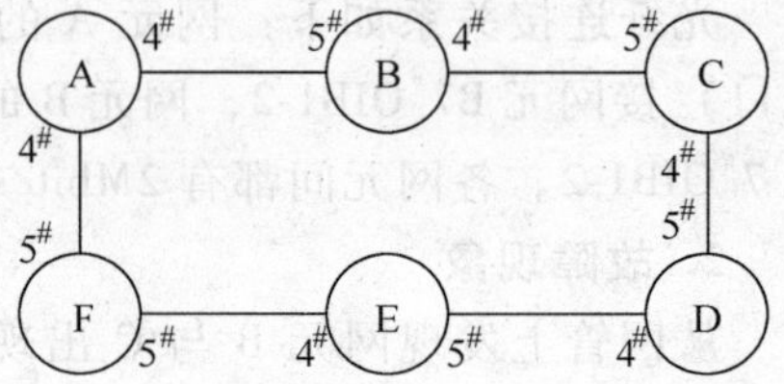

图 9-8 通道环倒换不成功的网络结构

3. 故障分析

检查时隙发现 AUG2 在网元 F、E、D 配置为 AUG 直通。O4CS 板的硬件版本 b010902 不支持 AUG 直通，硬件版本 b020600 是支持 AUG 直通，所以先要查看硬件版本是否正确。

4. 故障处理

检查版本发现全网硬件版本都为 020600，软件时间为 2003-1-4，应该无问题，况且这些点直通 AUG 不止一个，其余直通 AUG 是好的，只有 AUG-2 有问题。通过环回定位发现从网元 E AUG-2 就有问题。将网元 E 时隙删除，再配上、下发，解决不掉故障，复位 O4CS 不起作用，将网元 E AUG-2 配置成 TU-12 直通后解决。

9.6.5 时分不够引起的问题

1. 系统概述

某局本地传输网由 4 端网元组成，网络结构如图 9-9 所示。图中，网元 A、B、C 在环上，采用通道保护环组网，网元 B 带几条支链。

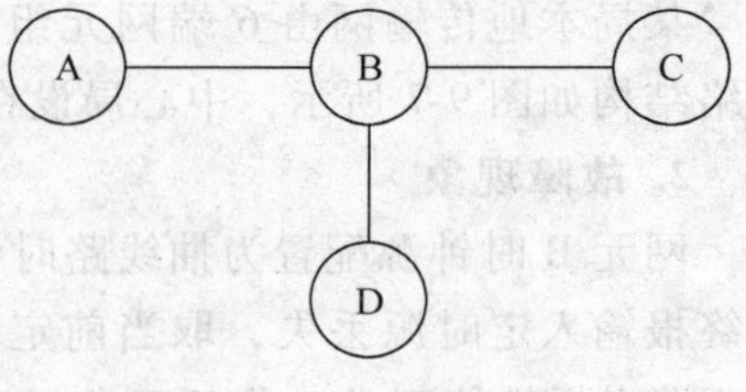

2. 故障现象

新加的网元 D 和网元 D 后面站点的支链业务，所有 2Mbit/s 业务告远端缺陷。

3. 故障分析

这是通道保护问题，环回或配区间业务即可通。

图 9-9 时分不够引起问题的网络结构

4. 故障处理

在网元 B，A、C 的业务在交叉板上并发优收，进时分交叉板。此问题主要判定故障点，现只配置 A-B-D 的 2Mbit/s 业务，业务通，没有问题。再只配置 C-B-D，业务仍然通，没有问题。此时定位到网元 B 的交叉板，倒换交叉板，配置保护到 D，业务仍然不通。分析网元 B 时分情况，实际业务所需时分已经大于其交叉能力，只是下发时隙没有提示时分资源不够。NCP 下发命令给交叉板，交叉板无法实现，其实业务交叉仍然没有实现。将 CSBZ 更改为 CSBE，问题解决。

【测试评估】

1. 任务引导单

任　　务	任务9：故障处理			学　　时	2
所属项目	项目4：传输网维护	班　　级		组　　号	
1. 说明与要求					
1）本任务引导问题单是针对“故障处理”这一任务编制，旨在引导学生更好地完成任务必备知识的学习，为计划决策、实施检查等后续环节做好资讯准备工作 2）要求学生以小组为单位，按照下列任务问题的引导，通过采取检索文献、查阅资料、小组讨论等方法进行预习，做好在课堂上汇报和解答的准备 3）在任务实施前完成并上交此表单，问题解答用白纸附在表单后					
2. 任务引导问题					
1）光传输网故障处理要遵循什么基本原则 2）你将按什么流程对光传输网进行故障处理 3）光传输网主要可能出现哪些故障？有哪些方面的原因 4）如果你是维护工程师，你将怎样对光传输网故障进行定位和处理					
任课教师签名			成绩评定		
日　　期					

2. 任务实施单

任　　务	任务9：故障处理			学　　时	4
所属项目	项目4：传输网维护	班　　级		组　　号	
1. 任务描述					
根据项目分解要求，项目维护B组要及时对M县新建智能光城域网络运行过程中出现的故障进行处理，确保网络在出现故障之后能够迅速、准确的定位故障点，并排除故障，恢复网络的正常运行					
2. 任务分析					
通过对本任务进行分析，项目维护B组要能顺利完成M县新建智能光城域网络故障处理任务，需要积累故障分析和处理的经验以备不时之需，因此完成以下工作 1）案例分析 2）常见故障处理					
3. 资讯准备					
通过任务引导问题单和教师的引导，在前期资讯准备环节，学生对本任务必备知识进行了学习，应达到如下要求 1）掌握故障处理的基本原则 2）掌握故障处理的基本流程 3）理解各类故障原因 4）理解各种故障定位分析方法 5）理解SDH设备典型故障处理流程 6）通过案例分析初步掌握故障分析和处理的技巧					

（续）

4. 计划决策
1）人员组织：请组长组织小组成员讨论，根据任务作好人员组织工作，明确分工。具体安排记录如下
2）器材准备：请组长组织小组成员讨论，确定任务实施所需器具和材料。具体清单记录如下
3）方案制订：请组长组织小组成员讨论，制订任务实施最优方案。具体方案用白纸记录附在后面
5. 实施检查
1）任务实施：按照计划决策环节制订的最优方案来实施任务。具体实施过程用白纸记录附在后面 2）能效检查：根据任务要求对实施结果的功能效果进行检查分析，找出故障和缺陷进行优化。具体检查分析和优化过程用白纸记录附在后面
6. 展示评估
1）展示汇报：请各小组选用合适的方法手段展示汇报任务实施情况 2）小组答辩：教师根据展示汇报情况对小组成员进行提问。具体教师提问及学生回答记录如下
3）成绩评定：从学生、组长、任课教师3个角度对学生完成本任务进行成绩评定，学生、组长、任课教师分别在学生自评表、小组评价表、教师评价表上按标准评分，并将成绩记录在个人的评价成绩汇总表上，从而可按比例核算出个人的任务过程评价总分

3. 评价单

（1）学生自评

"光传输网组建与维护"学生自评表					
学生姓名			学号		
任　务	任务9：故障处理		组号		
评价内容			评分标准	自评分	备注
敬业精神	1）出勤情况		20		迟到、早退一次扣2分，旷课一次扣5分，扣完为止，其他酌情评分
	2）工作、学习任务参与度和积极性				
	3）吃苦耐劳、善于钻研的精神				

（续）

评价内容		评分标准	自评分	备注
专业能力	1）掌握故障处理的基本原则	60		按全部掌握、较好掌握、基本掌握、部分掌握4档分别对应60分、48分、36分、20分评分
	2）掌握故障处理的基本流程			
	3）理解各类故障原因			
	4）理解各种故障定位分析方法			
	5）理解SDH设备的典型故障处理流程			
	6）通过案例分析初步掌握故障分析和处理的技巧			
方法能力	1）收集整理信息、资料的能力	10		按强、较强、一般、较差4档分别对应10分、8分、6分、3分评分
	2）语言表达能力			
	3）提出问题、解决问题的能力			
	4）组织实施能力			
社会能力	1）交流沟通能力	10		按强、较强、一般、较差4档分别对应10分、8分、6分、3分评分
	2）团队协作能力			
	3）安全、环保、责任意识			
总　分				

（2）小组评价

“光传输网组建与维护”小组评价表								
任务	任务9：故障处理							
组号		学　号						
		学生姓名						
评价内容		评分标准	组长评分					
敬业精神	1）出勤情况	20						
	2）工作、学习任务参与度和积极性							
	3）吃苦耐劳、善于钻研的精神							
专业能力	1）掌握故障处理的基本原则	60						
	2）掌握故障处理的基本流程							
	3）理解各类故障原因							
	4）理解各种故障定位分析方法							
	5）理解SDH设备的典型故障处理流程							
	6）通过案例分析初步掌握故障分析和处理的技巧							
方法能力	1）收集整理信息、资料的能力	10						
	2）语言表达能力							
	3）提出问题、解决问题的能力							
	4）组织实施能力							

（续）

评价内容		评分标准	组长评分					
社会能力	1）交流沟通能力	10						
	2）团队协作能力							
	3）安全、环保、责任意识							
总　分								
组长签名			日　期					

（3）教师评价

“光传输网组建与维护”教师评价表			
班　级		组　号	
任　务	任务9：故障处理	任课教师	
评价阶段	评价内容	评分标准	教师评分
资讯准备	1）掌握故障处理的基本原则	20	
	2）掌握故障处理的基本流程		
	3）理解各类故障原因		
	4）理解各种故障定位分析方法		
	5）理解SDH设备的典型故障处理流程		
	6）通过案例分析初步掌握故障分析和处理的技巧		
计划决策	1）人员组织安排	20	
	2）器材准备清单		
	3）任务实施方案		
实施检查	1）任务实施过程	40	
	2）任务检查优化		
展示评估	1）展示汇报	20	
	2）小组答辩		
总　分		日　期	

参考文献

[1] 赵保经．从有线通信发展到无线电通信［M］．北京：中国农业机械出版社，1983.

[2] 范世贵．信号与系统［M］．西安：西北工业大学出版社，1987.

[3] 曹志刚，等．现代通信原理［M］．北京：清华大学出版社，1998.

[4] 肖宏华，等．光纤通信工程师实用手册［M］．天津：天津科学技术出版社，1996.

[5] 孙震强．电信网和电信系统［M］．北京：人民邮电出版社，1996.

[6] 邓忠礼，等．光同步数字传输系统测试［M］．北京：人民邮电出版社，1998.

[7] 韦乐平．光同步数字传送网（修订本）［M］．北京：人民邮电出版社，1998

[8] 纪越峰．光波分复用系统［M］．北京：人民邮电出版社，1999.

[9] 孙学军，等．DWDM传输原理与测试［M］．北京：人民邮电出版社，2000.

[10] 张宝富．全光网络［M］．北京：人民邮电出版社，2002.

[11] 曹若云．光传输技术与实训［M］．北京：化学工业出版社，2010.

[12] 刘增基．光纤通信［M］．西安：西安电子科技大学出版社，2008.

[13] 王庆，等．光纤接入网规划设计手册［M］．北京：人民邮电出版社，2009.

[14] 何一心，等．光传输网络技术［M］．北京：人民邮电出版社，2008.

[15] NC课程团队．光传输技术与应用．深圳：中兴通讯股份有限公司，2008.

[16] 乐孜纯，等．光网络实用组网技术［M］．西安：西安电子科技大学出版社，2008.

[17] 郎为民，等．EPON/GPON从原理到实践［M］．北京：人民邮电出版社，2010.